黑龙江省职业教育教学成果奖

高职高专系列教材

发酵技术

第二版

黄晓梅　周桃英　何　敏　主编

化学工业出版社

·北京·

内 容 简 介

《发酵技术》(第二版)为"校企双元"合作开发教材,以发酵技术人员的职业岗位为导向,以发酵技术工艺流程为体系,按照发酵技术工作过程设置教学项目,包括发酵技术岗前准备、发酵工业菌种的选育与保藏、发酵工业培养基的制备与优化、发酵工业的无菌操作、发酵工业的种子制备、发酵过程的控制、发酵罐的使用及放大、发酵产物的分离与精制、典型发酵产品的生产。各项目重点阐述了基础知识和工作任务,同时配以视频、微课、音频、课件、课程思政资源等数字资源(以二维码形式呈现),以便读者加深对知识点和实践操作的理解。

本教材本着理论够用,突出实践性、实用性和先进性,可作为高职高专院校生物技术类、食品类及相关专业师生的教材,也可作为从事生物制药、生物技术、食品、发酵等相关职业工作人员的参考书和岗前培训用书。

图书在版编目(CIP)数据

发酵技术/黄晓梅,周桃英,何敏主编.—2版.
—北京:化学工业出版社,2021.7(2024.7重印)
高职高专系列教材
ISBN 978-7-122-39027-1

Ⅰ.①发… Ⅱ.①黄…②周…③何… Ⅲ.①发酵
工程-高等职业教育-教材 Ⅳ.①TQ92

中国版本图书馆 CIP 数据核字(2021)第 078508 号

责任编辑:章梦婕 李植峰 迟 蕾   装帧设计:关 飞
责任校对:边 涛

出版发行:化学工业出版社(北京市东城区青年湖南街 13 号 邮政编码 100011)
印   刷:北京云浩印刷有限责任公司
装   订:三河市振勇印装有限公司
787mm×1092mm 1/16 印张 15½ 字数 394 千字 2024 年 7 月北京第 2 版第 5 次印刷

购书咨询:010-64518888   售后服务:010-64518899
网   址:http://www.cip.com.cn
凡购买本书,如有缺损质量问题,本社销售中心负责调换。

定   价:45.00 元

《发酵技术》（第二版）编写人员

主　　编　黄晓梅　周桃英　何　敏

副 主 编　王　涛　杨新建　于　丹

编　　者　（按姓名汉语拼音排序）

何　敏（广东科贸职业学院）

黄蓓蓓（三门峡职业技术学院）

黄晓梅（黑龙江农业工程职业学院）

马艳华（濮阳职业技术学院）

钱　淼（山东畜牧兽医职业学院）

宋　娜（郑州职业技术学院）

孙　佳（黑龙江农业职业技术学院）

王　涛（黑龙江农业职业技术学院）

胥丽丽（百威英博佳木斯啤酒有限公司）

杨丽莉（黑龙江农业工程职业学院）

杨新建（北京农业职业学院）

于　丹（黑龙江农业工程职业学院）

周桃英（黄冈职业技术学院）

主　　审　许修宏（东北农业大学）

前　言

随着生物技术的快速发展，现代发酵技术应运而生。发酵技术是工业生物技术的重要组成部分，在生物技术产业化方面显示出越来越重要的作用，在现代工业发展中前景也愈加广阔。

本教材为校企双元合作开发的项目化教材，教材全面贯彻党的二十大精神，落实立德树人根本任务，把新技术、新工艺、新设备纳入教材，深化生态文明教育，不断推进教材改革，深入挖掘课程思政元素，建设了系列课程思政资源。

发酵技术课程是高职院校生物技术、生物制药、食品类等专业的核心技能课程。本教材深入贯彻党的二十大精神，落实立德树人根本任务，是根据《国家职业教育改革实施方案》及《职业教育提质培优行动计划（2020—2023）》的要求，合作开发的"校企双元"职业教育教材，充分满足高等职业教育人才培养目标，体现职业教育特色。本教材按照发酵工作的上游流程、发酵流程、下游流程的生产顺序重新序化了内容，构建了完整的学习过程、生产过程，实现了知识体系的重构。全书按照工作过程设置项目，主要包括发酵技术岗前准备、发酵工业菌种的选育与保藏、发酵工业培养基的制备与优化、发酵工业的无菌操作、发酵工业的种子制备、发酵过程的控制、发酵罐的使用及放大、发酵产物的分离与精制等关键操作项目，以及发酵产品生产工艺。每个项目包括学习·思政育人目标、项目说明、基础知识、工作任务、项目小结以及项目思考。基础知识的介绍本着深度适宜、够用为原则。工作任务以培养高端技能型人才为目的设计，以与工作岗位对接为原则。各项目之间既相互联系又相对独立，教师可根据各学校的专业方向和特色选讲或精讲。

本书由全国多所高职高专院校的骨干教师和企业人员联合编写，集思广益，力求满足全国高职院校发酵技术课程的不同需求。具体编写分工如下：项目一由王涛编写，项目二由杨新建编写，项目三由孙佳（一和二）、钱淼（三和四、工作任务）编写，项目四由王涛（一至三）、黄蓓蓓（四和五）、杨丽莉（工作任务）编写，项目五由黄晓梅（一和二）、孙佳（三和四、工作任务）编写，项目六由于丹（一至十）、胥丽丽（工作任务）编写，项目七由王涛（一至三）、胥丽丽（工作任务）编写，项目八由周桃英编写，项目九由何敏（一和五，工作任务9-1至9-3、9-8）、宋娜（二和三，工作任务9-5至9-7）、马艳华（四和六，工作任务9-4和9-9）、王涛（七和八，工作任务9-10）编写。全书由许修宏审阅。

本教材介绍的关键技术配有讲解与操作视频，与"思政与职业素养目标"音频、电子课件、项目思考参考答案一同以"二维码"形式呈现。学生可扫码观看学习。视频部分由何敏、周桃英、马艳华、宋娜、杨新建、王涛完成，音频由王涛完成，由黄晓梅和王涛统稿。通过对本教材的学习，学生可以独立完成发酵菌种筛选、发酵工艺优化、发酵设备操作，能运用发酵相关知识解决生产过程中的问题，同时考取相关的职业技能等级证书。

本书在编写过程中得到了作者所在院校领导的大力支持，编者在此表示衷心的感谢。另外，本书在编写过程中也参考了同行专家的论文和著作等资料，在此向相关作者表示深深的谢意。

由于编者水平及时间有限，书中的不足与疏漏之处在所难免，恳切希望广大读者提出宝贵意见，以便再版时予以更正。

编　者

目　录

项目一　发酵技术岗前准备

项目二　发酵工业菌种的选育与保藏

项目三　发酵工业培养基的制备与优化

项目四　发酵工业的无菌操作

项目五　发酵工业的种子制备

项目六　发酵过程的控制

项目七　发酵罐的使用及放大

项目八　发酵产物的分离与精制

项目九　典型发酵产品的生产

参考文献

数字资源目录

项目一

发酵技术岗前准备

学习·思政育人目标

【知识目标】

1. 掌握发酵及发酵技术的定义。

2. 了解发酵技术的发展史和发展趋势。

3. 熟悉发酵工业的特点和范围。

【能力目标】

1. 掌握发酵产物的类型及工艺流程。

2. 熟悉微生物初级代谢产物及次级代谢产物的生物合成与调控。

音频：发酵技术简介

【思政与职业素养目标】

1. 通过学习，正确认识、体验与生物发酵技术有关的职业岗位，培养自主学习和拓展的能力。

2. 通过了解发酵技术产品在生活中的应用，体会微生物知识的应用价值。

3. 通过扫码学习，培养尊重科学和开拓创新的精神，以及科学素养。

 ※ 项目说明 ▶▶▶

　　发酵技术是我国重点发展的高新技术，是生物技术产业化的关键环节。它是通过细胞工程、基因工程、生化工程等技术手段控制和改造生物细胞，将来源丰富且价格低廉的原料转化为人们所需的、具有重大应用价值的物质，或将生物细胞直接应用于工业化生产和环境保护。发酵工业涉及范围很广，其产品种类繁多、应用广泛，技术发展迅速。本项目介绍发酵技术的相关基础知识，为本课程后续内容奠定理论基础，同时为构建本课程知识体系框架、发酵技术的应用和发酵技术的革新提供支撑。

※ 基础知识 ▶▶▶▶

发酵技术是我国重点发展的高新技术——生物技术的重要组成部分，在生物技术产业化过程中起着关键作用。随着生命科学与生物技术研究的迅速发展，不断为发酵技术注入新的活力，其为解决人类所面临的食品与营养、健康与环境、资源与能源等重大问题开辟了新的途径。发酵技术必将为我国国民经济的发展做出更大的贡献。

一、发酵与发酵技术

（一）发酵的定义

1. 早期的"发酵"

"发酵"一词最初来自拉丁语"fervere"，意为"发泡"，是用来描述作用于果汁或麦芽浸出液时产生的"发泡"现象。这种现象实际上是由于浸出液中的糖在缺氧条件下被酵母菌代谢产生 CO_2 所引起的。而真正将发酵现象和微生物生命活动联系起来，揭示发酵原理的是"发酵之父"——巴斯德，他研究了酒精发酵的生理意义，认为发酵是酵母在无氧状态下的呼吸过程，他将酒精生成过程中产生 CO_2 而发泡的现象称为发酵。

2. "发酵"的发展

近代生物化学家与工业微生物学家对发酵有不同的理解。生物化学家从能量代谢的角度分析，认为发酵是酵母在无氧状态下的呼吸过程，即有机化合物的分解代谢，并且产生能量；工业微生物学家则拓宽了原发酵的含义，认为发酵是指利用微生物代谢形成产物的过程，包括无氧过程和有氧过程，同时涉及分解代谢和合成代谢过程，其中有氧发酵在现代发酵工业中占有非常重要的地位。

目前，人们把利用微生物在有氧或无氧条件下的生命活动来大量生产或积累微生物细胞、酶类和代谢产物的过程统称为发酵。

（二）发酵技术的定义

利用微生物的发酵作用，运用一些技术手段来控制发酵过程，大规模生产发酵产品的生物技术，称为发酵技术。

发酵技术是生物技术中最早发展和应用的食品加工技术之一。传统的食品，如酒、豆豉、酱、酸乳、面包、腌菜、腐乳、干酪等都是通过发酵技术制得的。

发酵技术已经从过去简单的生产酒精类饮料、醋酸和发酵面包发展到今天能够人为控制和改造微生物，使这些微生物为人类生产产品的现代发酵技术阶段。现代发酵技术是现代生物技术的一个重要组成部分，具有广阔的应用前景。例如，用基因工程的方法有目的地改造原有的菌种并且提高其产量；利用微生物发酵生产药品，如人胰岛素、干扰素和生长激素等。

二、发酵技术的发展历史

发酵技术的发展有悠久的历史，从几千年前的凭经验的家庭式作坊到现在的规模化大生产，它经历了从无到有、从现象到本质的过程。为了更好地认识发酵技术的现状和把握其未来的发展，有必要认识和回顾一下发酵理论的演进和发酵技术的发展历程。

（一）发酵本质的认识过程

1. 自然发生说与发酵生命理论的争论

自然发生说自古就有，它认为生物随时可以由非生物产生或者是由另一些截然不同的物体产生，如"肉腐出虫，鱼枯生蠹"，亚里士多德的"有些鱼由淤泥和沙砾发育而成"，自然发生说直到中世纪还为一般学者所公认，推翻这一学说经历了漫长的过程。

1688年，意大利弗朗西斯科·雷迪率先反对自然发生说，用实验证明了腐肉生蛆是蝇类产卵的结果，但由于他未能正确解释虫瘿的来源，他的观点并未得到认可。虽然，列文虎克在1675年发现了微生物，但对微生物的进一步研究受到了许多条件的限制，微生物可以自然发生的信念反而活跃起来，并于18世纪至19世纪达到了顶峰。

法国巴斯德反复试验，通过著名的曲颈瓶试验有力地证实，汤汁中的微生物不是自然出现的，而是来源于空气中已有的微生物，它们引起了有机质的腐败。巴斯德自制了一个细长而又有弯曲的颈的玻璃瓶，瓶内盛肉汁或其他有机物质，经加热灭菌后，经过多时仍不腐败，因为弯曲的瓶颈阻挡了外面空气中微生物的进入，而一旦打破瓶颈，有了外界微生物进入，有机质才发生腐败。

1857年，巴斯德以实验证明，要把培养基中的微生物杀灭，必须加热并要有一定的加热温度与加热时间。此外，培养基经过加热后仍然适用于微生物的繁殖。这不但为发酵的生命本质提供了有力的证据，而且为杀灭培养基中的微生物提供理论和技术支持。同年，他又通过试验确认了各种发酵，如酒精发酵、乳酸发酵等都是由各自不同的微生物作用所引起。自此，建立了发酵的生命理论，证明发酵是由于微生物的作用。而巴斯德也因为其在微生物发酵研究方面的贡献，被后人誉为"发酵之父"。

2. 关于发酵本质的酶学理论

自发酵的生命理论建立后，还有一个问题没有解决，那就是微生物是如何起作用从而导致汤汁腐败的，即发酵的本质。直到1897年，德国人爱德华·布赫纳将酵母的细胞壁磨碎，得到的酵母汁仍能使糖液发酵产生酒精，他将酵母汁中的具有发酵能力的物质称为酒化酶。

由此得出结论：酵母可以产生酶，而这些酶离开酵母体之后仍可引起酒精发酵。至此，人们才真正认识到发酵的本质，即由微生物的生命活动所产生的酶的生物催化作用所致。

（二）发酵技术的发展史

现代意义上的发酵技术是一个由多学科交叉、融合而形成的技术性和应用性较强的开放性的学科。发酵技术经历了"传统发酵技术—近代发酵技术—现代发酵技术"三个发展阶段。

1. 传统发酵技术——自然发酵

发酵有着悠久的历史，人们将微生物的代谢产物作为食品和药品，已经有几千年的历史了。据考古证实，我国在距今4000～4200年前的龙山文化时期已有酒器出现。3000年前，我国有用长霉的豆腐治疗皮肤病的记载。国外的发酵史也很悠久，公元前4000至公元前3000年，古埃及人已熟悉酒、醋的酿造方法；约在公元前2000年，古希腊人和古罗马人已会酿制葡萄酒。然而尽管微生物的发酵产品与人类的关系十分密切，但是在漫长的岁月中人们并不知道发酵与微生物的关系，对发酵的本质并不清楚，很难人为控制发酵过程。这个阶段的主要产品是酒精类饮料、醋、酱油、泡菜、干酪等，其特点是：发酵生产完全凭经验，口传心授，非纯种培养，而且容易染菌，产品质量不稳定，所以被称为自然发酵时期。

2. 近代发酵技术——纯培养技术的建立

在 1675 年，荷兰人列文虎克第一个通过其自制的显微镜观察到了用肉眼看不见的微生物，认识到微生物的存在，揭开了微生物的秘密。1850～1880 年巴斯德用曲颈瓶实验，发现了发酵的原理。在这之后，1882 年德国人罗伯特·科赫首先发明固体培养基，得到了细菌的纯培养物，由此建立了微生物的纯培养技术。这就开创了人为控制发酵过程的时代。通过上述原理的运用，发酵管理技术得到改进，促使葡萄酒、啤酒等生产中的腐败现象大大减少。后来又采用杀菌操作，再加上简单密封式发酵罐的发明，通过人工控制进行发酵，使发酵效率逐步得到提高。因此，酒精、丙酮等厌氧发酵技术由此发展起来。可以说微生物纯培养技术的建立是发酵技术发展的第一次转折。

这一时期的产品有酵母、酒精、丙酮、丁醇、有机酸、酶制剂等，主要是一些厌氧发酵和表面固体发酵产生的初级代谢产物。其特点是：利用纯种，开始人为控制微生物进行发酵，产品质量稳定，但规模较小，生产过程及产品结构也比较简单。

3. 现代发酵技术

(1) 通气搅拌技术的建立时期   1928 年英国细菌学家弗莱明发现了能够抑制葡萄球菌的点青霉，其产物被称为青霉素，但因其产量低，并没有引起人们的重视。直到 1940 年，英国的弗洛里和钱恩精制出了青霉素，并证实青霉素对伤口感染治疗效果优于当时的磺胺药。同时，第二次世界大战对青霉素需求的推动，促使人们研究青霉素的产业化生产，并在 1945 年大规模地投入生产。其关键是采用了深层培养技术，即机械搅拌通气技术，从而推动了抗生素工业乃至整个发酵工业的快速发展。随后链霉素、氯霉素、金霉素、土霉素、四环素等好氧（又称好气）发酵的次级代谢产物相继投产。经过半个多世纪的发展，不仅抗生素产品的种类在不断增加，发酵水平也有了大幅度的提高。而通气搅拌技术也完成了发酵技术的第二次转折。这一时期的产品主要有各种有机酸、酶制剂、维生素、激素等。其特点是：通过人工控制微生物，微生物发酵的代谢已经从分解代谢转为合成代谢，实现了发酵产品的产业化。

(2) 人工诱变育种与代谢控制发酵技术的建立时期   随着微生物遗传学和生物化学的发展，促进了 20 世纪 60 年代氨基酸、核苷酸发酵工业的建立。日本于 1956 年用发酵法生产谷氨酸成功，至今已有 22 种氨基酸由发酵技术生产。氨基酸发酵工业运用人工诱变育种与代谢控制发酵的新型技术。代谢控制发酵技术是将微生物进行人工诱变，得到适合于生产某种产品的突变株，在人工控制的条件下，选择性地大量生产人们所需要的物质。此项工程技术目前广泛用于核苷酸类物质、有机酸和一部分抗生素的发酵生产。可以说代谢控制发酵技术的建立是微生物工程发酵技术发展的第三次转折。同时，人们还发现了许多石油及石油产品可以替代糖质原料进行发酵，而出现了石油发酵。这一阶段的特点是：从 DNA 分子水平上控制（无定向诱变）微生物的代谢途径，进行合理代谢，产品多样，不断涌现新工艺、新设备。

(3) 基因工程菌发酵时期   20 世纪发展起来的基因工程技术推动着发酵工业朝着新的方向——基因工程菌发酵前进。1953 年，美国的沃森和英国的克里克发现了 DNA 双螺旋结构。1972 年，美国的博格首先实现了 DNA 重组，从而开启了基因工程技术的新篇章。此后，很快全世界各国的研究人员发展出大量基因分离、鉴定和克隆的方法，不但构建出高产量的基因工程菌，还使微生物产生出它们本身不能产生的外源蛋白质，包括植物、动物和人类的多种生理活性蛋白，而且很快形成了产品，如胰岛素、生长激素、细胞因子及多种单克隆抗体等基因工程药物。同时在发酵工艺上的发展也突飞猛进：可以通过动植物细胞培养获得发酵产品、采用计算机控制的全自动发酵、利用固定化细胞进行连续培养、生物反应器和传感器的开发应用，都给发酵工业带来了巨大的推动力。

这一时期的特点是：可定向改造生物基因，按人们的意志生产产品，发酵技术和其他工程技术密切结合，不断推进发酵工业发展。这是发酵技术上的第四次转折。

三、发酵工业的特点及其范围

（一）发酵工业的特点

发酵工业是利用微生物所具有的生化活性进行物质转换，将廉价的发酵原料转变为各种高附加值产品的产业。其主要特点归纳如下。

1. 产品众多，应用广泛

发酵工业是在酒、酱、醋等传统产品酿造技术的基础上发展起来的，随着技术的不断更新，乙醇、丙酮、丁醇等溶剂发展起来，再到抗生素、氨基酸、核苷酸、维生素、酶制剂、胰岛素等生理活性物质，以及利用石油代粮发酵，纤维素等天然原料生产乙醇、乙烯新型能源，发酵工业已经渗透到食品、医药、农业、轻工业、能源、环保等人们生活的方方面面。

2. 技术发展迅速

随着现代科技的发展，发酵工业经历了几次重大转折，发酵技术也不断更新和发展。基因工程、细胞工程等生物工程技术的开发，使发酵技术进入了定向育种的新阶段，新产品层出不穷。随着人们利用计算机技术对发酵过程进行综合研究，使得对发酵过程的控制更为合理。固定化技术的出现，使发酵在工业生产上实现了连续化和自动化。

3. 来源广泛，有益环境

发酵一般采用较廉价的原料（如淀粉、糖蜜、玉米浆或其他农副产品等），也不使用有毒的试剂或添加剂，现在越来越多的发酵产品选用植物淀粉、纤维素等再生资源作为原料，有时甚至可利用一些废物作为发酵原料，变废为宝，实现环保和发酵生产的双赢。

4. 生产过程独特

发酵过程一般都是在常温、常压下进行的生物化学反应，反应条件比较温和；通过生物体的自适应调节来完成，反应的专一性强，因而可以得到较为单一的代谢产物；由于生物体本身所具有的反应机制，能高度选择性地对某些较为复杂的化合物进行特定部位的生物转化修饰，也可产生比较复杂的高分子化合物；发酵生产不受地理、气候、季节等自然条件的限制，可以根据需要利用通用发酵设备来生产多种多样的发酵产品。但也存在微生物易变异、发酵过程易染菌的特点。

（二）发酵工业的范围

发酵工业涉及范围很广，并且还在不断扩大。目前发酵工业的范围大致可分为以下几种类型。

1. 食品发酵工业

（1）酿造酒　啤酒、葡萄酒、白酒等。

（2）发酵食品和调味品　面包、酱油、食醋、腐乳等。

（3）微生物菌体蛋白　酵母、单细胞蛋白等。

2. 有机溶剂发酵工业

乙醇、丙酮、丁醇等。

3. 有机酸发酵工业

醋酸、乳酸、柠檬酸、葡萄糖酸等。

4. 酶制剂发酵工业

淀粉酶、蛋白酶、脂肪酶、青霉素酰化酶等。

5. 药物发酵工业

（1）抗生素　青霉素、头孢霉素、链霉素、红霉素等。

（2）氨基酸　谷氨酸、赖氨酸、丝氨酸、苯丙氨酸等。

（3）核苷酸　肌苷酸、肌苷等。

（4）维生素　维生素 B_2、维生素 B_{12}、维生素 C 等。

（5）生理活性物质　胰岛素、赤霉素等。

（6）生物制品　乙肝疫苗、干扰素等。

6. 生物能源工业

以纤维素等原料发酵生产酒精、沼气等能源物质。

7. 生物肥料与农药工业

细菌肥料、除草菌素、苏云金杆菌、白僵菌等。

8. 微生物冶金工业

利用微生物探矿、冶金等。

9. 微生物环境净化工业

工业"三废"净化处理等。

四、工业发酵的类型与工艺流程

（一）工业发酵的类型

根据发酵原料的来源、微生物的生理特征、营养要求、培养基性质以及发酵生产方式等，可以将发酵分成若干类型。

按发酵原料不同可分为糖类物质发酵、石油发酵及废水发酵等类型。大多数发酵都是利用淀粉、糖蜜等糖类物质作为发酵原料，生产酒精、氨基酸等产品；也有利用热带假丝酵母发酵石油烃来生产单细胞石油蛋白和利用有机废水发酵生产氢等。

按微生物对氧的不同需求可以分为好氧发酵、厌氧发酵以及兼性厌氧发酵三大类型。好氧发酵在发酵过程中需要通入一定量的无菌空气，满足微生物呼吸所需，例如利用黑曲霉进行的柠檬酸发酵，以及利用产黄青霉进行的青霉素发酵。厌氧发酵则是在发酵过程中不需要供给无菌空气，例如由乳酸细菌引起的乳酸发酵和梭状芽孢杆菌进行的丙酮丁醇发酵都属于此类。兼性厌氧发酵在有氧或无氧条件下都可以进行，如酒精酵母，在有氧条件下进行好氧呼吸，大量繁殖菌体细胞，而在缺氧的情况下它又进行厌氧发酵，积累酒精。

按培养基的物理性状可以分为液体发酵和固体发酵两大类型。现代工业发酵大多采用液体深层发酵，如谷氨酸、青霉素、柠檬酸等发酵产品的大量生产。液体深层发酵的特点是依据生产菌种的营养要求以及在不同生理时期对温度、pH、通气、搅拌等条件的要求，选择最适发酵条件。因此，目前几乎所有的好氧发酵都是采用液体深层发酵法。但是，液体深层培养无菌操作要求高，在生产上防止杂菌污染是一个十分重要的问题。固体发酵多见于传统发酵，如白酒的酿造和固体制曲过程。固体发酵又可分为浅盘固体发酵和深层固体发酵，前者是将固体培养基铺成薄层（厚度 2～3cm）装盘进行发酵，后者是将固体培养基堆成厚层（30cm），并在培育期间不断通入空气，故也称机械通风制曲。固体培育最大的特点是固体曲的酶活力高，但无论浅盘与深层固体通风培养都需要较大的劳动强度和工作空间。

根据发酵生产方式则可分为分批发酵、连续发酵和补料分批发酵三大类型。分批发酵是将发酵培养基组分一次性投入发酵罐，经灭菌、接种和发酵后再一次性地将发酵液放出的一种间歇式发酵操作类型。它是一种非衡态的准封闭式系统，应用广泛。连续发酵是当发酵过程启动到一定阶段（产物合成最适时期），一边连续补充发酵培养液，一边又以相同的流速放出发酵液，以维持发酵液原先体积的操作方式。补料分批发酵是指在微生物分批发酵过程中，以某种方式向发酵系统中补加一定物料，但并不连续地向外放出发酵液的发酵技术，是介于分批发酵和连续发酵之间的一种发酵技术。

（二）发酵生产工艺流程

发酵除某些转化过程外，典型的发酵工艺大致可以划分为以下6个基本过程：

（1）经过选育、扩大培养得到一定质量和数量的纯种，并将菌种接入发酵罐中；

（2）用于种子扩大培养和发酵生产的各种培养基的配制；

（3）培养基、发酵罐及其附属设备的灭菌；

（4）发酵条件优化和过程控制使微生物生长并产生大量的所需代谢产物；

（5）将产物进行提取、精制，得到合格的产品；

（6）回收或处理发酵过程中所产生的三废物质。

工业发酵过程的工艺流程及这6个部分之间的相互关系如图1-1所示。

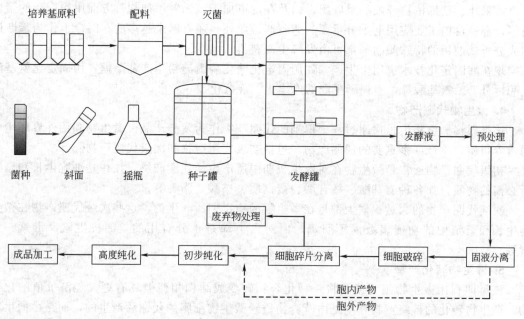

图 1-1 工业发酵过程的工艺流程

五、发酵产物的类型

微生物发酵工业产品种类繁多，但就其性质而言可分为下列六种类型：传统发酵产品、微生物菌体、微生物酶、微生物代谢产物、微生物转化产物以及工程菌发酵产物。

1. 传统发酵产品

该类即利用传统发酵技术获得的产品。大致包括 4 类：①酒类　啤酒、白酒、黄酒、葡萄酒、白兰地；②发酵食品　面包、馒头、豆腐乳、泡菜、咸菜等；③发酵调味品　酱、酱油、食醋、豆豉等；④发酵乳制品　酸乳、干酪等。

2. 微生物菌体

该类即通过培养微生物来收获其细胞作为发酵产品。微生物菌体具有不同的用途，可以根据不同微生物的生理学特性采用不同的生产工艺大量生产菌体，供人类之需。传统的菌体生产有用于面包制造业的酵母发酵和用于人类或动物食品的食用微生物菌体（称单细胞蛋白，SCP）发酵。

新的菌体发酵可以用来生产一些药用真菌，如担子菌的灵芝，依赖虫蛹生存的冬虫夏草，茯苓菌，还有香菇、猴头菇等，这些药用真菌产品可以用发酵培养的方式生产出来，与天然产品具有同等功效。

农业用微生物菌体发酵近来也快速发展，如苏云金芽孢杆菌、蜡样芽孢杆菌等细胞中的伴孢晶体可毒杀鳞翅目、双翅目等害虫，丝状真菌的白僵菌、绿僵菌可防治松毛虫等。

3. 微生物酶

该类即通过发酵来获取微生物酶作为发酵产品。工业上可分别由植物、动物或微生物来生产酶，生物酶制剂可以用微生物发酵技术来大量生产，而且酶制剂种类多、产酶品种多、生产容易、成本低，具有利用动植物生产酶无法比拟的优点。

目前通过发酵生产的微生物酶制剂已达百种以上，广泛用于医药、食品加工、活性饲料、纤维脱浆等许多行业，如：生产葡萄糖用到的淀粉酶就是一种最常用的酶制剂，又如用于澄清果汁、精炼植物纤维的果胶酶，以及在皮革加工、饲料添加剂等方面用途广泛的蛋白酶等，都是目前工业应用上十分重要的酶制剂。此外，还有越来越多的在医疗上作为诊断试剂或分析试剂用的特殊酶制剂都可由发酵生产获得。

现在酶固定化技术也用于生产，如用固定化糖化酶由淀粉生产葡萄糖，用固定化氨基酰化酶拆分 DL-氨基酸等，实现了生产的连续化、规范化。

4. 微生物代谢产物

该类即将微生物生长代谢过程中得到的代谢产物作为发酵产品。微生物利用外界环境中的营养物质，生产许多重要的代谢产物，包括初级代谢产物和次级代谢产物。

初级代谢产物通常是微生物在对数生长期中所产生的代谢产物，往往是细胞生长和繁殖所必需的物质，如各种氨基酸、核苷酸、蛋白质、核酸、脂类等。

次级代谢产物的大量积累大都是在微生物的稳定期所产生的，这些次级代谢产物在微生物生长和繁殖中的功能多数尚不明确，但对人类却是十分有用的，如抗生素、毒素、色素等。

5. 微生物转化产物

该类即利用微生物细胞或酶将一种化合物转变成结构相似但具有更大经济价值的化合物。微生物转化的最终产物并不是由营养物质经微生物细胞的代谢后产生的，而是由微生物细胞的酶或酶系对底物某一特定部位进行生物催化修饰形成的。生物转化反应通常包括脱氢、氧化、还原、缩合、脱羧、氨化、酰化、脱氨、磷酸化或异构作用等。微生物生物转化过程比化学催化过程具有明显的优越性，具体反映在其催化专一性强、效率高、条件温和等。发酵工业中有许多重要的转化，如甾体转化。此外，微生物转化反应也广泛用于生产新型抗生素等。在许多微生物转化的过程中，往往采用固定化细胞或酶，以提高转化效率。简化操作而且可以反复多次使用。

6. 工程菌发酵产物

该类即利用生物技术方法所获的基因工程菌细胞融合等技术所获得的杂交细胞进行培养得到的产物。

工程菌是采用现代生物工程技术加工出来的新型微生物，具有多功能、高效和适应性强等特点。工程菌的发酵产物种类多样，如用基因工程菌生产的胰岛素、干扰素、重组人生长激素等，还有利用杂交瘤细胞生产的用于诊断和治疗的各种单克隆抗体。

六、发酵技术的现状及发展趋势

（一）发酵技术的现状

现代发酵技术从最初的抗生素生产、氨基酸发酵等发展至今，已经形成一个产业，即发酵技术产业。发酵技术产业已经涉及食品、农业、轻化工、医药、环境、能源等各领域。而它给人们带来的好处也是巨大的，主要体现在以下几方面。

1. 提高产量

通过微生物菌种的改良和生产工艺的改进，各类发酵产品的产量都得到大幅度的提高，比如我国发酵工业主要产品的总产量在 2000～2010 年期间从 260 万吨增加到 1683 万吨，其中柠檬酸、酶制剂、淀粉糖、酵母、赖氨酸增幅均超过 14%。

2. 改造工艺

应用现代生物技术改造现有或传统的发酵工艺及装备一直是发酵工业研究的一个重点，通过研究生物转化途径及绿色制造工艺，改造高耗能、高耗水、污染大、效率低的落后工艺和设备，可大幅度降低成本、提高产量，减少污染物的产出和排放，降低能耗和水耗，推进清洁生产和循环发展。比如使用双酶法糖化工艺取代传统的酸法水解工艺，用于味精生产，可提高原料利用率 10% 左右。

3. 开发新品种

现代发酵技术还给人们带来了过去不曾有的新型产品。如单细胞蛋白这一新型的动物饲料，就是利用发酵技术以农作物秸秆、造纸废液等废弃物为营养物质，通过培养藻类、酵母菌、细菌等单细胞生物而获得的高产产品。这种产品不仅含有高蛋白，而且含有营养丰富的维生素和脂类等，既是良好的动物饲料，又可以用来生产高营养的人造蛋白食品。

发酵技术通过与基因工程技术的结合，还开发出种类繁多的药物，如人类生长激素、重组乙肝疫苗、细胞白介素等。

（二）发酵技术的发展趋势

随着生物技术的发展，发酵技术也在不断地改进和提高，其应用领域在不断扩大，显示出了它的巨大发展潜力。21 世纪是生物技术的世纪，更是发酵技术快速发展的时期，其未来的发展趋向主要有以下几大方面。

1. 利用基因工程等先进技术，人工选育和改良菌种，实现发酵产品产量和质量的提升

基因工程技术的引入，使现代发酵工程技术具有无限的发展潜力，人们可以根据需要利用基因工程技术改造生物的遗传特性，可以改良菌种提高发酵单位，也可以构建"工程菌"，建立新型的发酵产业（主要是针对医药生物技术产品而言），为产业化生产做出巨大贡献。

2. 采用发酵技术进行高等动植物细胞培养，具有诱人的前景

除了利用细菌、真菌发酵大量生产抗生素、各类酶、氨基酸等产物外，还有一些人类所需的生理活性物质，如干扰素、毒素、单克隆抗体等，必须借助动植物细胞的大规模培养来获得。因此结合细胞工程进行高等动植物细胞的大量培养，可以用来生产一些昂贵的植物化学药品、激素以及抗癌的新药。

3. 随着酶工程的发展，固定化（酶和细胞）技术被广泛应用

固定化酶和细胞可以代替游离细胞进行各种产品的发酵生产，具有降低能耗、缩短发酵周期，并可连续发酵生产、提高生产率等优点，在发酵生产中有广阔的发展前景。

4. 大型化、连续化、自动化控制技术的应用为发酵技术的发展拓展了新空间

发酵设备正朝着容积大型化、结构多样化、操作连续化和自动化的高效生物反应器方向发展，而其目的正是在于节省原材料、劳动力，降低能耗和发酵产品的成本，从而大大提高生产效率。

5. 生态型发酵工业的兴起开拓了发酵工业新的领域

随着近代发酵工业的发展，越来越多的过去靠化学合成的产品的工业生产，现代已全部或部分借助发酵方法来完成。也就是说，发酵法正在逐渐代替化学工业的某些方面，如添加剂、饲料的生产。有机化学合成方法与发酵生物合成方法关系更加密切，生物半合成或化学半合成方法应用到许多产品的工业生产中。微生物酶催化生物合成和化学合成相结合，使发酵产物通过化学修饰及化学结构改造进一步为生产更多的精细化工产品开拓了一个全新的领域。

6. 利用再生资源，保护环境、解决粮食危机

随着工业的发展，人口增长和国民生活改善，废弃物增多的同时，也造成环境污染，对各类废弃物的治理和转化，变害为益，实现无害化、资源化和产业化便具有重要意义，发酵技术的应用完全可以达到这个目的。近来，把纤维废料作为发酵工业的大宗原料成为关注重点，随着对纤维素水解的研究，取之不尽的纤维素资源代粮发酵生产各种产品和能源物质具有重要的现实意义。目前，利用纤维废料发酵生产酒精已取得重大进展。

发酵技术是生物技术实现产业化及加快研究成果转化为现实生产力、获得经济效益所必不可少的手段。随着生物技术的快速发展，发酵技术必将发生新的变化，为人类创造出更大的经济效益。

七、微生物初级代谢产物的生物合成与调控

（一）微生物生物合成的初级代谢产物

微生物的初级代谢是指微生物从外界吸收各种营养物质，通过分解代谢和合成代谢，生成维持生命活动所需要的物质和能量的过程。这一过程的产物，如单糖、氨基酸、脂肪酸、核苷酸以及由这些化合物聚合而成的高分子化合物（如多糖、蛋白质、酯类和核酸等），即为初级代谢产物。

通过初级代谢，能使营养物质转化为结构物质、具生理活性物质或为生长提供能量，因此初级代谢产物通常都是机体生存必不可少的物质，只要在这些物质的合成过程的某个环节上发生障碍，轻则引起生长停止，重则导致机体突变或死亡。

（二）初级代谢产物生物合成的主要调控机制

微生物细胞有着一整套可塑性极强和极精确的代谢调节系统，以确保上千种酶能准确无误、有条不紊和高度协调地进行极其复杂的新陈代谢反应。在发酵工业中，调节微生物生命活动的方法有很多，包括生理水平、代谢途径水平和基因调控水平上的各种调节。

代谢调节的类型有酶的活性调节和酶的合成调节。在细胞内，这两种调节方式是协同进行的。

1. 酶活性的调节

酶活性的调节是通过改变已有酶的活性来调节代谢速率，是酶分子水平上的调节，属于精细的调节。酶活性调节包括酶的激活和抑制作用。

（1）酶活性的激活　最常见的酶活性激活是前体激活，它多发生在分解代谢途径中，即代谢途径中后面的反应可被较前面的反应产物所促进的现象。如粗糙脉孢霉的异柠檬酸脱氢酶的活性受到柠檬酸的激活。

（2）酶活性的抑制　酶活性的抑制主要通过反馈抑制。反馈抑制是指反应途径中某些中间产物或末端产物对该途径中前面酶促反应的影响。凡使反应加速的称为正反馈，凡使反应减速的称为负反馈。酶活性的抑制作用主要表现在某代谢途径的末端产物（即终产物）过量时，这个产物可反过来直接抑制该途径中第一个酶的活性，促使整个反应过程减慢或停止，从而避免了末端产物的过多累积，如图 1-2 所示。反馈抑制具有作用直接、效果快以及当末端产物浓度降低时又可重新解除等优点。

末端产物的反馈抑制普遍存在于合成途径中。当只有一种末端产物的时候，反馈调节比较简单，是直线式代谢途径中的反馈抑制。例如 *E.coli* 在合成异亮氨酸时，因合成产物过多可抑制途径中第一个酶——苏氨酸脱氨酶的活性，从而使 α-酮丁酸及其后的一系列中间代谢产物无法合成，最终导致异亮氨酸合成终止，如图 1-3 所示。

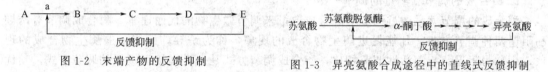

图 1-2　末端产物的反馈抑制　　　　图 1-3　异亮氨酸合成途径中的直线式反馈抑制

有两种以上的末端产物分支代谢途径的反馈抑制的作用机制较复杂，其调节方式有以下几种。

① 同工酶调节　此种抑制作用的特点是在一个分支代谢途径中，如果在分支点以前的一个较早的反应是由几个同工酶所催化时，则分支代谢的几个最终产物往往分别对这几个同工酶发生抑制作用，如图 1-4 所示。同工酶调节有很多，在 *E.coli* 的赖氨酸和苏氨酸合成中，天冬氨酸激酶Ⅰ和高丝氨酸脱氢酶Ⅰ可被苏氨酸抑制，天冬氨酸激酶Ⅲ可被赖氨酸抑制。

② 协同反馈抑制　此种抑制作用的特点是分支途径的几种末端产物同时过量才抑制共同途径中的第一个酶的活性，如图 1-5 所示。如谷氨酸棒杆菌合成天冬氨酸族氨基酸时，天冬氨酸激酶受到赖氨酸和苏氨酸的协同反馈抑制。

图 1-4　同工酶调节　　　　　　　　图 1-5　协同反馈抑制

③ 累积反馈抑制　此种抑制作用的特点是每一种末端产物按一定百分率单独抑制共同途径中第一个酶的活性，如图 1-6 所示。各种产物间既无协同效应，又无拮抗作用。它们抑制的酶，有的是同工酶（能催化同一种生化反应，但酶分子结构有所不同的一组酶），有的是多功能酶（指结构上仅为一种多肽，但却具有两种或两种以上催化活性的酶蛋白）。如谷氨酰胺合成酶受到 8 种末端产物的累积反馈抑制。

④ 增效反馈抑制　此种抑制作用的特点是代谢途径中任何一种末端产物过量时，仅部

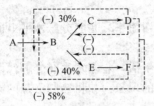

图 1-6　累积反馈抑制

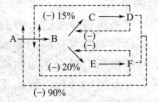

图 1-7　增效反馈抑制

分抑制共同反应途径中的第一个酶活性，但是两个末端产物同时过量时，其抑制作用可超过各产物存在的抑制能力的总和，如图 1-7 所示。此种调节方式发现于 6-氨基嘌呤核苷酸和 6-酮基嘌呤核苷酸生物合成途径中。这两类核苷酸各自都能部分地抑制磷酸核糖焦磷酸转酰胺酶的活性。而 6-氨基嘌呤核苷酸和 6-酮基嘌呤核苷酸混合物（GMP＋AMP 或 AMP＋IMP）对该酶有强烈的抑制作用。

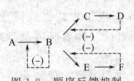

图 1-8　顺序反馈抑制

⑤ 顺序反馈抑制　其抑制方式如图 1-8 所示。每个分支末端产物抑制分支后的第一个酶，产生部分抑制作用。如枯草杆菌合成芳香族氨基酸时的反馈抑制作用。

2. 酶合成的调节（酶量的调节）

酶合成的调节就是通过调节酶的合成数量来调节微生物的代谢速率。酶合成调节有诱导和阻遏两种调节方式，凡能促进酶生物合成的现象，称为诱导，而能阻遏酶生物合成的现象，则称为阻遏。与酶活性调节相比，酶合成调节方式是一类间接而缓慢的调节方式，其优点是通过阻止酶的过量合成，有利于节约生物合成的原料和能量。在正常代谢途径中，酶活性调节和酶合成调节两者是同时存在且密切配合、协调进行的。

（1）酶合成的诱导　参加微生物代谢活动的酶有数千种，其中有些酶在细胞内总是适量存在，其合成不依赖于环境中物质（底物或其结构类似物）的存在，如糖酵解途径中的各种酶，称为组成酶。另外一些酶只有在它们催化的底物（或底物的结构类似物）存在时才能合成，此种酶称为诱导酶。酶合成的诱导现象在分解代谢途径和合成代谢途径中都很普通，如酵母菌和大肠埃希菌本来没有分解乳糖的酶，但若在培养基中加入乳糖，经过一段时间的诱导之后，菌体就合成了能利用分解乳糖的乳糖酶（包括透性酶、β-半乳糖苷酶和硫代半乳糖苷转乙酰酶）。一般情况下底物是酶合成的诱导物。但底物的结构类似物往往是很好的诱导物，它可以使酶的合成数量成倍或几十倍地增加，但它们不能被充作底物，如甲基-β-硫代半乳糖苷或异丙基硫代半乳糖苷不能被微生物作为碳源和能源，但可诱导半乳糖苷酶系的合成达千倍。

外源物质可作为诱导剂，菌体代谢的某些中间产物也能诱导该途径中某些酶系的合成。如假单胞杆菌芳香族化合物降解途径中的酶诱导是内源诱导物的顺序诱导。

（2）酶合成的阻遏　某种代谢物积累除抑制酶活性外，还可反馈阻遏酶合成，降低反应速度。反馈阻遏是指代谢的终产物达到一定浓度时，反馈阻遏该代谢途径中包括关键酶在内的一系列酶的生物合成，彻底控制代谢和末端产物合成。这种调节方式较普遍地存在于微生物的生物合成途径中。酶合成的阻遏主要有末端代谢产物阻遏和分解代谢产物阻遏两种类型。

末端代谢产物阻遏有两种情况，在直线反应途径中，末端产物阻遏较为简单，即产物作用于代谢途径中的第一个酶，使后续的酶都不能合成。分支代谢途径的阻遏较为复杂。每种末端产物仅专一地阻遏各自对应的分支途径中酶的合成。

分解代谢产物阻遏，指的是被菌体迅速利用的底物或其分解产物阻遏了其他代谢途径中一些酶（降解酶、合成酶）的合成。由于底物的不同，又分为碳分解产物阻遏和氮分解产物阻遏。

"葡萄糖效应"是早年研究大肠埃希菌利用各种碳源时发现的碳分解产物的阻抑作用。当大肠埃希菌培养于含有葡萄糖和乳糖的培养基中，菌体出现了"两次生长现象"，这是大肠埃希菌首先利用葡萄糖进行生长繁殖，在葡萄糖耗尽后，过一段时间菌体才开始利用乳糖。其实质就是葡萄糖存在时阻遏了分解乳糖酶系的合成。后来在许多微生物学的试验中发现，碳分解产物的阻抑作用普遍存在于微生物的生化代谢中。

氮分解产物阻遏和碳分解产物阻遏相似，它是指被菌体迅速利用的氮源（特别是铵）能阻抑某些参与含氮化合物代谢的酶的合成。如铵盐或其代谢产物对微生物的代谢能产生"铵阻遏"效应。在初级代谢中，它能阻遏许多芽孢杆菌的蛋白酶的合成。通常受到 NH_4^+ 阻遏的酶有：亚硝酸还原酶、硝酸还原酶、固氮酶、乙酰胺酶、脲酶、黄嘌呤脱氢酶、天冬酰胺酶、脯氨酸氧化酶、尿素和谷氨酸渗透酶等。

八、微生物次级代谢产物的生物合成与调控

（一）微生物生物合成的次级代谢产物

微生物合成的次级代谢产物是指微生物生长到一定阶段才产生的化学结构十分复杂、对该生物无明显生理功能，或并非是微生物生长和繁殖所必需的物质，如抗生素、毒素、激素、色素等。从菌体生化代谢角度来说，由于次级代谢产物的化学结构是多种多样的，菌体合成抗生素的生化代谢途径也是多样的。但许多抗生素的基本结构是由少数几种初级代谢产物构成的。所以，次级代谢产物合成途径并不是独立的，而是与初级代谢产物合成途径有着密切的关系。

（二）次级代谢与初级代谢的关系

次级代谢与初级代谢是一个相对的概念，两种代谢既有区别又有联系。

1. 次级代谢与初级代谢的区别

（1）次级代谢只存在于某些生物中，而且代谢途径和代谢产物因生物不同而异，就是同种生物也会因营养和环境条件不同而产生不同的次级代谢产物。而初级代谢是一类普遍存在于各类生物中的基本代谢类型，代谢途径与产物的类同性强。

（2）次级代谢产物对于产生者本身不是机体生存所必需的物质，即使在次级代谢过程的某个环节发生障碍，也不会导致机体生长的停止和死亡，一般只是影响机体合成某种次级代谢产物的能力。而初级代谢产物则不同，只要这些物质合成过程的某个环节发生障碍，轻则表现为生长缓慢，重则导致生长停止、机体发生突变甚至死亡等。

（3）次级代谢通常是在微生物的对数生长期末期或稳定期才出现，它与机体的生长不呈现平行关系，而是明显地分为机体的生长期和次级代谢产物形成期两个不同时期。初级代谢则自始至终存在于一切生活的机体之中，它同机体的生长过程基本呈平行关系。

（4）次级代谢产物虽然是从初级代谢过程中产生的中间体或代谢物衍生而来，但它的骨架碳原子的数量与排列上的微小变化，或氧、氮、氯、硫等元素的加入，或在产物氧化水平上的微小变化都可以导致产生的次级代谢产物的多样化，并且每种类型的次级代谢产物往往是一群化学结构非常相似而成分不同的混合物。这些次级代谢产物通常被机体分泌到胞外，它们虽然不是机体生长与繁殖所必需的物质，但它们在同其他生物的生存竞争中起着重要作用。而初级代谢产物的性质与类型在各类生物中相同或基本相同。

（5）机体内两种代谢类型对环境条件变化的敏感性或遗传稳定性明显不同。次级代谢对环境条件变化很敏感，其产物的合成往往会因环境条件变化而受到明显影响。而初级代谢对环境条件变化的敏感性小，相对较为稳定。

（6）催化次级代谢产物合成的某些酶专一性较弱。因此在某种次级代谢产物合成的培养

基里加进不同的前体物时，往往可以导致机体合成不同种类的次级代谢产物，这或许是某些次级代谢产物为什么是由许多混合物组成的原因之一。例如在青霉素发酵中可以通过加入不同前体物的方式合成不同类型的青霉素。另外催化次级代谢产物合成的酶往往都是一些诱导酶，它们是在产生菌对数生长期末期或稳定生长期中，由于某种中间产物积累而诱导机体合成一种能催化次级代谢产物合成的酶。这些酶通常因环境条件变化而不能合成。相对而言催化初级代谢产物合成的酶专一性和稳定性均较强。

2. 次级代谢与初级代谢的联系

次级代谢与初级代谢之间的联系非常密切，具体表现为次级代谢以初级代谢为基础。一方面，初级代谢可以为次级代谢产物合成提供前体物和为次级代谢产物合成提供所需要的能量，而次级代谢则是初级代谢在特定条件下的继续和发展，避免初级代谢过程中某种（或某些）中间体或产物过量积累对机体产生的毒害作用。另一方面，初级代谢产物合成中的关键性中间体也是次级代谢产物合成中的重要中间体物质，如乙酰辅酶 A、莽草酸、丙二酸等都是许多初级代谢产物和次级代谢产物合成的中间体物质。初级代谢产物如半胱氨酸、缬氨酸、色氨酸、戊糖等通常是一些次级代谢产物合成的前体物质。

（三）微生物合成的次级代谢产物的基本特征

1. 次级代谢产物具有种特异性

能够产生次级代谢产物的产生菌，在分类学上的位置与产生的次级代谢产物的结构之间没有明确的内在联系。分类学上相同的菌种能产生不同结构的次级代谢产物，如灰色链霉菌，既能合成具有氨基糖苷结构的链霉素，又能合成有大环内酯结构的杀假丝菌素；而分类学上不同的微生物也能产生相同的抗生素，如霉菌和链霉菌都能产生头孢菌素 C。

2. 分批发酵时，产生菌生长周期分为三个时期

三个时期为菌体生长期、产物合成期以及菌体自溶期。三个时期中产生菌对营养成分和环境条件的要求是不同的，而且菌体的生理特性和形态学都产生变化。

3. 次级代谢产物不少是结构相似的混合物

产生菌能同时合成多种结构相似的次级代谢产物，其原因是：①参与次级代谢产物合成的酶系的底物特异性不强；②产生菌利用 1 种或 2 种以上初级代谢产物合成一种主要的次级代谢产物，产生菌继续对该产物进行多种化学修饰而同时合成多种衍生物；③一种次级代谢产物可由 2 种或 2 种以上的代谢途径合成，如红霉素 A 的生物合成。

4. 次级代谢产物的合成受多基因控制

控制次级代谢产物合成的基因有的在染色体上，有的在质粒上。而在次级代谢产物合成过程中，由于环境因素，导致质粒易丢失或丧失其功能，就会造成次级代谢的不稳定性。

（四）次级代谢产物生物合成的主要调控机制

因为次级代谢产物的种类在不同的微生物中差别很大，所以次级代谢途径远比初级代谢复杂，其代谢调节方式也是多样的。已知抗生素等次级代谢产物生物合成的调节类型主要包括酶合成的诱导调节、反馈调节以及磷酸盐的调节等。

1. 酶合成的诱导调节

在次级代谢途径中，某些酶也是诱导酶，在底物（或底物的结构类似物）存在时才会产生，如卡那霉素乙酰转移酶是在 6-氨基葡萄糖-2-脱氧链霉胺（底物）的诱导下合成的。在头孢菌素 C 的生物合成中，蛋氨酸可使产生菌菌丝发生变化，形成大量的"节孢子"，同时可诱导其合成途径中两种关键酶，即异青霉素 N 合成酶、脱乙酰氧基头孢菌素 C 合成酶的合成，显著提高产量。

2. 反馈调节

在次级代谢产物的生物合成过程中，反馈抑制和反馈阻遏起着重要的调节作用。

（1）前体物质的自身反馈抑制 次级代谢产物均是由初级代谢产物衍生而来，合成次级代谢产物的前体的自身反馈抑制，必然影响次级代谢产物的合成。如缬氨酸是合成青霉素的前体物质，它能自身反馈抑制合成途径中的第一个酶乙酰羟酸合成酶的活性，控制自身的生物合成，从而影响青霉素的合成。

（2）支路产物的反馈抑制 某些微生物代谢中产生的一些分叉中间体，既可用于合成初级代谢产物，又可用于合成次级代谢产物。在某些情况下，初级代谢的末端产物能反馈抑制共用途径某些酶的活性，从而影响次级代谢产物的生物合成。如赖氨酸反馈抑制产黄青霉合成青霉素，是赖氨酸反馈抑制合成途径中的第一个酶高异柠檬酸合成酶的活性，因而抑制了青霉素生物合成的起始单位 α-氨基己二酸的合成，必然影响青霉素的合成。

（3）次级代谢产物的自身反馈调节 在许多次级代谢产物的发酵中都发现了末端产物的反馈调节，通过抑制或阻遏它们自身的生物合成酶来调节，如卡那霉素终产物的调节是通过阻遏其生物合成过程中的酰基转移酶的合成来实现的。氯霉素终产物的调节是通过阻遏其生物合成过程中的第一个酶，而嘌呤霉素终产物的调节位点是抑制其生物合成途径中的最后一个酶 O-甲基转移酶活性。四环素、金霉素和土霉素抑制四环素合成途径中的最后第二个酶，即脱水四环素氧化酶的活性。

3. 磷酸盐的调节

磷酸盐在微生物的生长和次级代谢产物合成中起着重要作用，高浓度磷酸盐对抗生素等次级代谢产物表现出较强的抑制作用，这就是磷酸盐调节。培养基中磷酸盐浓度为 0.3～300mmol/L 时，能支持微生物细胞的生长，但当浓度超过 10mmol/L 时，就能抑制许多抗生素的生物合成。

磷酸盐对次级代谢产物合成抑制作用的调节机制是不同的，有的是通过抑制酶的作用，有的是导致细胞能荷化，或是通过提高磷酸盐竞争某些必需金属离子的作用来实现的。例如，高浓度磷酸盐会抑制麦角碱生物合成中二甲基丙烯色氨酸合成酶的活性；在链霉素、万古霉素中，高浓度磷酸盐则抑制碱性磷酸酯酶的活性。

高浓度磷酸可以导致胞内合成更多的 ATP，从而提高了细胞的能荷。例如，在浓度为 10mmol/L 磷酸盐中，灰色链霉菌胞内 ATP 含量增加了 1 倍，随后就发生了抗生素合成被抑制，在四环素的生物合成中，过量的无机磷或 ATP 表现出对四环素合成的抑制作用。

※ 工作任务 ▶▶▶

工作任务 1 参观发酵工业的工厂

一、工作目标

通过此项工作，了解相关发酵产品的产业现状、生产技术规范及相关设备，掌握其产品发酵生产工艺流程。

二、工作材料与用具

生产企业车间工作服每人一套、电化教学设备。

三、工作过程

1. 电化教学

（1）观看发酵产品生产工艺相关幻灯片。

（2）观看发酵产品生产的电视教学片。

2. 参观发酵厂

（1）听取生产企业的介绍，参观产品展示室。

（2）按照产品工艺流程参观各生产车间，了解发酵产品的生产技术规范、生产过程和生产设备。

四、注意事项

（1）进入生产企业后，注意安全，严格遵守企业规章制度。

（2）不经允许，不能私自开启相关设备和阀门。

（3）遵守纪律，服从企业和老师的安排。

（4）认真对待参观，做好相关记录。

五、考核内容与评分标准

（1）发酵产品生产现状与发展趋势。（20分）

（2）发酵产品的生产工艺流程和操作要点。（50分）

（3）发酵产品生产的主要生产设备和结构简图。（30分）

 项目小结 ▶▶▶

PPT 课件

发酵是指利用微生物在有氧或无氧条件下的生命活动来大量生产或积累微生物细胞、酶类和代谢产物的过程。发酵技术是指利用微生物的发酵作用，运用一些技术手段控制发酵过程，大规模生产发酵产品的生物技术。发酵技术经历了"传统发酵技术——近代发酵技术——现代发酵技术"三个发展阶段。

根据微生物对氧的需求可分为好氧发酵、厌氧发酵以及兼性厌氧发酵；根据发酵生产方式分为分批发酵、连续发酵和补料分批发酵三大类型。微生物发酵工业产品包括六种类型，即传统发酵产品、微生物菌体、微生物代谢产物、微生物酶、微生物转化产物、工程菌发酵产物。微生物代谢产物包括初级代谢产物和次级代谢产物。初级代谢产物的调节主要包括酶活性调节和酶合成调节。微生物的次级代谢产物生物合成的调节类型主要包括酶合成的诱导调节、反馈调节、磷酸盐的调节等。

项目思考

1. 什么是发酵？什么是发酵技术？
2. 简述发酵技术的发展史。
3. 发酵工业的特点是什么？
4. 工业发酵的类型有哪些？发酵生产工艺流程是怎样的？
5. 发酵产物的类型有哪些？

项目二
发酵工业菌种的选育与保藏

【知识目标】

1. 了解发酵工业常用菌种。

2. 熟悉菌种的分离、筛选与鉴定的基本方法。

3. 理解并掌握菌种的改良途径、保藏方法的基本原理及技术流程。

【能力目标】

1. 能独立完成从自然界采集并分离筛选发酵工业菌种的操作。

2. 可以根据相关材料，采用合适方法进行相应发酵工业菌种的改良过程。

3. 能根据形态特征和培养特性，判断相应发酵工业菌种退化情况，并进行菌种的复壮及保藏。

【思政与职业素养目标】

1. 培养实事求是、严肃认真的科学研究态度。

2. 培养、提升工作中自我防护的能力，同时掌握生物安全体系。

音频：航天育种

3. 通过学习，理解《中华人民共和国生物安全法》，培养遵守法规的能力。

※ 项目说明 ▶▶▶▶

　　微生物菌种是发酵工业的灵魂，是发酵产品是否具有产业化价值和商业化价值的关键因素。如果要使发酵产品在产量以及质量上有显著的提高，首要条件就是通过各种方法筛选出性能优良的微生物生产菌种，再利用一定的改良手段进一步改变菌种性状，以及采用最佳的菌种保藏方法，防止其退化，以获得高质量的产品。本项目介绍了发酵工业菌种的选育途径、原理、方法及菌种保藏的原理与技术，通过本项目的学习，掌握如何通过一定的实验，获得高产的目的菌株。

※ 基础知识 ▶▶▶

一、发酵工业常用菌种

（一）发酵工业菌种要求

尽管自然界微生物多种多样，但不是所有的微生物都可作为菌种，即使是同属于一个种的不同株的微生物，也不是所有的菌株都能用来进行大规模的发酵生产。对发酵工业菌种一般有以下要求：

第一，能在廉价易得的原料制成的培养基上生长，且生成的目的产物有价值、产量高、易于分离纯化；

第二，生长较快，发酵周期短；

第三，培养条件如糖、温度、pH、溶解氧、渗透压等易于控制；

第四，抗噬菌体及杂菌污染的能力强；

第五，菌种纯净，健壮，遗传性能稳定，不易变异退化，以保证发酵生产和产品质量的稳定；

第六，菌种对诱变剂敏感，易于基因操作，便于选育优良性能菌株；

第七，发酵过程中不产生或很少产生与目标产物性质相似的副产物；

第八，对放大设备的适应性强；

第九，菌种不是病原菌，不产生任何有害的生物活性物质和毒素；

第十，对所需添加的前体有耐受能力且不能将前体作为一般碳源使用。

（二）发酵工业常用的菌种

发酵工业应用的微生物大多归为细菌、放线菌、酵母菌、丝状真菌四大类别。近年来，药用真菌（担子菌）和藻类分别在药物和食品以及饲料方面的应用也被逐渐开发和利用。就广义的发酵工业而言，微生物菌种还应包括工程菌、动植物细胞等。

发酵工业常用的微生物菌种及其应用见表 2-1。

表 2-1　发酵工业常用的微生物菌种及其应用

微生物类别	微生物名称	产物	用途
细菌	短杆菌	味精,谷氨酸	医药、食用、化妆品
		肌苷酸	医药、食用
	枯草芽孢杆菌	蛋白酶	皮革脱毛柔化、胶卷回收银、丝绸脱胶、水解蛋白饲料、肉类嫩化、酒类澄清、酱油速酿、明胶制造、洗衣业、医药
		淀粉酶	酒精发酵、啤酒发酵、糊精制造、葡萄糖制造、纺织品退浆、洗衣业、香料加工
	巨大芽孢杆菌	葡萄糖异构酶	由葡萄糖制造高果糖浆
	棒状杆菌	L-赖氨酸、L-谷氨酸	食用、医用、饲料
		5′-肌苷酸、5′-鸟苷酸	食用（增鲜）、医药（治疗肝炎）
	大肠埃希菌	天冬酰胺酶	医药（治疗白血病）

续表

微生物类别	微生物名称	产物	用途
细菌	醋酸杆菌	醋酸、维生素 C 中间转化、二羟基丙酮	食用、医药
	梭状芽孢杆菌	丙酮-丁醇	工业有机溶剂
	节杆菌	强的松	医药
	蜡样芽孢杆菌	青霉素酶	青霉素的检定、抵抗青霉素敏感症
酵母菌	酿酒酵母	酒精	工业、医药
		果酒、葡萄酒、啤酒、白酒	食用
		甘油	医药、军工、化妆品
		琥珀酸	医药、食品、有机合成原料
		细胞色素 c、辅酶 A、酵母片、凝血质	医药
		各类产物（借助重组 DNA 技术）	模式生物
	假丝酵母	环烷酸	工业
		石油及蛋白质	制造低凝固点石油及酵母菌体蛋白等
	类酵母	脂肪酶	食品、医药、纺织脱蜡、洗衣业
	脆壁酵母	乳糖酶	食品工业
	阿氏假囊酵母	核黄素	医药
丝状真菌（霉菌）	黑曲霉	柠檬酸	工业、食用、医药
		糖化酶	酒精发酵工业
		单宁酶	分解单宁、制造没食子酸、酶的精制
		柚苷酶	柑橘罐头脱除苦味
		酸性蛋白酶	啤酒防浊剂、消化剂、饲料
	根霉	根霉糖化酶	葡萄糖制造、酒精厂糖化用
		甾体激素	医药
	土曲霉	丁二酸	工业
	赤霉菌	赤霉素	农业、植物生长刺激素
	犁头霉	甾体激素	医药
	青霉菌	青霉素	医药
		葡萄糖氧化酶	蛋白除去葡萄糖、脱氧、食品罐头储存、医药
	灰黄霉菌	灰黄霉素	医药
	木霉菌	纤维素酶	淀粉和食品加工、饲料
	黄曲霉菌	淀粉酶	医药、工业
	红曲霉	红曲霉糖化酶	葡萄糖制造，酒精厂糖化用
	毛霉	草酸、乳酸、琥珀酸、甘油	工业
		蛋白酶、脂肪酶、果胶酶、凝乳酶等	食品
		甾族化合物转化	医药

续表

微生物类别	微生物名称	产物	用途
放线菌	链霉菌	链霉素	医药
	小单孢菌	庆大霉素	医药
	诺卡菌	利福霉素	医药
	灰色放线菌	蛋白酶	皮革脱毛柔化、胶卷回收银、丝绸脱胶、水解蛋白饲料、肉类嫩化、酒类澄清、酱油速酿、明胶制造、洗衣业、医药
	球孢放线菌	甾体激素	医药
药用真菌	香菇	多糖、橡胶物质、抗癌物质	食用、医药
	灵芝	本身的成分	食用、医药
	茯苓	本身的成分	食用、医药
	冬虫夏草	本身的成分	食用、医药
藻类	螺旋藻	蛋白质、维生素	饲料、食品、医药
	单胞藻	石油	工业、减少温室效应

二、发酵工业菌种的分离筛选

符合发酵工业要求的菌种常从如下途径获得：①从保藏微生物菌种的机构直接购买；②从自然界分离筛选；③从生产过程中发酵水平高的批号中重新进行分离筛选。其中，从自然界分离微生物菌种是获得发酵工业菌种的主要方式，尤其是从土壤中分离微生物菌种更是较为典型的分离方式之一。

（一）样品的采集

富含微生物菌种的样品以土壤为主。采集土样首先应注意土壤有机质含量和酸碱度。一般在有机质较多的肥沃土壤中，微生物的数量最多，中性偏碱的土壤（pH 7.0～7.5）以细菌和放线菌为主，酸性红土壤（pH 7.0 以下）及森林土壤中霉菌较多，果园、菜园和野果生长区等富含碳水化合物的土壤和沼泽地中，酵母和霉菌较多。采样的对象也可以是植物、腐败物品，以及某些水域等。其次，采样应充分考虑采样的季节性和时间因素，以温度适中、雨量不多的初秋为好。因为冬季温度低，气候干燥，微生物生长缓慢，数量最少；春天随着气温的升高，微生物生长开始旺盛，数量逐渐增加；随后经过夏季到秋季，约有 7～10 个月处在较高的温度和丰富的植被下，土壤中微生物数量达到顶峰。第三，采样也应考虑地理条件和植被状况。南方特别是热带和亚热带地区，温度高，温暖季节长，雨水多，相对湿度高，植物种类多，植被覆盖面大，土壤有机质丰富，其土壤比北方土壤中的微生物数量和种类都要多，许多工业微生物菌种，如抗生素产生菌，尤其是霉菌、酵母菌，大多从南方土壤中筛选出来。第四，采样还要注意微生物菌种的生理特点。比如每种微生物对碳/氮源的需求不一样，分布也有差异，因此要筛选分离纤维素酶产生菌，就要到有较多枯枝落叶和腐烂的木头等富含纤维素的地方去采样。如筛选高温酶产生菌时，通常到温度较高的南方，或温泉、火山爆发处及北方的堆肥中采集样品。最后还要注意一些特殊环境下的采样。比如嗜热菌、嗜冷菌、嗜碱菌、耐高盐或高辐射强度菌等极端微生物的获得就要到相应的环境中去采样。

具体采集土样时，就森林、旱地、草地而言，可先掘洞，由土壤下层向上层顺序采集；就水田等浸水土壤而言，一般是在不损土层结构的情况下插入圆筒采集。如果没有特殊要求，用取样铲，将表层 5cm 左右的浮土除去，取 5～25cm 处的土样 10～25g，装入事先准备好的清洁的聚乙烯袋、牛皮纸袋或玻璃瓶中。北方土壤干燥，可在 $10\sim30cm$ 处取样。然后给采集的样品编号并记录地点、土壤质地、植被名称、时间及其他环境条件。采好的样品应及时处理，暂不能处理的也应储存于 $4℃$ 下，但储存时间不宜过长。如果不能及时分离，则可事先用选择性培养基做好试管斜面，取采集的样品 $3\sim4g$ 撒到试管斜面上，这样可避免菌株因不能及时分离而死亡。

在采集植物根际土样时，一般方法是将植物根从土壤中慢慢拔出，浸渍在大量无菌水中约 20min，洗去黏附在根上的土壤，然后再用无菌水漂洗下根部残留的土，这部分土即为根际土样。

（二）样品的预处理

为了提高菌种分离的效率，在分离之前，要对含微生物的样品进行预处理。通常使用的预处理方法见表 2-2。

表 2-2　含微生物样品的预处理方法

类别		具体措施	适用对象
物理方法	热处理	加热处理	分离放线菌、链霉菌等
	膜过滤法	以不同孔径的滤膜过滤样品，后将滤膜放置于培养基表面	样品中微生物菌种数目较少时
	离心法	不同转速处理	样品中微生物菌种数目较少时
诱饵法		将石蜡、花粉、蛇皮、毛发等加到待分离的土壤或水中	某些特殊的微生物种类（如诺卡菌）
化学方法		培养基中添加 1% 甲壳素	土壤和水中的放线菌
		培养基中添加 $CaCO_3$	稳定培养基的 pH 来分离嗜碱性的放线菌

（三）富集培养

富集培养是在目的微生物含量较少时，根据微生物的生理特点，设计一定的限制因素（如选择性培养基、特定培养条件、添加抑制剂或促进剂等），使目的微生物迅速地生长繁殖，数量增加，由原来自然条件下的劣势种变成人工环境下的优势种，以利分离到所需要的菌株。

富集培养主要根据微生物的碳源、氮源、pH、温度、需氧等因素加以控制。

1. 控制培养基的营养成分

微生物的代谢类型十分丰富，其分布状态随环境条件的不同而异。如果环境中含有较多某种物质，则其中能分解利用该物质的微生物也较多。因此，在分离该类菌株之前，可在增殖培养基中人为加入相应的底物作唯一碳源或氮源，那些能分解利用的菌株因得到充足的营养而迅速繁殖，其他微生物则由于不能分解这些物质，生长受到抑制。比如分离能降解葡聚糖的菌种，在相应的培养基中加入葡聚糖作为唯一碳源即可。为了达到更好的分离效果，利用微生物对环境因子的耐受范围具有可塑性，富集培养可连续进行。

2. 控制培养条件

通过微生物对 pH、温度及通气等条件的特殊要求来控制培养，也能达到富集目的微生物菌种的目的。比如细菌、放线菌的生长繁殖一般要求偏碱（pH $7.0\sim7.5$），霉菌和酵母菌要求偏酸（pH $4.5\sim6.0$），因此可通过添加磷酸盐缓冲液体系、碳酸钙以及补加酸、碱的方式，调节富集培养基的 pH 值到被分离微生物的要求范围，不仅有利于目标微生物的生长，也可排除一部分不需要的菌类。同样，不同种类的微生物所适宜的生长温度是不同的，利用不同培养温度可使不同的嗜温性微生物生长速度不同。如分离芽孢杆菌时，可将样品液在80℃恒温预处理20min，可以较大程度地增加芽孢杆菌在样品液中的比例，达到富集的目的。另外还有通风，即根据对氧气的需求程度，如分离厌氧菌，可通过少通或不通空气来实现。这时除配制特殊的培养基外，还需要厌氧培养箱、厌氧罐等特殊设备以创造有利于厌氧菌的生长环境。

3. 抑制不需要的杂菌，保留目的菌

通过高温、高压、添加抗生素也可减少非目的微生物的数量，使目的微生物的比例增加，达到富集的目的。

如果按通常的分离方法，在培养基平板上能出现足够数量的目的微生物，则不必进行富集培养，直接分离、纯化即可。

（四）菌种分离

通过富集培养，目标微生物在数量上得到提高，但样品中的微生物还是处于混杂状态，而生产、科研的要求必须是使用纯种，因此还需要采用快速、准确的方法将目标微生物分离、纯化出来。常用的分离方法有以下几种。

1. 稀释平皿分离法

把含目标微生物的样品以10倍的级差，用无菌水进行稀释，然后选取一定的稀释度范围，各取一定量的悬浮液，涂抹于分离培养基的平板上，经过培养，长出单个菌落，挑取需要的菌落移到斜面培养基上培养。或者吸取一定量稀释好的溶液注入平板，与冷却至50℃左右的培养基摇匀混合，培养，挑取单菌落。具体稀释过程如图2-1所示。采用该方法在平板培养基上得到单菌落的机会较大，特别适合于分离易蔓延的微生物。

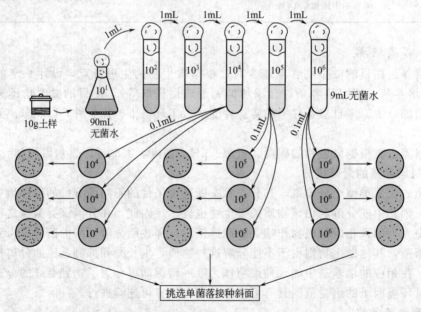

图2-1 稀释平皿分离法过程示意

2. 平皿划线分离法

用接种环取部分样品或菌体，在事先准备好的培养基平板上划线，当单个菌落长出后，将菌落移入斜面培养基，培养后备用。该分离方法操作简便、快捷，效果较好。

其具体方法是：操作时自左向右轻轻划线，划线时平板面与接种环面呈30°～40°角，以手腕力量在平板表面轻巧滑动划线，线条要平行密集，但两条线不能重叠，充分利用平板表面积，划线时接种环不要嵌入板内划破培养基。密集的含菌样品经多次划线稀释，使菌体在平板培养基上逐渐分离成单个菌体，经培养繁殖为单个菌落，反复进行几次划线分离，可以得到需要的菌种，即可将所需菌落移接到斜面培养基上，以待进一步观察。如图 2-2 所示。

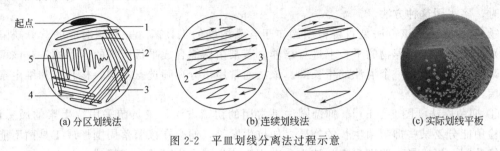

(a) 分区划线法　　　　　　　　(b) 连续划线法　　　　　　　(c) 实际划线平板

图 2-2　平皿划线分离法过程示意

3. 简单平板分离法

与稀释分离法相似，不断稀释，在最后一管中获得单菌落，所不同的是试管中采用琼脂培养基。

4. 涂布分离法

在无菌培养皿中倒入已熔化并冷却至 $45\sim50\,^\circ\!C$ 的固体培养基；待平板凝固后，用无菌移液管吸取后三个稀释度菌悬液 0.1mL，依次滴加于相应编号的培养基平板上，右手持无菌玻璃涂棒，左手拿培养皿，并用拇指将培养皿盖打开一条缝，在火焰旁右手持玻璃涂棒于培养平板表面将菌液自平板中央均匀向四周涂布扩散，切忌用力过猛将菌液直接推向平板边缘或将培养基划破，如图 2-3 所示。

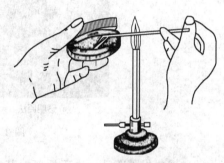

图 2-3　涂布分离法过程示意

另外也有不常用的毛细管分离法（多用于分离产孢子菌，如霉菌）、小滴分离法（分离单细胞或单孢子）、组织分离法（用于食用菌菌种或某些植物病原菌的分离）等。无论哪种方法，其基本原则或主要目的在于获得单菌落。

（五）菌种初筛和复筛

目的菌种的获得需要在菌种分离的基础上，进一步通过筛选，选择产物合成能力较高的菌株。某些菌可以在菌种分离的同时进行筛选，这类菌一般在平皿上培养时，其产物可以与指示剂、显色剂或底物等反应而直接定性地鉴定。但是，并非所有的菌种产物都能用平皿定性方法鉴定，因此就要使用常规的生产性能测定。

1. 初筛

初筛是从分离得到的大量微生物中将具有目的产物合成能力的微生物筛选出来的过程。由于菌株多，工作量大，为了提高效率，通常使用一些快速、简便又较为准确的方法。这些方法大致分为平皿快速检测法和摇瓶发酵法。

（1）平皿快速筛选法

① 透明圈法 ［图 2-4（a）］ 该方法是在平板培养基中加入溶解性较差的底物（如可溶性淀粉、酪素或 $CaCO_3$），使培养基混浊。能分解底物的微生物便会在菌落周围产生透明圈，圈的大小初步反映了该菌株利用底物的能力。该法在分离水解酶产生菌时采用较多，如脂肪酶、淀粉酶、蛋白酶、核酸酶产生菌都会在含有底物的选择性培养基平板上形成肉眼可见的

透明圈。

② 变色圈法　该方法是在底物平板中加入指示剂或显色剂，进行待筛选菌悬液的单菌落培养；或者将指示剂溶液喷洒在已培养成分散单菌落的固体培养基表面，在菌落周围形成变色圈。变色圈越大，说明菌落产生目的产物的能力越强。如筛选果胶酶产生菌、氨基酸产生菌时，多采用这种方法。

③ 生长圈法　该方法是将待检菌涂布于含高浓度的工具菌（一些相对应的营养缺陷型菌株）并缺少所需营养物的平板上进行培养，若某菌株能合成平板所需的营养物，在该菌株的菌落周围便会形成一个混浊的生长圈。该法通常用于分离筛选氨基酸、核苷酸和维生素的产生菌。

④ 抑菌圈法［图 2-4(b)］　抑菌圈法是常用的初筛方法，工具菌采用抗生素的敏感菌。若被检菌能分泌某些抑制菌生长的物质，如抗生素等，便会在该菌落周围形成工具菌不能生长的抑菌圈，很容易被鉴别出来。该方法常用于抗生素产生菌的分离筛选。

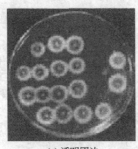 

(a) 透明圈法　　　　　　　　　　　(b) 抑菌圈法

图 2-4　平皿快速筛选法

（2）摇瓶发酵筛选　由于摇瓶振荡培养条件更趋近于发酵罐培养条件，因此通过该法可筛选出更易于扩大培养的菌株。所以，经过平皿快速筛选的菌种可以进行摇瓶培养。其方法是：一个菌株接种一组摇瓶，在一定转速的摇床及适宜的温度下振荡培养，得到的发酵液过滤后可按上述平皿快速筛选法进行活力测定，进而取得性能优良的菌株。

2. 复筛

通过简便、快速的平板活性测定的初筛过程，可淘汰 85%～90%非目的微生物。但是初筛只是对产物的活性粗略比较，难以定量。因此，需要进一步进行复筛，选出较优良的菌株。

复筛是在初筛的基础上进一步鉴定菌株生产能力的筛选，采用摇瓶培养，一般一个菌株重复 3～5 瓶，培养后的发酵液采用精确的分析方法测定。

在复筛过程中，要结合各种培养条件，如培养基、温度、pH、供氧量等进行筛选，也可对同一菌株的各种培养因素加以组合，构成不同的培养条件进行实验，以便初步获得目的菌株适合的培养条件，为以后育种提供依据。

三、发酵工业菌种的鉴定

菌种鉴定工作是筛选获得目的菌纯培养物后首先要进行的基础性工作。通常，微生物的鉴定一般有以下三个步骤：第一，获得该微生物的纯培养物；第二，测定一系列必要的鉴定指标；第三，查找权威性的鉴定手册，确定菌种类型。鉴定微生物的技术分成四个不同水平：细胞的形态和习性水平、细胞组分水平、蛋白质水平、基因或 DNA 水平。细胞的形态和习性水平可称作经典的分类鉴定方法，后三个水平再加上数值分类法，可称为现代的分类鉴定方法。而不同的微生物往往有不同的重点鉴定指标。

（一）经典的分类鉴定方法

经典分类鉴定方法通常指长期以来在鉴定中普遍采用的如形态、生理、生化、生态、生活史和血清学反应等指标，简略总结如表 2-3 所示。

表 2-3　经典分类鉴定指标

类　别		具体指标
形态	群体	平板菌落特征,在穿刺、液体、斜面培养特征等
	个体	细胞形态、大小、排列、特殊结构、染色反应、运动性等
生理、生化反应	营养要求	营养类型、碳源、氮源、生长因子等
	酶	产酶种类和反应特性等
	代谢产物	种类、产量、显色反应等
生长特性		温度、pH、渗透压、抑菌剂、需氧性、宿主种类等
生活史特点		不同种之间有较大差异
血清学反应		抗原的特异性
噬菌体敏感性		敏感、不敏感
氨基酸顺序和蛋白质分析		序列相似度程度
其他		比如细菌毒力

（二）现代分类鉴定方法

随着分子生物学技术以及其他相关技术的发展，微生物鉴定工作已从经典的表型特征的鉴定深入到现代的遗传学特性的鉴定、细胞化学组分的精确分析以及利用电子计算机进行数值分类研究等新的层次上。

1. 微生物遗传型的鉴定

微生物遗传型的鉴定主要方法包括 DNA 的碱基 $[(G+C)$ 含量（％）$]$ 比例测定、核酸分子杂交法遗传重组特性分析、rRNA 序列分析以及微生物全基因组序列测定等。其中，以 rRNA 序列分析应用最广泛。

在原核生物中存在 3 种 rRNA，即 23S、16S 和 5S rRNA，其核苷酸数分别为 2900 个、1540 个和 120 个，而真核生物中存在的 3 种 rRNA，即 28S、18S 和 5.8S rRNA，其核苷酸数分别为 4200 个、2300 个和 160 个。这其中的 16S rRNA、18S rRNA，由于它们：①普遍存在于一切细胞内，不论是原核生物和真核生物；②生理功能既重要又恒定；③在细胞中的含量较高，较易提取；④编码 rRNA 的基因十分稳定；⑤某些核苷酸序列非常保守，虽经三十余亿年的进化历程仍能保持其原初状态；⑥相对分子质量适中，信息量大，易于分析。因此可通过比较各类原核生物 16S rRNA 和真核生物的 18S rRNA 的基因序列，从序列差异计算它们之间的进化距离，可以绘出生物进化树，从而为菌种定型和近源菌株的鉴定提供依据。

原核生物 16S rRNA 序列分析技术的基本原理就是，通过克隆微生物样本中的 16S rRNA 的基因片段测序或酶切、探针杂交获得 16S rRNA 序列信号，再与基因库（GenBank）中已知的 16S rRNA 序列数据或其他数据进行比较（BLAST 分析），确定其在进化树中的位置，从而鉴定样本中可能存在的微生物种类。真核生物的 18S rRNA 序列分析技术与原核生物 16S rRNA 序列分析技术基本相同。

2. 细胞化学成分特征分类法

化学特征分类法是应用电泳、色谱和质谱等分析技术，根据微生物细胞组分、代谢产物的组成与图谱等化学分类特征进行分类的方法。常用于细菌分类的细胞成分有：①细胞壁的化学组分及分枝菌酸分析；②全细胞水解液的糖型；③脂肪酸组成及磷脂成分分析；④醌类及多胺类的分析；⑤可溶性蛋白质的质谱分析。通过这些方法，已成功地鉴定过多种细菌、放线菌、酵母菌和丝状真菌。

3. 数值分类法

数值分类法亦称阿德逊氏分类法，这是一种依据数据分析的原理，借助于计算机技术对拟分类的微生物对象按大量表型性状的相似性程度进行统计、归类的方法。它的特点是根据较多的特征进行分类，一般为 50～60 个，多者可达 100 个以上，在分类上，每一个特性的地位都是均等重要。通常是以形态、生理生化特征、对环境的反应和忍受性以及生态特性为依据。最后，将所测菌株两两进行比较，并借用计算机计算出菌株间的总相似值，列出相似值矩阵。为便于观察，应将矩阵重新安排，使相似度高的菌株列在一起，然后将矩阵图转换成树状谱，再结合主观上的判断（类似程度大于 85％者为同种，大于 65％者为同属等），排列出一个个分类群。基本步骤为：①计算两菌株间的相似系数；②列出相似度矩阵；③将矩阵图转换成树状谱。该法的优点在于该法以分析大量分类特征为基础，对于类群的划分比较客观和稳定；同时对细菌类群进行全面的考查和观察。但在使用该法对细菌菌株分群归类定种或定属时，还应做有关菌株的 DNA 碱基的（G＋C）含量（％）测定和 DNA 杂交，以进一步加以确证。

（三）将菌种直接送到权威鉴定机构鉴定

在国内外，许多菌种鉴定机构和菌种保藏机构都提供菌种鉴定服务。因此，可以将菌种送到这些机构直接鉴定。这样，就可以节省大量的时间，并且得到的结果较为准确。目前，国内较权威的菌种保藏机构主要有：中国微生物菌种保藏管理委员会中国普通微生物菌种保藏管理中心、中国工业微生物菌种保藏管理中心、中国药用微生物菌种保藏管理中心；国外权威的菌种保藏机构主要有：美国典型培养物保藏中心、日本技术评价研究所生物资源中心、英国国家典型培养物保藏中心、法国巴斯德研究所菌种保藏中心、德国科赫研究所菌种保藏中心以及荷兰微生物菌种保藏中心等。

四、发酵工业菌种的改良

菌种改良是指采用物理、化学、生物学方法处理目的微生物，使其遗传基因发生变化，将生物合成的代谢途径朝着人们希望的方向加以引导，使某些代谢产物过量积累，获得所需要的高产、优质和低耗的菌种。

（一）发酵工业菌种改良的目标

1. 提高产量

生产效率和生产效益是一切商业发酵过程最直接的追求，提高目标产物的产量是菌种改良的重要标准。

2. 提高产物的纯度，减少副产物

在提高目标产物产量的同时，往往伴随着其他杂蛋白或其他非目标物质（如色素）的产生，减少这些杂质的含量可以降低产物分离纯化过程的成本。

3. 改变菌种性状，改善发酵过程

如改变和扩大菌种所利用的原料种类和结构；提高菌种生长速度；提高斜面孢子化程度；改善菌丝体形状，采用菌球、菌丝体发酵；少用消泡剂或使菌种耐合成消泡剂；改善对氧的摄取条件，降低需氧量及能耗；增强耐不良环境的能力（如抗噬菌体的侵染、耐高温、耐酸碱、耐自身所积累的代谢产物等）；改善细胞透性，提高产物的分泌能力等。

4. 菌种的遗传性状（特别是生产性状）稳定

5. 改变生物合成途径，以获得新产品

（二）发酵工业菌种改良的方法

1. 诱变育种

诱变育种是用物理、化学和生物的一种或多种诱变剂处理均匀分散的微生物细胞群，促进其 DNA 突变频率大幅度提高，然后采用简便、快速、高效的筛选方法，从中挑选符合育种要求的有益突变株的过程。该法速度快、收效大，方法简便。常用诱变剂如表 2-4 所示。

表 2-4　常用的各种诱变剂

诱变剂类型		常用诱变剂
物理诱变剂		紫外线、等离子、超声波、快中子、X 射线、α 射线、β 射线、γ 射线、激光、微波、红外线
化学诱变剂	烷化剂	甲基磺酸乙酯（EMS）、硫酸二乙酯（DES）、乙烯亚胺（EI）、氮芥类、硫芥类、亚硝基乙基脲（NEH）、N-亚硝基-N-乙基脲烷（NEU）、亚硝基胍（NTG）
	碱基类似物	5-溴尿嘧啶（BU）、5-溴去氧尿核苷（BudR）、2-氨基嘌呤（AP）、马来酰肼（MH）、8-氮鸟嘌呤
	移码突变剂	吖啶黄、吖啶橙、ICR-171、ICR-191
	其他	亚硝酸、叠氮化钠（NaN$_3$）、秋水仙素、甲醛、过氧化氢
生物诱变剂		噬菌体、转座子

诱变育种的具体流程如下所述。

① 出发菌株的选择　作为出发菌株，首先必须是纯种（单倍体），要排除异核体或异质体的影响；其次对诱变剂敏感且变异幅度广，这样可以提高变异频率，而且高产突变株的出现率也大；第三具有优良的性状，如产量高、产孢子早而多、色素多或少、生长速度快等有利于合成发酵产物的特性。出发菌株来源一般有三类：第一类是从自然界分离得到的野生型菌株；第二类是通过生产选育，即由自发突变经筛选获得的高产菌株；第三类是已经诱变过的菌株。一般选择第一类和第二类，但相比而言第二类更好，因为经过了生产的考验。

② 制备菌悬液　此步骤的目的是为了保证诱变剂与每个细胞机会均等并充分地接触，避免细胞团中变异菌株与非变异菌株混杂，出现不纯的菌落，给后续的筛选工作造成困难。因此需制备单细胞或单孢子状态并且均匀的菌悬液。其处理方法是将灭菌的玻璃珠与菌液混合，然后振荡处理打散细胞团，再用脱脂棉或滤纸过滤，得到分散的菌体。对产孢子或芽孢的微生物，将经过一定时期培养的斜面上的孢子洗下，用多层显微镜用的擦镜纸过滤，制成担孢子悬液。菌悬液的细胞浓度一般控制为：真菌孢子或酵母细胞 $10^6 \sim 10^7$ 个/mL，放线菌或细菌 10^8 个/mL。菌悬液一般用生理盐水（0.85% NaCl）稀释。有时，也需用 0.1mol/L 磷酸盐缓冲液稀释，因为有些化学诱变剂处理时，常会改变反应液的 pH 值。

③ 诱变处理　该步骤关键是诱变剂的选择和诱变剂量的确定。目前常用的诱变剂见表 2-4。需要注意的是不同种类和不同生长阶段的微生物对同一种诱变剂的敏感程度不同，不同诱变剂对同一种微生物的作用效果也不同，因此选择诱变剂要注意菌株的种类以及诱变剂本身的特点，并在诱变之前，先做诱变剂对目的菌株的致死曲线，以确定合适的处理剂量。要确定一个合适的剂量，常常需要经过多次试验，以前多使用高剂量，使致死率达到 99%，这样可以淘汰大部分菌株，减少工作量；目前，较多人认可使用低剂量（30%～70%），他们认为低剂量可以提高正突变率，而负突变率较多存在于高剂量中。

④ 变异菌株的筛选　筛选分初筛和复筛。初筛以迅速筛出大量的达到初步要求的分离菌落为目的，以量为主。主要使用的是上述介绍的平皿快速筛选法，比如透明圈、抑菌圈等方法；复筛则是精选，以质为主。主要以产物量多少来衡量，主要采用摇瓶或发酵罐发酵。

对于一些特异的突变株，比如营养缺陷型突变菌株，要采用以下特殊的办法。

① 夹层培养法　先在培养皿底部倒一薄层不含菌的基本培养基，待凝，添加一层混有经诱变剂处理菌液的基本培养基，其上再浇一薄层不含菌的基本培养基，经培养后，对首次出现的菌落用记号笔一一标在皿底。然后再加一层完全培养基，培养后新出现的小菌落多数都是营养缺陷型突变株（图 2-5）。

② 限量补充培养法　把诱变处理后的细胞接种在含有微量（<0.01%）蛋白胨的基本培养基平板上，野生型细胞就迅速长成较大的菌落，而营养缺陷型则缓慢生长成小菌落。若需获得某一特定营养缺陷型，可再在基本培养基中加入微量的相应物质。

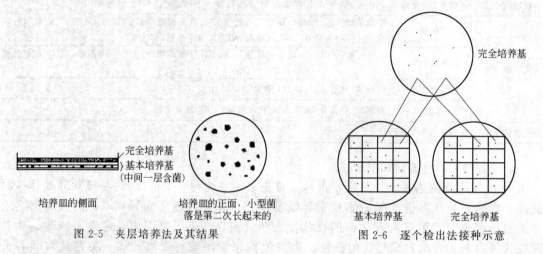

图 2-5　夹层培养法及其结果　　　　　图 2-6　逐个检出法接种示意

③ 逐个检出法　把经诱变处理的细胞群涂布在完全培养基的琼脂平板上，待长成单个菌落后，用接种针或灭过菌的牙签把这些单个菌落逐个整齐地分别接种到基本培养基平板和另一完全培养基平板上，使两个平板上的菌落位置严格对应。经培养后，如果在完全培养基平板的某一部位上长出菌落，而在基本培养基的相应位置上却不长，说明此乃营养缺陷型菌株。如图 2-6 所示。

④ 影印平板法　将诱变剂处理后的细胞群涂布在一完全培养基平板上，经培养长出许多菌落。用特殊工具——"印章"把此平板上的全部菌落转印到另一基本培养基平板上。经培养后，比较前后两个平板上长出的菌落。如果发现在前一培养基平板上的某一部位长有菌落，而在后一平板上的相应部位却呈空白，说明这就是一个营养缺陷型突变株（图 2-7）。

⑤ 生长谱法　用于鉴定营养缺陷型菌株。将检出的缺陷型菌株接种在完全培养基上培养，把生长的菌体或孢子洗下，离心清洗后制成浓度为 $10^7 \sim 10^8$ 个/mL 的菌悬液。取 0.1mL 该悬液与基本培养基混匀倒皿，冷凝并稍干燥后，分区加入沾有各种营养物的圆滤纸片，培养，观察生长反应。

2. 杂交育种

杂交育种一般是指人为利用真核微生物的有性生殖或准性生殖，或原核微生物的接合、F 因子转导、转导和转化等过程，促使两个具不同遗传性状的菌株发生基因重组，以获得性能优良的生产菌株。

微生物杂交育种一般程序：选择原始亲本→诱变筛选标记亲本→亲本之间亲和力鉴定→双亲本杂交→基本培养基或选择性培养基筛选重组体→重组体分析鉴定。

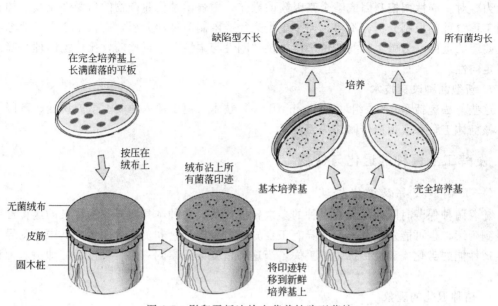

图 2-7　影印平板法检出营养缺陷型菌株

3. 原生质体融合

原生质体融合是通过人工方法将遗传性状不同的两个细胞的细胞壁去除，采用物理、化学或生物学方法诱导它们的原生质体发生融合，而产生重组子的过程，亦可称为"细胞融合"。其基本原理与步骤如图 2-8 所示。

4. 基因工程育种

基因工程育种是指通过人为的方法将所需的某一供体生物的遗传物质 DNA 分子提取出来，在离体条件下进行"切割"，获得代表某一性状的目的基因，把该基因与一个适当的载体连接起来，然后导入某一受体细胞中，让外来的目的基因在受体细胞中进行正常的复制和表达，从而获得目的产物。

其基本过程为：①获得待克隆的 DNA 片段（基因）；②目的基因的切割以及与载体在体外连接；③重组 DNA 分子导入宿主细胞；④筛选、鉴定阳性重组子；⑤外源基因的表达。

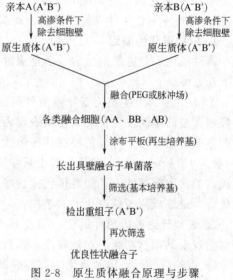

图 2-8　原生质体融合原理与步骤

5. 蛋白质工程育种

在基因工程基础上，人们根据需要，采用定点诱变、定点进化技术，对负责编码某种蛋白质的基因进行重新设计，使合成出来的蛋白质符合人们的要求的育种方法即为蛋白质工程育种。例如产生人 β-干扰素的大肠埃希菌的改良即是运用这种方法。

6. 代谢工程育种

代谢工程是使用现代基因工程技术对产生菌细胞进行定向改造的优化手段。以了解相关代谢产物的生化反应途径为重点，应用多种不同的代谢分析手段确定生物合成的"瓶颈"，集中于细胞代谢流的控制。应用代谢工程进行微生物的遗传育种主要体现在提高途径限制酶的活力、对全局性调控基因或整个基因簇的操作，增强菌种代谢产物的耐受性及其生物合成代谢工程育种的控制分析，不再拘泥于单个途径或限制条件的分析，而在于全局性地考察细胞代谢流的走向，为微生物的遗传操作提供"刚性与柔性"节点比较，比传统的理性筛选更具有定向性。

7. 新型菌种改良技术

这些方法包括 DNA 改组（DNA shuffling）技术、离子注入诱变、微波诱变、基因组改组、核糖体工程和表观遗传修饰等。

五、发酵工业菌种的退化与保藏

（一）菌种变异及退化机理

随着菌种保藏时间的延长或菌种的多次转接传代，菌种本身所具有的优良的遗传性状可能得到延续，也可能发生变异。变异有正变异（自发突变）和负变异两种，其中负变异即菌株生产性能的劣化或某遗传标记的丢失，当这种负变异积累到一定程度以后，即引起菌种的退化。

1. 菌种退化的现象

① 菌落和细胞形态改变。每一种微生物在一定的培养条件下都有一定的形态特征，如果典型的形态特征逐渐减少，就表现为退化。

② 生长速度缓慢，产孢子越来越少。

③ 代谢产物生产能力的下降，即出现负突变。

④ 致病菌对宿主侵染能力下降。

⑤ 对外界不良条件（包括低温、高温或噬菌体侵染等）抵抗能力的下降等。

2. 菌种退化的原因

菌种退化不是突然发生的，而是从量变到质变的逐步演变过程。导致这一现象的原因有以下几方面。

① 有关基因发生负突变导致菌种退化　菌种退化的主要原因是有关基因的负突变。如果控制产量的基因发生负突变，则表现为产量下降；如果控制孢子生成的基因发生负突变，则产生孢子的能力下降。菌种在移种传代过程中会发生自发突变。虽然自发突变的概率很低（一般为 $10^{-9} \sim 10^{-6}$），尤其是对于某一特定基因来说，突变频率更低。但是由于微生物具有极高的代谢繁殖能力，随着传代次数增加，退化细胞的数目就会不断增加，在数量上逐渐占优势，最终成为一株退化了的菌株。

② 表型延迟造成菌种退化　表型延迟现象也会造成菌种退化。如在诱变育种过程中，经常会发现某菌株初筛时产量较高，进行复筛时产量却下降了。

③ 质粒脱落导致菌种退化　质粒脱落导致菌种退化的情况在抗生素生产中较多，不少抗生素的合成是受质粒控制的。当菌株细胞由于自发突变或外界条件影响（如高温），致使控制产量的质粒脱落或者核内 DNA 和质粒复制不一致，即 DNA 复制速度超过质粒，经多次传代后，某些细胞中就不具有对产量起决定作用的质粒，这类细胞数量不断提高达到优势，则菌种表现为退化。

④ 连续传代　连续传代是加速菌种退化的一个重要原因。一方面，传代次数越多，发生自发突变（尤其是负突变）的概率越高；另一方面，传代次数越多，群体中个别的退化型细胞数量增加并占据优势越快，致使群体表型出现退化。

⑤ 不适宜的培养和保藏条件　不适宜的培养和保藏条件是加速菌种退化的另一个重要

原因。不良的培养条件如营养成分、温度、湿度、pH、通气量等和保藏条件如营养、含水量、温度、氧气等，不仅会诱发退化型细胞的出现，还会促进退化细胞迅速繁殖，在数量上大大超过正常细胞，造成菌种退化。

3. 菌种退化的防止

① 控制传代次数　尽量避免不必要的移种和传代，以减少自发突变的概率。一套良好的菌种保藏方法可大大减少不必要的移种和传代次数。发酵生产上一般只用3代以内的菌种。

② 创造良好的培养条件　创造一个适合原种的良好培养条件，可以防止菌种退化。如培养营养缺陷型菌株时应保证适当的营养成分，尤其是生长因子；培养一些抗性菌时应添加一定浓度的药物于培养基中，使回复的敏感型菌株的生长受到抑制，而生产菌能正常生长；控制好碳源、氮源等培养基成分和pH、温度等培养条件，使之有利于正常菌株生长，限制退化菌株的数量，防止退化。

③ 利用不易退化的细胞移种传代　在放线菌和霉菌中，由于它们的菌丝细胞常含几个细胞核，甚至是异核体，因此用菌丝接种就会出现不纯和退化，而孢子一般是单核的，用它接种时，就不会发生这种现象。在实践中，若用灭过菌的棉团轻巧地对放线菌进行斜面移种，由于避免了菌丝的接入，因而达到了防止退化的效果；另外，有些霉菌（如构巢曲霉）若用其分生孢子传代就易退化，而改用子囊孢子移种则能避免退化。

④ 采用有效的菌种保藏方法　有效的菌种保藏方法是防止菌种退化极其必要的措施。在实践中，应当有针对性地选择菌种保藏的方法。

⑤ 讲究菌种选育技术　在菌种选育时，应尽量使用单核细胞或孢子，并采用较高剂量使单链突变而使另一单链丧失作为模板的能力，避免出现表型延迟现象。同时，在诱变处理后应进行充分的后培养及分离纯化，以保证菌种的纯度。

⑥ 定期进行分离纯化　定期进行分离纯化，对相应指标进行检查，也是有效防止菌种退化的方法。

⑦ 菌种复壮　从菌种退化的本质可以看出，通常在已退化的菌种中存在有一定数量尚未退化的个体。因此，狭义的复壮是指在菌种已经发生退化的情况下，通过纯种分离和测定典型性状、生产性能等指标，从已退化的群体中筛选出少数尚未退化的个体，以达到恢复原菌株固有性状的相应措施。广义的复壮是指在菌种的典型特征或生产性状尚未退化前，就经常有意识地采取纯种分离和生产性状测定工作，以期从中选择到自发的正突变个体。其具体的方法包括纯种分离法、宿主体内复壮法、淘汰法（淘汰已退化个体）和遗传育种法。

（二）菌种保藏技术

在发酵工业中，具有良好性状的生产菌种是通过大量的分离、选育改良以及筛选工作而获得的，而在生产过程中，菌种仍会发生变异、退化、污染等情况，因此，为了保持菌种优良的生产性状，不变异，不污染，采用合适的菌种保藏方法对于菌种极为重要。

1. 菌种保藏原理

菌种保藏的方法有多种，但其基本原理大致相同，即根据微生物的生理、生化特点，采用低温、干燥、缺氧、缺乏营养、添加保护剂或酸度中和剂等方法，使微生物处于代谢不活泼、生长繁殖受抑制的休眠状态。保藏时要挑选优良纯种，最好是它们的休眠体（孢子、芽孢等）。

2. 菌种保藏方法

一个较好的保存方法，首先应能较长期地保存原有菌种的优良特性，使菌种稳定，同时也要考虑到方法本身的通用性、经济性，操作的简便性和设备的普及性，以便推广使用。

① 斜面低温保藏法（定期移植保藏法）　将菌种接种在适宜的斜面培养基上，待菌种

生长完全后，置于 4℃左右的冰箱中保藏，每隔一定时间（保藏期）再转接至新的斜面培养基上，生长后继续保藏，如此连续不断。此法广泛适用于细菌、放线菌、酵母菌和霉菌等大多数微生物菌种的短期保藏及不宜用冷冻干燥保藏的菌种。放线菌、霉菌和有芽孢的细菌一般可保存 6 个月左右，无芽孢的细菌可保存 1 个月左右，酵母菌可保存 3 个月左右。如以橡皮塞代替棉塞，再用石蜡封口，置于 4℃冰箱中保藏，不仅能防止水分挥发、能隔氧，而且能防止棉塞受潮而污染。这一改进可使菌种的保藏期延长。

此法由于采用低温保藏，大大减缓了微生物的代谢繁殖速度，降低突变频率；同时也减少了培养基的水分蒸发，使其不至于干裂。该法的优点是简便易行，容易推广，存活率高，故科研和生产上对经常使用的菌种大多采用这种保藏方法。其缺点是菌株仍有一定程度的代谢活动能力，保藏期短，传代次数多，菌种较容易发生变异和被污染。

②　石蜡油封藏法　此法是在无菌条件下，将灭过菌并已蒸发掉水分的液体石蜡倒入培养成熟的菌种斜面（或半固体穿刺培养物）上，石蜡油层高出斜面顶端 1cm，使培养物与空气隔绝，加胶塞并用固体石蜡封口后，垂直放在室温或 4℃冰箱内保藏。使用的液体石蜡要求优质无毒，化学纯规格，其灭菌条件是：150～170℃烘箱内灭菌 1h；或 121℃高压蒸汽灭菌 60～80min，再置于 80℃的烘箱内烘干除去水分。

由于液体石蜡阻隔了空气，使菌体处于缺氧状态下，而且又防止了水分挥发，使培养物不会干裂，因而能使保藏期达 1～2 年，或更长。这种方法操作简单，它适于保藏霉菌、酵母菌、放线菌、好氧性细菌等，对霉菌和酵母菌的保藏效果较好，可保存几年，甚至长达 10 年。但对很多厌氧性细菌的保藏效果较差，尤其不适用于某些能分解烃类的菌种。

③　干燥载体保藏法　该法是将菌种接种于适当的载体上，如河沙、土壤、硅胶、滤纸及麸皮等，以保藏菌种，保藏时间 1～10 年。比如适用于产孢子的放线菌、霉菌及形成芽孢的细菌的沙土管保藏法，其方法是：先将沙与土分别洗净、烘干、过筛（一般沙用 60 目筛，土用 120 目筛），按沙与土的比例为 （1～2）:1 混匀，分装于小试管中，沙土的高度约 1cm，以 121℃蒸汽灭菌 1～1.5h，间歇灭菌 3 次。50℃烘干后经检查无误后备用。也有只用沙或土作载体进行保藏的。需要保藏的菌株先用斜面培养基充分培养，再以无菌水制成 10^8～10^{10} 个/mL 菌悬液或孢子悬液滴入沙土管中，放线菌和霉菌也可直接刮下孢子与载体混匀，而后置于干燥器中抽真空约 2～4h，用火焰熔封管口（或用石蜡封口），置于干燥器中，在室温或 4℃冰箱内保藏，后者效果更好。而适用于保藏产孢子的霉菌和某些放线菌的是麸皮保藏法：按照不同菌种对水分要求的不同将麸皮与水以一定的比例 [1:(0.8～1.5)] 拌匀，装量为试管体积的 2/5，湿热灭菌后经冷却，接入新鲜培养的菌种，适温培养至孢子长成。将试管置于盛有氯化钙等干燥剂的干燥器中，于室温下干燥数日后移入低温下保藏；干燥后也可将试管用火焰熔封，再保藏，则效果更好。

④　甘油悬液保藏法　此法是将菌种悬浮在甘油蒸馏水中，置于低温下保藏，本法较简便，但需置备低温冰箱。保藏温度若采用 -20℃，保藏期约为 0.5～1 年，而采用 -70℃，保藏期可达 10 年。

将拟保藏菌种对数期的培养液直接与经 121℃蒸汽灭菌 20min 的甘油混合，并使甘油的终浓度在 10%～15%，再分装于小离心管中，置低温冰箱中保藏。基因工程菌常采用本法保藏。

⑤　冷冻真空干燥保藏法　该法又称冷冻干燥保藏法，简称冻干法。它通常是用保护剂制备拟保藏菌种的细胞悬液或孢子悬液于安瓿中，再在低温下快速将含菌样品冻结，并减压抽真空，使水升华将样品脱水干燥，形成完全干燥的固体菌块。并在真空条件下立即熔封，造成无氧真空环境，最后置于低温下，使微生物处于休眠状态，而得以长期保藏。常用的保护剂有脱脂牛奶、血清、淀粉、葡聚糖等高分子物质。

由于此法同时具备低温、干燥、缺氧的菌种保藏条件，因此保藏期长，一般达5～15年，存活率高，变异率低，是目前广泛采用的一种较理想的保藏方法。除不产孢子的丝状真菌不宜用此法外，其他大多数微生物如病毒、细菌、放线菌、酵母菌、丝状真菌等均可采用这种保藏方法。但该法操作比较烦琐，技术要求较高，且需要冻干机等设备。

保藏菌种需用时，可在无菌环境下开启安瓿，将无菌的培养基注入安瓿中，固体菌块溶解后，摇匀复水，然后将其接种于适宜该菌种生长的斜面上适温培养即可。

⑥ 液氮超低温保藏法　该法是以甘油、二甲基亚砜等作为保护剂，在液氮超低温（−196℃）下保藏的方法。其主要原理是菌种细胞从常温过渡到低温，并在降到低温之前，使细胞内的自由水通过细胞膜外渗出来，以免膜内因自由水凝结成冰晶而使细胞损伤。美国ATCC菌种保藏中心采用该法时，把菌悬液或带菌丝的琼脂块经控制致冷速度，以每分钟下降1℃/min的速度从0℃直降到−35℃，然后保藏在−196～−150℃液氮冷箱中。如果降温速度过快，由于细胞内自由水来不及渗出胞外，形成冰晶就会损伤细胞。据研究认为，降温的速度控制在1～10℃/min，细胞死亡率低；随着速度加快，死亡率则相应提高。

液氮低温保藏的保护剂，一般是选择甘油、二甲基亚砜、糊精、血清蛋白、聚乙烯氮戊环、吐温80等，但最常用的是甘油（10%～20%）。不同微生物要选择不同的保护剂，再通过试验加以确定保护剂的浓度，原则上是控制在不足以造成微生物致死的浓度。

此法操作简便、高效，保藏期一般可达到15年以上，是目前被公认的最有效的菌种长期保藏技术之一。除了少数对低温损伤敏感的微生物外，该法适用于各种微生物菌种的保藏，甚至藻类、原生动物、支原体等都能用此法获得有效的保藏。此法的另一大优点是可使用各种培养形式的微生物进行保藏，无论是孢子或菌体、液体培养物或固体培养物均可采用该保藏法。其缺点是需购置超低温液氮设备，且液氮消耗较多，操作费用较高。

要使用菌种时，从液氮罐中取出安瓿，并迅速放到35～40℃温水中，使之冰冻熔化，以无菌操作打开安瓿，移接到保藏前使用的同一种培养基斜面上进行培养。从液氮罐中取出安瓿时速度要快，一般不超过1min，以防其他安瓿升温而影响保藏质量。再者，取样时一定要戴专用手套以防止意外爆炸和冻伤。

⑦ 宿主保藏法　此法适用于专性活细胞寄生微生物（如病毒、立克次体等）。它们只能寄生在活的动植物或其他微生物体内，故可针对宿主细胞的特性进行保存。如植物病毒可用植物幼叶的汁液与病毒混合，冷冻或干燥保存。噬菌体可以经过细菌培养扩大后，与培养基混合直接保存。动物病毒可直接用病毒感染适宜的脏器或体液，然后分装于试管中密封，低温保存。

以上几种菌种保藏方法，其具体方法和细节可参阅相关参考书。我国菌种保藏多采用3种方法，即斜面低温保藏法、液氮超低温保藏法和冷冻真空干燥保藏法。

※ 工作任务 ▶▶▶

工作任务 2-1　抗生素产生菌的分离筛选

一、工作目标

（1）通过从土壤中分离纯化产生抗生素的放线菌，进一步掌握微生物的分离纯化方法和无菌操作技术。

（2）理解产生抗生素的放线菌的分离筛选原理。

微课：抗生素产生菌的分离筛选

二、工作材料与用具

1. 土样

取自相关地区的 10～20cm 深土层，自然风干，过直径为 2mm 筛，保存于 25℃备用。

2. 培养基

分离培养基（g/L）：可溶性淀粉 20，KNO_3 1，NaCl 0.5，K_2HPO_4 1，$MgSO_4 \cdot 7H_2O$ 0.5，$FeSO_4$ 0.01，$K_2Cr_2O_7$ 0.1，琼脂 20，pH7.2～7.4。

高氏一号固体培养基（g/L）：可溶性淀粉 20，KNO_3 1，NaCl 0.5，K_2HPO_4 1，$MgSO_4 \cdot 7H_2O$ 0.5，$FeSO_4$ 0.01，琼脂 20，pH7.2～7.4。

高氏一号液体培养基及 LB 培养基。

3. 器材

平皿，试管，三角瓶，接种环，高压灭菌锅，试管（用于稀释），移液管，移液枪，枪头等。

4. 指示菌株

大肠埃希菌、芽孢杆菌。

5. 灭菌水

三、工作过程

1. 土样稀释

取土样 1g 放入盛有玻璃珠和 10mL 无菌水的三角瓶中振荡，制成悬浮液。吸取 1mL 悬浮液加入到盛有 9mL 无菌水的试管中，如此倍比稀释到 10^{-3}。

2. 放线菌的分离纯化

吸取上述 10^{-3} 土壤悬浮液 0.2mL，涂布于分离培养基平板，28℃下培养 5～7 天，观察放线菌的菌落大小、形状及所产色素颜色。

3. 放线菌的保存

将成熟的放线菌单菌落转接至高氏一号斜面培养基，备用。

4. 初筛

（1）琼脂块法　将被测定放线菌菌株制备成菌悬液，稀释至适宜的浓度后涂布平板（高氏一号固体培养基）或平板划线，培养成熟（放线菌一般需要 28℃下培养 5～7d）。

然后用无菌打孔器在长满菌苔的培养皿中无菌操作垂直钻取连有培养基的菌块，用灭菌镊子将菌块移至涂有指示菌的平板上，每个平板放四块，做好标记。

将平板放置在 28℃培养箱中培养 5～7 天，观察菌块周围抑菌圈的大小。越大说明抑菌能力越强。

（2）滤纸片法　将被测定放线菌菌株分别接入盛有发酵培养基的三角摇瓶（装量为 25mL/250mL）或试管（装量为 5mL），置 28 下振荡培养 5～7 天，用滤纸过滤去除菌丝体，滤液待测，即用 6～8mm 滤纸片（预先灭菌）均匀地吸足发酵液后放在含敏感菌的平板上，培养后测定各自抑菌圈的大小。如图 2-9 所示。

（3）打孔法　前面操作同滤纸片法，获得发酵液后，用无菌打孔器在涂有指示菌的平板上打孔，然后将发酵液滴入孔中，进行培养观察抑菌圈（图 2-10）。

5. 复筛

摇瓶发酵培养及发酵液预处理：将待测菌株接入高氏一号液体培养基进行发酵培养，28～30℃，160r/min，振荡培养 6～8 天，直至发酵液颜色逐渐加深，菌丝体碎片逐渐增多，停止发酵。将发酵液进行抽滤，滤液于 4℃冰箱保存备用。

TSA种/涂菌

将基质置于种过菌的
琼脂平皿上

无抑菌圈　　　　　　　　抑菌圈

24h培养后——最终结果

图 2-9　滤纸片法

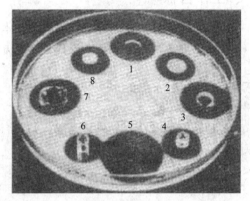

图 2-10　打孔法（图中 1、3、7 所示）

抑菌试验（管碟法，如图 2-10 中的样品 4 和 6）：将供试菌与适量培养基充分混匀，倒入 9cm 培养皿中制成带菌平板，每个平板上放 3 个牛津杯（内径 0.6cm，外径 0.8cm，高 1cm 的不锈钢杯），每管加入发酵原液 0.2mL，以蒸馏水为对照，置于 28℃ 恒温培养箱中培养 24h 后，采用 "十" 字交叉法测量抑菌圈直径。

6. 鉴定

采用培养特征、生理生化特征和 16S rDNA 的 PCR 扩增及序列分析等方法进行种属鉴定，此过程详见工作任务 2-2。

7. 保存

根据复筛的结果，选取抑菌圈直径较大者，采用真空冷冻干燥法、斜面保存法保存菌种（见工作任务 2-4）。

四、注意事项

（1）培养箱中最好放置一杯水以增加湿度，分离放线菌的平板应相对厚一些，避免因培养时间过长而干掉。

（2）样品的采集要有针对性。

（3）生长抑制物浓度不能太高，处理时间不能过长，否则，放线菌也会被杀死。

（4）许多放线菌在干热下 100℃ 处理 30min 不会死亡，但湿热下只能用 50～55℃ 处理 30min。

五、考核内容与评分标准

1. 相关知识

筛选抗生素产生菌各种方法的基本原理。（20 分）

2. 操作技能

（1）无菌操作技术。（30 分）

（2）产生抗生素放线菌的分离、培养与筛选。（30 分）

（3）配制实验所需的各种培养基。（20 分）

工作任务 2-2　发酵工业菌种的鉴定

一、工作目标

（1）熟悉发酵工业菌种鉴定内容和基本原理。

（2）掌握各种鉴定的基本流程和技术方法。

微课：发酵工业
菌种的鉴定

二、材料用具

1. 试剂

各种特定培养基、各种显色剂、TE 溶液、溶菌酶、乙醇、蛋白酶 K、*Taq* 酶、dNTP、琼脂糖等。

2. 器材

Eppendorf 管，平皿，试管，三角瓶，接种环，高压灭菌锅，试管（用于稀释），离心机，移液枪，枪头，PCR 仪，核酸电泳仪，UNIQ-10 柱等。

三、工作过程

1. 观察形态结构和培养特性

（1）微生物的形态结构观察　主要内容是通过染色，在显微镜下对其形状、大小、排列方式、细胞结构（包括细胞壁、细胞膜、细胞核、鞭毛、芽孢等）及染色特性进行观察，直观地了解细菌在形态结构上的特性。

（2）微生物培养特性的观察

① 细菌的培养特征包括以下内容　在固体培养基上，观察菌落大小、形态、颜色（色素是水溶性还是脂溶性）、光泽度、透明度、质地、隆起形状、边缘特征及迁移性等。在液体培养中的表面生长情况（菌膜、环）、混浊度及沉淀等。半固体培养基穿刺接种观察运动、扩散情况。

② 霉菌、酵母菌的培养特征　大多数酵母菌没有丝状体，在固体培养基上形成的菌落和细菌的很相似，只是比细菌菌落大且厚。液体培养也和细菌相似，有均匀生长、沉淀或在液面形成菌膜。霉菌有分支的丝状体，菌丝粗长，在条件适宜的培养基里，菌丝无限伸长沿培养基表面蔓延。霉菌的基内菌丝、气生菌丝和孢子丝都常带有不同颜色，因而菌落边缘和中心、正面和背面颜色常常不同，如青霉菌：孢子青绿色、气生菌丝无色、基内菌丝褐色。霉菌在固体培养表面形成絮状、绒毛状和蜘蛛网状菌落。

2. 生理生化试验

常见的生理生化试验主要包括氧化酶试验、甲基红试验、V-P 试验、糖或醇类发酵试验、硝酸盐还原试验、靛基质试验、耐盐性试验等四十多项。

上述试验中的具体方法参看《常见细菌系统鉴定手册》（东秀珠主编，2001）和《伯杰氏细菌鉴定手册》（第九版）。

3. 16S rDNA 法的 PCR 扩增

（1）细菌基因组 DNA 提取

① 挑单菌落接种到 10mL LB 培养基中 37℃振荡过夜培养。

② 取 2mL 培养液到 2mL Eppendorf 管中，8000r/min 离心 2min 后倒掉上清液。

③ 根据 DNA 提取试剂盒说明书操作，提取细菌基因组 DNA。

④ 电泳。取 $3\mu L$ 溶液电泳检测质量。

（2）PCR 扩增

① 根据已发表的 16S rDNA 序列设计保守的扩增引物。

16S（F）　　5′-AGAGTTTGATCCTGGCTCAG-3′

16S（R）　　5′-GGTTACCTTGTTACGACTT-3′

② PCR 扩增体系　在 0.2mL Eppendorf 管中加入 1μL DNA，再加入以下反应混合液：

16S（F）	1μL（10μmol/L）
16S（R）	1μL（10μmol/L）
10×PCR Buffer	5μL
dNTP	4μL
Taq 酶	0.5μL

加 ddH₂O 使反应体系调至 50μL，简单离心混匀。

③ PCR 反应　将 Eppendorf 管放入 PCR 仪，盖好盖子，调好扩增条件。扩增条件为：

94℃	3min
94℃	30s
50℃	45s ⎫ 35 个循环
72℃	100s
72℃	7min

④ PCR 产物的电泳检测　拿出 Eppendorf 管，从中取出 5μL 反应产物，加入 1μL 上样缓冲液，再加 4μL ddH₂O 混匀。点入预先制备好的 1% 的琼脂糖凝胶中。电泳 1h。在紫外灯下检测扩增结果。

（3）扩增片段的回收　根据上步实验结果，如果扩增产物为唯一条带，可直接回收产物。否则从琼脂糖凝胶中切割核酸条带，并回收目的片段。

① 称量 1.5mL 的 Eppendorf 管质量，记录。

② 在紫外灯下切割含目的条带的凝胶，放入 1.5mL 的 Eppendorf 管内，称量。计算凝胶质量。

③ 根据胶回收试剂盒说明书操作，回收目的片段。

（4）DNA 片段测序　将回收的片段送至生物公司测序，测序引物为 16S DNA PCR 引物。

（5）BLAST 比对获取相似片段　将测序得到的 16S rDNA 序列在 NCBI 上进行 BLAST 比对，选择与比对序列相似度高的菌株。

（6）构建系统进化树　将选择的序列与测序序列用 DNAStar 软件的 MegAlign 构建菌株系统进化树。

四、注意事项

（1）基因组 DNA 提取方法有多种，可根据具体情况选择。

（2）如果要测 16S rDNA 的全序列长度则需要对 PCR 产物做 T-A 克隆，可以通过 T-A 克隆试剂盒来完成。

（3）如果要鉴定目的菌株到种，还需要使用 DNA 杂交、基因组（G＋C）含量、生理生化指标等来综合判断。

五、考核内容与评分标准

1. 相关知识

发酵工业菌种鉴定的基本内容、原理及其流程。（30 分）

2．操作技能

（1）发酵工业菌种的染色及培养。（20分）

（2）常见生化鉴定所需的培养基的配制、接种及结果判断。（20分）

（3）DNA提取、PCR、DNA片段回收及BLAST比对等实验操作。（30分）

工作任务 2-3　高产纤维素酶青霉菌的诱变选育

一、工作目标

（1）熟悉各种诱变剂及其诱变机理。

（2）掌握发酵工业菌种的诱变选育流程和相关技术。

微课：高产纤维素酶
青霉菌的诱变选育

二、材料用具

1．菌种

产纤维素酶的原始青霉菌（*Penicillium* sp.）。

2．培养基

（1）斜面培养基（组分g/L）：酵母膏1，蛋白胨2，纤维素粉20，琼脂20；pH自然。

（2）摇瓶培养基（组分g/L）：玉米草粉20，麸皮10，磷酸二氢钾3，硫酸镁0.5，葡萄糖5，重质碳酸钙30，氯化钙1，尿素1，硫酸铵5；pH自然。

（3）发酵培养基（组分g/L）：玉米草粉50，麸皮10，磷酸二氢钾4，硫酸镁0.5，葡萄糖5，氯化钙0.5，硫酸铵5，玉米浆20；pH自然。

三、工作过程

1．等剂量亚硝基胍对菌株不同时间的诱变

（1）出发菌株斜面加入无菌生理盐水洗涤，6层纱布过滤，得单孢子溶液。

（2）液体培养基于（30±1）℃、200r/min摇床培养16h，使孢子处于萌发状态，离心洗涤，制成孢子浓度约10^7个/mL孢子悬浮液。

（3）将处于萌发状态浓度为10^7个/mL的菌株的孢子悬浮液用2mg/mL的亚硝基胍分别处理一定时间后，每个处理组各挑取120个菌落，按初筛、复筛方法测定产酶活力。

2．不同诱变剂量的亚硝基胍对菌株的诱变处理

（1）向5mL孢子悬浮液中加入亚硝基胍，使其浓度分别为1mg/mL，2mg/mL，3mg/mL，4mg/mL（羟胺复合处理时，其终浓度分别为5～10g/L），各组分别于（30±1）℃恒温水浴振荡处理30～180min，然后迅速稀释处理液100倍，并以10倍递增稀释方法适当稀释，各取0.2mL涂布平板，对照组以孢子悬浮液同样方法适当梯度稀释后涂布平板，并计算致死率和形态突变率。

致死率(％)＝100×（对照每毫升活菌数－处理后每毫升活菌数）/对照每毫升活菌数

形态突变率(％)＝100×诱变涂布平板的形态突变菌落/诱变涂布平板的总菌落

（2）将菌株处于萌发状态的孢子悬浮液，从低剂量到高剂量分别处理3h，共进行4次诱变实验，各剂量处理后经平板培养，都有针对性地挑取120个形态变异菌落，共挑取480个菌落，同上述方法进行初筛和复筛的摇瓶培养测定酶活力实验选育高产酶菌株，每次得到的酶活力最高菌株作为下一次较高剂量诱变的出发菌株。

3．亚硝基胍和羟胺的复合诱变作用

选取上两次亚硝基胍单独诱变后筛选得到的酶活力最高菌株的斜面菌种，制成浓度为

10^7 个/mL 的孢子悬浮液，加入 0.5％羟胺，振荡培养 16h，使孢子处于萌发状态，再用亚硝基胍（质量浓度 3mg/mL）诱变处理 3h，经平板培养后挑取 80 个形态变异菌落，根据下面初筛方法的酶活力分析测定实验，筛选得到最高酶活力菌株，然后以该菌株为出发菌株，再进行第二轮的复合诱变，除羟胺浓度升为 10g/L 外，其他时间与第一次一样。

4. 优良菌株的筛选

（1）初筛　一次诱变的初筛是广泛挑取在 30℃、48～72h 培养后的菌落，进行摇床培养后进行蛋白质交联絮凝-沉淀实验，获得产酶菌株，并分析菌落形态变异与产酶能力之间的关系。二次诱变和复合诱变的初筛时，则有针对性地挑取与产酶能力有关联的形态变异性菌落。

（2）复筛　初筛得到的产酶菌株经斜面活化后，接入装有 100mL 发酵培养基的 250mL 三角瓶，30℃、200r/min 连续培养 3 天，进行酶活力测定，突变菌株与对照菌株相比较，相对酶活≤90％的为负突变株，相对酶活≥110％的为正突变株，相对酶活在 90％～110％的视为等性突变异株，并分别计算正突变率、突变率和等性突变率。

四、注意事项

1. 菌株细胞生长量测定

取发酵液 5mL，4000r/min 离心 10min，蒸馏水洗涤 3 次，105℃干燥至恒重称重。

2. 纤维素酶活力测定

滤纸崩溃法测定酶活性（FP 酶活）。一个 FP 酶活定义为：在 pH 4.6，（50±1）℃时每毫升（克）纤维素酶水解崩溃滤纸产生 1μg 葡萄糖的酶量为 1 个单位（新华 1 号中速滤纸）。

五、考核内容与评分标准

1. 相关知识

诱变选育的常用诱变剂及诱变机理，包括一些新型的诱变剂。（20 分）

2. 操作技能

（1）不同诱变剂的处理技术。（30 分）

（2）优良菌株的筛选技术。（30 分）

（3）酶活力的测定技术。（20 分）

工作任务 2-4　发酵工业菌种冷冻真空干燥保藏

一、工作目标

（1）掌握生产菌种的各种保藏原理和方法。

（2）无菌操作的基本技术的强化。

（3）了解菌种保藏的目的与意义。

微课：发酵工业菌种
的冷冻真空干燥保藏

二、材料用具

1. 药品

脱脂奶、发酵培养基（随菌种不同而发生变化）。

2. 仪器

摇床，净化工作台，微量移液器，低温冰箱，平皿，Ep 管，酒精灯，酒精喷灯，接种环（针），试管，试管架，枪头，冷冻真空干燥机，安瓿。

3. 材料

长满已分离鉴定的菌种的斜面或平板。

三、工作过程

1. 安瓿准备

选取规格直径约为 8mm，高 100mm 的中性玻璃安瓿，先用 2％盐酸浸泡 8～10h，再经自来水冲洗多次，用蒸馏水涮洗 2～3 次，烘干；在每管内放入打好菌号及日期的标签，字面朝向管壁，管口塞好棉塞（距管口 0.5cm），包扎好（垂直放在培养皿中，用报纸包扎），121.3℃灭菌 30min 备用。

2. 菌种制备

细菌和酵母的菌龄要求超过对数生长期，以处于稳定期为好（孢子是新鲜的），若用对数生长期的菌种进行保藏，其存活率反而降低。一般，细菌要求 24～48h 的培养物；酵母需培养 3 天；形成孢子的微生物则宜保存孢子；放线菌与丝状真菌则培养 7～10 天。

如果怀疑菌有污染，可先划平板，取单菌落划斜面，来活化菌种，同时，可根据菌落大小、均匀程度、颜色来判断菌龄是否到达稳定期。

3. 保护剂的选择及制备

冷冻干燥保藏法使用的保护剂种类很多，效果不尽相同，通常采用高分子化合物与低分子化合物混合使用效果更好。在配制时注意比例、浓度、pH 和灭菌方法。一些对热敏感的保护剂如血清等用过滤除菌，牛奶、海藻糖、葡萄糖及乳糖等，要控制灭菌温度。一般情况下，多数菌种可以用脱脂乳糖等，要控制灭菌温度。另外还有甘油可以作为保护剂。一般情况下，多数菌种可以用 10％脱脂乳为保护剂。

脱脂牛奶的处理：

（1）去脂　取鲜奶，盛于大烧杯中，小火加热，冷却，去掉上层膜（脂质和蛋白质），反复 2～3 次，然后用 8 层纱布（或脱脂棉）过滤，后再加热 2～3 次，离心（4000r/min，10min），弃沉淀，再加热，冷却后，表面无膜。

（2）灭菌　去脂后灭菌，不能用通常的方法，用 100℃、10～15min，灭菌后呈现均匀的悬浮状，稍微发黄。

4. 悬浮

取培养至合适时期的斜面或平板，每支或每皿加入 2～3mL 保护剂，用接种环将菌苔轻轻刮起（注意勿刮起培养基），制成菌悬液。

如用液体培养的菌种，则需经离心收集和用灭菌生理盐水洗涤细胞，收集的菌体用 2～3mL 保护剂悬浮制成菌悬液。

悬液中菌数要求达到 10^8～10^{10} cfu/mL 为宜。

5. 分装

悬液制备完成应尽快分装和冻结。分装安瓿时可用灭菌的长滴管或移液器滴入安瓿底部（要先把棉塞取出，滴入后再放入），装量可依据冷冻干燥机效能而定。一般每支安瓿分装 0.2mL。

6. 预冻

分装好的安瓿需要进行预冻，将分装好的安瓿放低温冰箱中，即放在 −40～−30℃下冻结 20～60min，无低温冰箱可用冷冻剂如干冰（固体 CO_2）酒精液或干冰丙酮液，温度可达 −70℃。将安瓿插入冷冻剂，只需冷冻 4～5min（5～10min），即可使悬液结冰。有条件的可放置在 −80℃冰箱中预冻。

7. 冷冻干燥

经预冻的安瓿放入真空冷冻干燥机中开始抽真空干燥。干燥时间视冻干机效率、样品装量及性质等而定，以样品最终水分含量达到 1%～3% 为准。具体操作时是根据冻干样品呈酥块松散片状；真空度接近空载时最高真空；样品温度与管外温度接近。

8. 封口与保藏

抽真空干燥后，取出安瓿，接在封口用的玻璃管上，可用 L 形五通管（图 2-11）继续抽气，约 10min 即可达到 26.7Pa（0.2mmHg）。于真空状态下，以酒精喷灯的细火焰在安瓿颈中央进行封口。封口以后，保存于冰箱或室温暗处。

9. 冻干管的启用

密封好的冻干管在 4℃ 或 -18℃ 下保藏。当需用冻干菌种时，取出安瓿用酒精表面消毒，用小砂轮在无菌条件下打开，或将安瓿顶部在酒精灯火焰上灼烧，迅速滴上冷的无菌水，使管破裂，然后用镊子等轻轻敲碎管口，加入 0.3～0.5mL 液体培养基溶解冻干菌块成为悬液，用无菌滴管或接种环移至斜面或液体培养基进行培养。

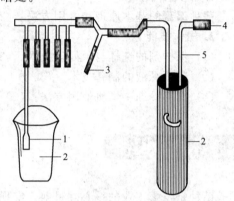

图 2-11　冷冻干燥封管装置
1—安瓿；2—干冰容器；3—接真空计；
4—接真空泵；5—冷凝管

四、注意事项

1. 菌种质量

保藏的菌种应培养在营养丰富的最适条件下，使之进入稳定期，稍老一些的菌体对环境抵抗力强。另处，作为冷冻干燥的菌悬液细胞浓度要高，不同的菌对冷冻干燥的耐受程度不同，如果保存的菌液细胞浓度不高，就会对以后传种造成困难，保存期也会受到影响。

2. 保护剂

不同种类的保护剂对不同微生物的作用是不同的，如个别菌种在脱脂乳作保护剂的情况下死亡率高达 99.99%，而采用葡聚糖等混合保护剂时死亡率大大减少。一般情况下，那些容易保存的菌种对保护剂的要求不很严格，而不易保存的菌种对保护剂的要求却很苛刻。因此，选择恰当的保护剂是冷冻干燥保存菌种的关键因素。

3. 干燥速度

实验表明，慢速干燥比快速干燥存活率高，如青霉菌 6h 干燥存活率为 67.3%，而 3h 为 59%。

4. 空气的影响

冷冻干燥后空气对细菌细胞影响较大，可导致细胞损伤进而死亡，故在冻干后应立即在真空下熔封，才有利于长期保存。

5. 温度的影响

在干燥和真空状况下温度的影响远没上述几项因素重要，因此可以在室温下保存，但许多微生物在 4℃ 保存的存活率要比在室温下高 1 倍。

6. 含水量的影响

水分含量过高对菌存活不利，完全脱水也不利于保存，一般把干燥后的细胞含水量控制在 3% 以下（1%～3%）。

7. 复苏培养

打开安瓿后加入无菌水使冻干菌融化，融化速度慢比快速融化的成活率要高。

8. 冻干保存时间及效果

菌种能否适宜于冻干保存，需经过实验来证明，一般是在保存 1 个月后进行复苏培养，如果菌的成活率高于 10％，即认为可用冻干保存法保存，以后 6 个月、2 年、5 年、10 年再进行检查存活情况，以确定保存期的上限。冻干保藏的效果因微生物种类而异，一般是细菌＞放线菌＞真菌＞藻类，而菌丝体不宜用此法保存。

五、考核内容与评分标准

1. 相关知识

菌种保藏的基本原理和常用方法。（20 分）

2. 操作技能

（1）保护剂的选择与预处理技术。（30 分）

（2）冻干悬液的制备技术。（30 分）

（3）真空冷冻干燥机使用方法。（20 分）

 项目小结 ▶▶▶

PPT 课件

菌种是发酵工业的核心。目前，实现工业化的菌种多是从自然界中筛选出来，其过程一般分为采样、预处理、富集培养、纯种分离、生产性能测定及种属鉴定几个步骤。为了提高所获得菌种产生目的产物的产量及质量，简化生产工艺，提高产品附加值，需要对所获得菌种进行改良选育。改良的方法主要有诱变育种、杂交育种、原生质体融合、基因工程育种、蛋白质工程育种、代谢工程育种等技术。其中应用较多、方便操作、高效快捷的方法是诱变育种，其过程主要包括出发菌株的选择、制备菌悬液、诱变处理和变异菌株的筛选四个步骤。

通过改良选育获得的优良菌株，必须借助合适的保藏方法以保持其良好的生长、生产性能，防止其变异或衰退。具体保藏的方法包括斜面低温保藏法、石蜡油封藏法、干燥载体保藏法、甘油悬液保藏法、冷冻真空干燥保藏法、液氮超低温保藏法和宿主保藏法，各种方法的适用性及操作的简便性各异。针对由于基因负突变、表型延迟、质粒脱落、连续传代、不适宜的培养和保藏条件等原因造成的衰退，需要及时采取纯种分离和生产性状测定等措施进行复壮。

项目思考

1. 举例说明不同样品的采集技术要点。

2. 根据文中内容并参考相关文献，自行设计分离筛选纤维素酶产生菌实验方案。

3. 比较几种用于筛选特异的突变株（如营养缺陷型突变菌株）的方法的区别和联系。

4. 查阅相关资料说明 DNA shuffling 技术的原理及其在菌种改良方面的应用。

5. 试比较说明各种菌种保藏方法的优缺点。

项目三

发酵工业培养基的制备与优化

【知识目标】

1. 了解培养基的主要类型及发酵培养基的成分及来源。
2. 掌握设计发酵工业培养基应遵循的原则及影响培养基质量的因素。
3. 掌握发酵培养基的配制及优化方法。

【能力目标】

1. 能够配制发酵培养基。
2. 能够对发酵培养基进行灭菌。
3. 能够优化发酵培养基。

【思政与职业素养目标】

1. 培养严格按照操作规程进行操作的良好习惯。
2. 培养节约生产、科学分析和解决问题的能力，强化爱岗敬业的意识。
3. 培养对原料的优化利用与环保意识，从培养基的设计、生产直至回收的全过程中都采取环保措施。

音频：糖蜜和玉米浆

※ 项目说明 ▶▶▶

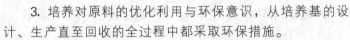

　　微生物的生长发育都有一定的营养要求，设计和配制培养基是进行微生物研究和生产的基础环节。选择培养基应从微生物的营养和生产工艺的要求出发，既要满足微生物生长的要求，获得高产的产品，又要符合增产节约的原则。培养基的配比和组成对微生物的生长、产物的形成、提取工艺的选择以及产品质量和产量等都有很大的影响。对某一微生物产品来讲，需经过一系列实验，才能确定一种既有利于微生物生长，又能保证得到高产优质的产品的培养基配方。本项目以配制适合微生物生长为目的培养基而设置。通过本项目地学习能更好地掌握培养基的组成对微生物的生长的影响，提高学生的理论与实践结合的能力。

※ 基础知识 ▶▶▶▶

　　微生物为了生存，需要不断地从外界环境中吸收所需要的营养物质，通过新陈代谢将营养物质转化成自身的细胞物质或者是代谢物，从中获取生命活动必需的能量，同时将代谢产物排出体外。培养基的配比和组成对微生物的生长、产物的形成、提取工艺的选择、产品质量和产量等都有很大的影响。培养基配方因菌种的改良、发酵控制条件和发酵设备的变化而发生改变。

一、发酵工业培养基的基本要求和配制原则

（一）基本要求

　　（1）培养基能够满足产物最经济的合成　在配制培养基时应尽量利用廉价且易于获得的原料作为培养基成分，特别是在发酵工业中，培养基用量很大，利用低成本的原料更体现出其经济价值。例如，在微生物单细胞蛋白的工业生产过程中，常利用糖蜜（制糖工业中含有蔗糖的废液）、乳清（乳制品工业中含有乳糖的废液）、豆制品工业废液及黑废液（造纸工业中含有戊糖和己糖的亚硫酸纸浆）等作为培养基的原料。再如，工业上的甲烷发酵主要是利用废水、废渣作原料，而在我国农村，已推广利用人畜粪便及禾草为原料发酵生产甲烷作为燃料。另外，大量的农副产品或制品，如麸皮、米糠、玉米浆、酵母浸膏、酒糟、豆饼、花生饼、蛋白胨等也都是常用的发酵工业原料。

　　（2）发酵后所形成的副产物尽可能的少。

　　（3）培养基的原料应因地制宜，价格低廉；且性能稳定，资源丰富，便于采购运输，适合大规模储藏，能保证生产上的供应。

　　（4）所选用的培养基应能满足总体工艺的要求，如不应该影响通气、提取、纯化及废物处理等。

（二）配制原则

　　微生物的培养基通常指人工配制的适合微生物生长繁殖，或积累代谢产物的营养基质。广义上说，凡是支持微生物生长繁殖的介质或材料，均可作为微生物的培养基。

1. 营养物质应满足微生物的需要

　　不同营养类型的微生物对营养的需求差异很大，应根据菌种对各营养要素的不同要求进行配制。总体而言，所有微生物生长繁殖均需要培养基含有碳源、氮源、无机盐、生长因子、水及能源，但由于微生物营养类型复杂，不同微生物对营养物质的需求是不一样的，因此首先要根据不同微生物的营养需求配制针对性强的培养基。自养型微生物能从简单的无机物合成自身需要的糖类、脂类、蛋白质、核酸、维生素等复杂的有机物，因此培养自养型微生物的培养基完全可以（或应该）由简单的无机物组成。例如，培养化能自养型的氧化硫硫杆菌的培养基。在该培养基配制过程中并未专门加入其他碳源物质，而是依靠空气中和溶于水中的 CO_2 为氧化硫硫杆菌提供碳源。

　　就微生物主要类型而言，有细菌、放线菌、酵母菌、霉菌、原生动物、藻类及病毒之分，培养它们所需的培养基各不相同。在实验室中常用牛肉膏蛋白胨培养基（或简称普通肉汤培养基）培养细菌，用高氏一号合成培养基培养放线菌，培养酵母菌一般用麦芽汁培养基，培养霉菌则一般用查氏合成培养基。

2. 营养物的浓度及配比应恰当

培养基中营养物质浓度合适时微生物才能生长良好，营养物质浓度过低不能满足微生物正常生长所需，浓度过高则可能对微生物生长起抑制作用，例如高浓度糖类物质、无机盐、重金属离子等不仅不能维持和促进微生物的生长，反而起到抑菌或杀菌作用。另外，培养基中各营养物质之间的浓度配比也直接影响微生物的生长繁殖和（或）代谢产物的形成和积累，其中碳氮比（C/N）的影响较大。严格地讲，碳氮比指培养基中碳元素与氮元素的物质的量比值，有时也指培养基中还原糖与粗蛋白之比。例如，在利用微生物发酵生产谷氨酸的过程中，培养基碳氮比为 4∶1 时，菌体大量繁殖，谷氨酸积累少；当培养基碳氮比为 3∶1 时，菌体繁殖受到抑制，谷氨酸产量则大量增加。再如，在抗生素发酵生产过程中，可以通过控制培养基中速效氮（或碳）源与迟效氮（或碳）源之间的比例来控制菌体生长与抗生素的合成协调。糖和盐浓度高也有抑菌作用。碳氮比（以还原糖含量与粗蛋白含量的比值表示）：一般培养基碳氮比为 100∶（0.5～2）。在设计培养基配比时，还应考虑避免培养基中各成分之间的相互作用，如蛋白胨、酵母膏中含有磷酸盐时，会与培养基中的钙离子或镁离子在加热时发生沉淀作用；在高温下，还原糖也会与蛋白质或氨基酸相互作用而产生褐色物质。

3. 物理、化学条件适宜

培养基的 pH 必须控制在一定的范围内，以满足不同类型微生物的生长繁殖或产生代谢产物。各类微生物生长繁殖或产生代谢产物的最适 pH 条件各不相同，一般来讲，细菌与放线菌适于在 pH7～7.5 范围内生长，酵母菌和霉菌通常在 pH4.5～6 范围内生长。对于具体的微生物菌种，都有各自的特定的最适 pH 范围，有时会大大突破上述界限。在微生物生长繁殖过程中，会产生能够引起培养基的 pH 改变的代谢产物，尤其是不少微生物有很强的产酸能力，如不适当地加以调节，就会抑制甚至于杀死其自身。值得注意的是，在微生物生长繁殖和代谢过程中，由于营养物质被分解利用和代谢产物的形成与积累，会导致培养基 pH 发生变化，若不对培养基 pH 条件进行控制，往往导致微生物生长速度下降或（和）代谢产物产量下降。因此，为了维持培养基 pH 的相对恒定，通常在培养基中加入 pH 缓冲剂，常用的缓冲剂是一氢和二氢磷酸盐（如 KH_2PO_4 和 K_2HPO_4）组成的混合物。K_2HPO_4 溶液呈碱性，KH_2PO_4 溶液呈酸性，两种物质的等量混合溶液的 pH 为 6.8。当培养基中酸性物质积累导致 H^+ 浓度增加时，H^+ 与弱碱性盐结合形成弱酸性化合物，培养基 pH 不会过度降低；如果培养基中 OH^- 浓度增加，OH^- 则与弱酸性盐结合形成弱碱性化合物，培养基 pH 也不会过度升高。但 KH_2PO_4 和 K_2HPO_4 缓冲系统只能在一定的 pH 范围（pH6.4～7.2）内起调节作用。有些微生物，如乳酸菌能大量产酸，上述缓冲系统就难以起到缓冲作用，此时可在培养基中添加难溶的碳酸盐（如 $CaCO_3$）来进行调节，$CaCO_3$ 难溶于水，不会使培养基 pH 过度升高，但它可以不断中和微生物产生的酸，同时释放出 CO_2，将培养基 pH 控制在一定范围内。

在培养基中还存在一些天然的缓冲系统，如氨基酸、肽、蛋白质都属于两性电解质，也可起到缓冲剂的作用。

不同类型微生物生长对氧化还原电位（F）的要求不一样，一般好氧性微生物在 F 值为 +0.1V 以上时可正常生长，一般以 +0.3～+0.4V 为宜，厌氧性微生物只能在 F 值低于 +0.1V 条件下生长，兼性厌氧微生物在 F 值为 +0.1V 以上时进行好氧呼吸，在 +0.1V 以下时进行发酵。F 值与氧分压和 pH 有关，也受某些微生物代谢产物的影响。在 pH 相对稳定的条件下，可通过增加通气量（如振荡培养、搅拌）提高培养基的氧分压，或加入氧化剂，从而增加 F 值；在培养基中加入抗坏血酸、硫化氢、半胱氨酸、谷胱甘肽、二硫苏糖醇等还原性物质可降低 F 值。

　　培养基的其他理化指标，如水活度、渗透压也会影响微生物的培养。在配制培养基时，通常不必测定这些指标，因为培养基中各种成分及其浓度等指标的优化，已间接地确定了培养基的水活度和渗透压。此外，各种微生物培养基的氧化还原电位等也有不同的要求。培养基的成分直接影响培养目标。在设计培养基时，必须考虑是要培养菌体，还是要积累菌体代谢产物；是实验室培养，还是大规模发酵等问题。用于培养菌体的种子培养基营养成分应丰富，氮源含量宜高，即碳氮比值应低；相反，用于大量积累代谢产物的发酵培养基，氮源应比种子培养基稍低；当然，若目的产物是含氮化合物时，有时还应该提高培养基的氮源含量。在设计培养基时，还应该特别考虑到代谢产物是初级代谢产物，还是次级代谢产物。如果是次级代谢产物，还要考虑是否需加入特殊元素（如维生素 B_{12} 中 Co）或特殊的前体物质（如生产青霉素 G 时，应加入苯乙酸）。在设计培养基，尤其是大规模发酵生产用的培养基时，还应该重视培养基组分的来源和价格，应优先选择来源广、价格低廉的培养基。

二、发酵工业培养基的成分及来源

（一）碳源

　　碳源是在微生物生长过程中为微生物提供碳素来源的营养物质。这类物质主要用于构成微生物自身的细胞物质（如糖类、蛋白质、脂类等）和代谢产物（如抗生素、氨基酸等），而且绝大部分碳源物质在细胞内生化反应过程中还能为机体提供维持生命活动所需的能源，因此碳源物质通常也是能源物质。

　　工业发酵中常利用的碳源物质主要是单糖、饴糖、糖蜜（制糖工业副产品）、淀粉（玉米粉、山芋粉、野生植物淀粉）、麸皮、米糠、酒糟等。此外，为了节约粮食，人们已经开展了代粮发酵的科学研究，以自然界中广泛存在的纤维素、石油、CO_2、H_2 等作为碳源和能源物质来培养微生物生产各种抗生素、氨基酸、维生素、有机酸和酶制剂等代谢产物。

1. 糖类

　　工业发酵中常用的糖类按化学结构可分为单糖、双糖、多糖及高级碳类物质。

　　葡萄糖是碳源中最易利用的糖，几乎所有的微生物都能利用葡萄糖，所以葡萄糖常作为培养基的一种主要成分，并且作为加速微生物生长的一种速效糖。但是过多的葡萄糖会过分加速菌体的呼吸，以致培养基中的溶解氧不能满足需要，使一些中间代谢物不能完全氧化而积累在菌体或培养基中，如丙酮酸、乳酸、乙酸等导致 pH 下降，影响某些酶的活性，从而抑制微生物的生长和产物的合成。木糖和其他单糖在生产中应用得很少。

　　工业生产中用的双糖主要有蔗糖、乳糖和麦芽糖。糖蜜是制糖厂生产糖时的结晶母液，它是甘蔗糖厂或甜菜糖厂的副产物。糖蜜含有较丰富的糖、氮素化合物、无机盐和维生素等，是微生物工业价廉物美的原料。这种糖蜜主要含蔗糖，总糖可达 50％～60％。一般糖蜜包括甘蔗糖蜜和甜菜糖蜜，二者糖的含量和无机盐的含量都有所不同，使用时应注意。

　　工业发酵用多糖有糊精、淀粉及其水解液。玉米淀粉及其水解液是发酵中常用的碳源。马铃薯淀粉、小麦淀粉和燕麦淀粉等常用于有机酸和醇等的生产中。它们一般都要经菌体产生的胞外酶水解成单糖后再被吸收利用。

2. 油脂

　　霉菌和放线菌还可以用油脂作为碳源。一般来说，在培养基中糖类缺乏或发酵至某一阶段，菌体可以利用油脂。在发酵过程中加入的油脂有消沫和补充碳源的双重作用。菌体利用油脂作碳源时耗氧量增加，因此必须提供充足的氧气，否则易导致有机酸积累，使发酵液的pH 降低。油脂在贮藏过程中易酸败，同时还可能增加过氧化物的含量，对微生物的代谢有毒副作用。

3. 有机酸、醇、碳氢化合物

某些有机酸、醇在单细胞蛋白、氨基酸、维生素、麦角碱和某些抗生素的发酵生产中作为碳源使用（有的是作补充碳源）。如嗜甲烷棒状杆菌，用甲醇作碳源生产单细胞蛋白（SCP），在分批发酵的最佳条件下，该菌的甲醇转化率达 47.4%。再如用乳糖发酵短杆菌生产谷氨酸，用乙醇作碳源，其产率达 78g/L，对乙醇的转化率为 31%。山梨醇是生产维生素 C 的重要中间体。

有机酸盐可作为碳源，其氧化产生的能量能被菌体用于生长繁殖和合成代谢产物，同时对发酵过程的发酵液 pH 起调节作用，发酵液的 pH 随有机酸的氧化而升高。许多石油产品作为微生物发酵的主要原材料正在深入研究和推广之中。现有的研究结果表明，在单细胞蛋白、氨基酸、核苷酸、有机酸、维生素、酶类、糖类和某些抗生素发酵中应用石油产品作原料，均获得了较好的效果。如用裂烃棒状菌 RT 的抗青霉素突变株生产谷氨酸，用正十六烷作碳源，在发酵液中加入一定浓度的青霉素，发酵至 100h，谷氨酸产量达 84g/L。

（二）氮源

氮源主要是用来构成菌体细胞物质和代谢产物，即蛋白质及氨基酸之类的含氮代谢物。通常所用的氮源可分为有机氮源和无机氮源两类。

1. 有机氮源

常用的有机氮源有花生饼粉、黄豆饼粉、棉籽饼粉、玉米浆、玉米蛋白粉、蛋白胨、酵母粉、鱼粉、蚕蛹粉、尿素、废菌丝体和酒糟等。它们在微生物分泌的胞外蛋白酶作用下水解成氨基酸，被菌吸收后再进一步分解代谢。

有机氮源除含有丰富的蛋白质、多肽和游离氨基酸外，往往还含有少量的糖类、脂肪、无机盐、维生素及某些生长因子，因而微生物在含有机氮源的培养基中常表现出生长旺盛、菌丝浓度增长迅速的特点，这可能是因为微生物在有机氮源培养基中，直接利用氨基酸和其他有机氮化合物中的各种不同结构的碳架，来合成生命所需要的蛋白质和其他细胞物质，而无需从糖代谢的分解产物来合成各种所需的物质。有些微生物对氨基酸有特殊的需要。例如，在合成培养基中加入缬氨酸可以提高红霉素的发酵单位，因为在此发酵过程中缬氨酸既可供菌体作氮源，又可供红霉素合成之用。在一般工业生产中，因价格昂贵，都不直接加入氨基酸。大多数发酵工业都借助于有机氮源，来获得所需氨基酸。如在赖氨酸生产中，甲硫氨酸和苏氨酸的存在可提高赖氨酸的产量，但生产中常用黄豆水解液来代替。只有当利用无血清培养基培养哺乳动物细胞生产某些用于人类的疫苗、抗体和细胞因子时，才选用无蛋白质的化学纯氨基酸作培养基原料。

玉米浆是一种很容易被微生物利用的良好氮源，因为它含有丰富的氨基酸（丙氨酸、赖氨酸、谷氨酸、缬氨酸及苯丙氨酸等）、还原糖、磷、微量元素和生长素。玉米浆是玉米淀粉生产中的副产物，其中固体物含量在 50% 左右，还含有较多的有机酸，如乳酸，所以玉米浆的 pH 在 4 左右。由于玉米浆的来源不同，加工条件也不同，因此玉米浆的成分常有较大波动，在使用时应注意适当调配。

尿素也是常用的有机氮源，但它成分单一，不具有上述有机氮源的特点，但在谷氨酸等生产中也常被采用，可提高谷氨酸的产量。有机氮源除了作为菌体生长繁殖的营养外，有的还是产物的前体，例如甘氨酸可作为 L-丝氨酸的前体。

2. 无机氮源

常用的无机氮源有铵盐、硝酸盐和氨水等。微生物对它们的吸收利用一般比有机氮源快，所以也称之为迅速利用的氮源。但无机氮源的迅速利用会引起 pH 的变化，反应中所产生的 NH_3 被菌体作为氮源利用后，培养液中就留下了酸性或碱性物质，这种经微生物作用（代谢）后能形成酸性物质的无机氮源称为生理酸性物质，如硫酸铵。若菌体代谢后能产生碱性物质，则此种无机氮源称为生理碱性物质，如硝酸钠。正确使用生理酸碱性物质，对稳定和调节发酵过程的 pH 有积极作用。例如在制液体曲时，用 $NaNO_3$ 作氮源，菌丝长得粗壮，培养时间短，且糖化力较高。这是因为 $NaNO_3$ 代谢得到的 $NaOH$ 可中和曲霉生长中所释放出的酸，使 pH 稳定在工艺要求的范围内。又如黑曲霉发酵过程中用 $(NH_4)_2SO_4$ 作氮源，培养液中留下的 H_2SO_4 使 pH 下降，而这对提高糖化型淀粉酶的活力有利，且较低的 pH 值还能抑制杂菌的生长，防止污染。

氨水在发酵中除可以调节 pH 值外，也是一种容易被利用的氮源，在许多抗生素的生产中得到普遍使用。氨水因碱性较强，因此使用时要防止局部过碱，加强搅拌，并少量多次地加入。另外，在氨水中还含有多种嗜碱性微生物，因此在使用前应用石棉等过滤介质进行除菌过滤，这样可防止因通氨而引起的污染。

（三）无机盐及微量元素

微生物生长发育和生物合成过程中需要钙、镁、硫、磷、铁、钾、钠、氯、锌、钴、锰和铜等无机盐与微量元素，以作为其生理活性物质的组成或生理活性作用的调节物。这些物质一般在低浓度时对微生物生长和产物合成有促进作用，在高浓度时常表现出明显的抑制作用。而各种不同的微生物及同种微生物在不同的生长阶段对这些物质的最适浓度要求均不相同，因此，在生产中要通过实验预先了解菌种对无机盐和微量元素的最适需求量，以稳定或提高产量。

在培养基中，镁、磷、钾、硫、钙和氯等常以盐的形式（如硫酸镁、磷酸二氢钾、磷酸氢二钾、碳酸钙及氯化钾等）加入，而钴、铜、铁、锰、锌和钼等缺少了对微生物生长固然不利，但因其需要量很少，除了合成培养基外，一般在复合培养基中不再另外单独加入，因为复合培养基中的许多动、植物原料中都含有微量元素。但有些发酵工业中也有单独加入微量元素的，例如生产维生素 B_{12}，尽管用的也是天然复合材料，但因钴是维生素 B_{12} 的组成成分，其需要量随产物量的增加而增加，所以在培养基中加入氯化钴以补充钴。

磷是核酸和蛋白质的必要成分，也是重要的能量传递者——腺苷三磷酸的成分。在代谢途径的调节方面，磷起着很重要的作用，磷有利于糖代谢的进行，因此它能促进微生物的生长。但磷若过多时，许多产物的合成常受抑制，例如在谷氨酸的合成中，磷浓度过高会抑制 6-磷酸葡萄糖脱氢酶的活性，使菌体生长旺盛，而谷氨酸的产量却很低，代谢向缬氨酸方向转化。还有许多产品如链霉素、土霉素、柠檬酸（表面培养）等都受到磷浓度的影响。

培养基中钙盐过多时，会形成磷酸钙沉淀，降低培养基中可溶性磷的含量，因此，当培养基中磷和钙均要求较高浓度时，可将二者逐步补加。

镁除了组成某些细胞的叶绿素的成分外，并不参与任何细胞结构物质的组成。但它处于离子状态时，则是许多重要酶（如己糖磷酸化酶、柠檬酸脱氢酶、羧化酶等）的激活剂，镁离子不但影响基质的氧化，还影响蛋白质的合成。镁常以硫酸镁的形式加入培养基中，但在碱性溶液中会生成氢氧化镁沉淀，因此配料时应注意。

硫存在于细胞的蛋白质中，是含硫氨基酸的组成成分和某些辅酶的活性基，所以在这些产物的生产培养基中，需要加入如硫酸钠或硫代硫酸钠等含硫化合物作硫源。铁是细胞色素、细胞色素氧化酶和过氧化氢酶的成分，因此铁是菌体有氧氧化不可缺少的元素。工业生产中一般使用铁制发酵罐，这种发酵罐内的溶液即使不加任何含铁化合物，其铁离子质量浓

度已可达 $30\mu g/mL$。另外，一些天然培养基的原料中也含有铁。所以在一般发酵培养基中不再加入含铁化合物。而有些产品对铁很敏感，如在柠檬酸生产中，铁离子的存在会激活顺乌头酸酶的活力，使柠檬酸进一步代谢为异柠檬酸，这样不但降低了产率，而且还给提取工艺带来麻烦。据报道，在无铁培养基中产酸率可比含铁培养基提高近3倍。生产啤酒时，糖化用水若铁离子浓度高，就降低酵母的发酵活力，引起啤酒的冷混浊，影响啤酒质量。因此，一般酿造用水铁离子含量应在 $0.5mg/L$ 以下。上述产品应使用不锈钢发酵罐。

氯离子在一般微生物中不具有营养作用，但对一些嗜盐菌来说是需要的。在一些产生含氯代谢物（如金霉素）的发酵中，除了从其他天然的原料和水中带入的氯离子外，还需加入约 0.1% 的氯化钾以补充氯离子。啤酒在糖化时，氯离子含量在 $20\sim 60mg/L$ 内，则能赋予啤酒柔和口味，并对酶和酵母的活性有一定的促进作用。但氯离子含量过量会引起酵母早衰，使啤酒带有咸味。

钠、钾、钙等离子虽不参与细胞结构物质的组成，但仍是微生物发酵培养基的必要成分。钠离子与维持细胞渗透压有关，故在培养基中常加入少量钠盐，但用量不能过高，否则会影响微生物生长。钾离子也与细胞渗透压和透性有关，并且还是许多酶的激活剂，能促进糖代谢。在谷氨酸发酵中，菌体生长时需要钾离子约 0.01%，生产谷氨酸时需要钾离子 $0.02\%\sim 0.1\%$（以 K_2SO_4 计）。钙离子能控制细胞透性，常用的碳酸钙本身不溶于水，几乎是中性，但它能与代谢过程中产生的酸起反应，形成中性化合物和二氧化碳，后者从培养基中逸出，因此碳酸钙对培养液 pH 有一定的调节作用。在配制培养基时要注意，先要将配好的培养基（除碳酸钙外）调到 pH 近中性，才能将碳酸钙加入培养基中，这样可防止碳酸钙在酸性培养基中被分解而失去其在发酵过程中的缓冲能力，所采用的 $CaCO_3$ 要对其 CaO 等杂质含量作严格控制。锌、钴、锰和铜大部分作为酶的辅基和激活剂，一般来讲只有在合成培养基中才需加入这些元素。

（四）水

水是微生物生长繁殖所必不可少的，水在细胞中的生理功能主要有：①起到溶剂与运输介质的作用，营养物质的吸收与代谢产物的分泌必须以水为介质才能完成；②参与细胞内一系列化学反应；③维持蛋白质、核酸等生物大分子稳定的天然构象；④因为水的比热容高，是热的良好导体，能有效地吸收代谢过程中产生的热并及时地将热迅速散发出体外，有效地控制细胞内温度的变化；⑤通过水合作用与脱水作用控制由多亚基组成的结构，如微管、鞭毛的组装与解离。

水是培养基的主要组成成分。它既是构成菌体细胞的主要成分，又是一切营养物质传递的介质。所以说水的质量对微生物的生长繁殖和产物合成有着重要的作用。生产中使用的水有深井水、自来水、地表水和纯净水等。

（五）生长调节物质

1. 生长因子

生长因子是一类对微生物正常生活不可缺少而需要量又不大，但微生物自身不能合成，或合成量不足以满足机体生长需要的有机营养物质。从广义上讲，凡是微生物生长所不可缺少的微量的有机物质，如氨基酸、嘌呤、嘧啶及维生素等均称生长因子；而狭义的生长因子一般仅指维生素。不同微生物需求的生长因子的种类和数量不同。

缺乏合成生长因子能力的微生物称为生长因子异养型微生物、生物素营养缺陷型。如以糖质原料为碳源的谷氨酸生产菌均为生物素营养缺陷型，以生物素为生长因子，生长因子对发酵的调控起到重要的作用。自养微生物和某些异养微生物如大肠埃希菌不需要外源生长因子也能生长。不仅如此，同种微生物对生长因子的需求也会随着环境条件的变化而改变，如鲁氏毛霉在厌氧条件下生长时需要维生素 B_1 和生物素（维生素 H），而在好氧条件时自身能合成这两种物质，不需外加这两种生长因子。有时对某些微生物生长所需生长因子的本质还不了解，通常在培养时的培养基中要加入酵母浸膏、牛肉浸膏及动物组织液等天然物质以满足需要。根据生长因子的化学结构及其它们在机体内的生理功能不同，可以将生长因子分为维生素、氨基酸及嘌呤及嘧啶碱基三大类。

维生素是首先发现的生长因子，它的主要作用是作为酶的辅基或辅酶参与新陈代谢，如维生素 B_1 就是脱氢酶的辅酶。氨基酸也是许多微生物所需要的生长因子，这与它们缺乏合成氨基酸的能力有关，因此，必须在它们的生长培养基中补充这些氨基酸或者含有这些氨基酸的小肽物质，嘌呤或嘧啶作为生长因子在微生物机体内的作用主要是作为酶的辅酶或辅基，以及用来合成核酸和辅酶。

有机氮源是生长因子的重要来源，多数有机氮源含有较多的 B 族维生素和微量元素及其他微生物生长所不可缺少的生长因子。某些微生物在培养过程中需要某些维生素，往往在天然培养基里已经提供了必要的维生素，但在某些特殊情况下需单独加入维生素。例如在谷氨酸生产过程中需加入生物素，某些植物细胞培养中需要硫胺素（维生素 B_1）。

2. 前体物质

在产物的生物合成过程中，被菌体直接用于产物合成而自身结构无显著改变的物质称为前体物质。前体物质能明显提高产品的产量，在一定条件下还能控制菌体合成代谢产物的流向。例如丝氨酸、色氨酸、异亮氨酸及苏氨酸发酵时，培养基中须分别添加各种氨基酸的前体物质如甘氨酸、吲哚、高丝氨酸等，这样，可避免氨基酸合成途径的反馈抑制作用，从而获得较高的产率。但是培养基中前体物质的浓度超过一定量时，对菌体的生长显示毒副作用。为了避免此现象的发生，发酵过程中，一般采用间歇分批添加或连续滴加的方法加入前体物质。

3. 发酵过程中的促进剂和抑制剂

发酵中有时为了促进菌体生长或产物合成，或抑制不需要的代谢产物的合成，需要向培养基中加入某种促进剂或抑制剂。例如，谷氨酸发酵时容易产生噬菌体引起的异常发酵，现在采取的措施除了交替更换菌种或选用抗噬菌体菌株外，也采用添加氯霉素、多聚磷酸盐、植酸等抑制剂的措施。赖氨酸发酵等营养缺陷型菌株易发生回复突变，现在已采用发酵时定时添加红霉素来解决。发酵过程中添加促进剂的用量极微，若选择得好，则效果较显著，但一般来说，促进剂的专一性较强，往往不能相互套用。

三、微生物培养基的类型

广义上讲培养基是指一切可供微生物细胞生长繁殖所需的营养物质和原料。同时培养基也为微生物培养提供除营养外的其他所必需的条件。

微生物培养基种类繁多，据不完全统计，常用培养基的种类在 1700 种以上。通常以培养基的来源、形态、使用目的及生产工艺的要求来区分（表 3-1）。根据来源分类，培养基可以分为天然培养基、合成培养基及半合成培养基。

表 3-1 微生物培养基的类型及应用

分类特征	培养基名称	应用
基质来源	天然培养基	原料来源丰富（大多为农副产品）、价格低廉，适于工业化生产
	合成培养基	培养基成分明确、稳定，价格较高，适合于研究菌种基本代谢和过程中的物质变化规律
	半合成培养基	配制方便，成本低，广泛应用于生产或实验

续表

分类特征	培养基名称	应用
物理状态	液体培养基 固体培养基 半固体培养基	80%～90%是水,其中配有可溶性的或不溶性的营养成分,是发酵工业大规模使用的培养基 适合于菌种和孢子的培养和保存,也广泛应用于有子实体的真菌类的生产 在配好的液体培养基中加入少量的琼脂,一般用量为0.5%～0.8%,主要用于微生物的鉴别
生产工艺	斜面培养基 种子培养基 发酵培养基	供微生物细胞生长繁殖或菌种保藏用 种子的扩大培养 发酵工业生产

天然培养基是采用化学成分不清楚或其含量不恒定的天然物质制成的,例如蛋白胨、牛肉膏、酵母浸膏、玉米浆等。这类培养基价格低廉,适合于各种微生物的生长,所以一般使用的培养基均以天然培养基为主。合成培养基是由已知化学成分的营养物质组成的。这类培养基的配方成分精确,各批次合成培养基的生产质量可以做到稳定一致,由于生产成本较高,一般只在实验室范围内进行定量研究中使用。半合成培养基是由部分天然材料和部分化学药品组合而成的培养基,配制方便,成本低,生产和实验中经常用到此类培养基。

根据物理形态分类,培养基可以分为液体培养基、固体培养基和半固体培养基。

液体培养基常用于大量生产发酵产品和菌体。固体培养基对于研究微生物的分离、纯化、培养、保藏、鉴定等都是不可缺少的。在配制固体培养基时,固化剂的量少一些就可以得到半固体培养基。

根据生产工艺的要求可分为斜面培养基、种子培养基和发酵培养基。

(一) 斜面培养基

斜面培养基又称孢子培养基,是供微生物细胞生长繁殖或菌种保藏使用,为细胞生长繁殖提供所需的各类营养物质,常采用固体培养基。这类培养基的主要特点是营养不能太丰富,碳源和氮源均不能太多,否则菌丝生长旺盛而较少产生孢子。此外,斜面培养基中可加入少量无机盐类,所用无机盐的浓度要适量,不然也会影响孢子量和孢子颜色。同时要注意孢子培养基的pH值和湿度。生产上常用的孢子培养基有:麸皮培养基、小米培养基、大米培养基、玉米碎屑培养基和用葡萄糖、蛋白胨、牛肉膏和食盐等配制成的琼脂斜面培养基。

(二) 种子培养基

为了在较短的时间内获得数量较多的强壮而整齐的种子细胞,要采用种子培养基。种子培养基要求营养丰富且全面,氮源、维生素的比例应较高,碳源比例应较低。磷酸盐的浓度也可适当高些,而总体浓度以略稀薄为宜,以达到较高的溶氧度,满足大量菌体生长繁殖所需。由于种子培养基用量少,对菌体生长要求高,故使用原料要求较高。配制种子培养基常用的原料有葡萄糖、糊精、蛋白胨、玉米浆、酵母粉、硫酸铵、尿素、硫酸镁、磷酸盐等。为了使培养的菌种能够满足发酵生产的要求,必须将种子培养基和发酵的要求联系起来考虑。最后一级种子培养基的成分最好与发酵培养基的成分接近,使进入发酵培养基的种子能快速生长。

(三) 发酵培养基

发酵培养基是指用来生产目的发酵产物的培养基。它既要满足种子对生长速度的要求,达到一定的菌体浓度,又要防止菌体过早衰老,还要使菌体能迅速合成所需产物。根据生产要求,发酵培养基应从各方面加以考虑和调整。这类培养基的营养应丰富、全面,要注意碳源、氮源速效和迟效的相互搭配,少用速效营养,多加迟效营养,碳氮比要适宜。由于一般发酵产物以碳成分为主,所以发酵培养基的碳源含量一般高于种子培养基。若所需产物含氮量高,氮源也要相应增加。发酵培养基除了要含有菌体生长所必需的元素和化合物外,还要有产物所需的特定元素、前体和促进剂以及稳定 pH 值的缓冲剂等。最后，在大规模生产时，由于培养基用量大，原料应该廉价易得，尽量就近取材，还应有利于下游产物的分离纯化和提取。

四、发酵工业培养基的优化方法

培养基优化，是指对于特定的微生物，通过实验手段配比和筛选找到一种最适合其生长及发酵的培养基。培养基成分非常复杂，特别是有关微生物发酵的培养基，各种营养物质和生长因子之间的配比以及它们之间的相互作用是非常微妙的。面对特定的微生物，人们希望找到一种最适合其生长及发酵的培养基，在原来的基础上提高发酵产物的产量，以期达到提高发酵产率的目的。发酵培养基的优化在微生物产业化生产中举足轻重，是从实验室到工业生产的必要环节。能否优化出一个好的发酵培养基，是一个发酵产品工业化过程中非常重要的一步。

（一）常用的优化方法

微生物发酵是一个非常复杂的过程，由于发酵培养基成分众多，且各因素常存在交互作用，要建立一个准确、满意的理论模型十分困难；培养基优化工作的量大且复杂，许多实验技术和方法都在发酵培养基优化上得到应用。它们以较少的实验次数获得极为丰富的统计信息以确定最佳发酵工艺参数，从而实现高产、优质、低消耗等经济目标，如生物模型、单次实验、全因子法、部分因子法等。但每一种实验设计都有它的优点和缺点，不可能只用一种实验设计来完成所有的工作。

1. 单次单因子法

实验室进行培养基优化最常用的方法是单次单因子法，这种方法是在假设因素间不存在交互作用的前提下，通过一次改变一个因素的水平而其他因素保持恒定水平，逐个因素进行考察的优化方法。另外，为了精确确定主要影响因子的适宜浓度，也可以进一步进行单因子实验。在实验因素很多的情况下，单次单因子法经常与其他方法结合使用，可用较少的实验找出各因素之间的相互关系，从而较快地确定出培养基各组分的最佳组合。该法的优点是简单，结果明了。该法的主要缺点是忽略了组分间的交互作用，可能会完全丢失最适宜的条件；不能考察因素的主次关系；当考察的实验因素较多时，需要大量的实验和较长的实验周期。

2. 多因子实验

（1）正交实验设计　正交实验设计是利用正交表来安排与分析多因素实验并利用普通的统计分析方法来分析实验结果的一种设计方法。它是在实验因素的全部水平组合中，挑选部分有代表性的水平组合进行实验的，它能大大减少实验次数，通过对这部分实验结果的分析了解全面实验的情况，从多个因素中分析出哪些是主要的、哪些是次要的，以及它们对实验的影响规律，从而找出较优的工艺条件。

设计正交实验首先要根据问题确定因子和水平，列出因子水平表，其次根据因子水平数选用合适的正交表，设计表头，安排实验，最后对实验结果进行分析，选出较优的"实验条件"。以枯草芽孢杆菌培养基优化为例，枯草芽孢杆菌生长受到多种因素的影响，根据正交设计的原理，利用 L_{16} （4^5）正交表，合理安排实验，即分别安排 16 个实验组，每实验组三个重复，共 48 个测试样。接种后测试一次 OD_{420} 值，然后每隔 8h 再测一次 OD_{420} 值，连续 5 次，根据测试结果进行统计分析，筛选出枯草芽孢杆菌最佳培养基配方。步骤如下：

① 根据问题的要求和客观的条件确定因子和水平，列出因子水平表，考察五个因素（葡萄糖、酵母膏、蛋白胨、磷酸二氢钾、碳酸钙），每个因素取四个水平。水平是因素变化

的范围（根据现有的资料确定。如无资料可借鉴，应先加宽范围再逐步缩小），具体因素和水平见表 3-2。

② 根据因子和水平数选用合适的正交表，设计正交表头，并安排实验：五因子四水平，可选用 $L_{16}(4^5)$ 正交表，见表 3-3。

表 3-2 水平表

因素水平	A 葡萄糖	B 酵母膏	C 蛋白胨	D 磷酸二氢钾	E 碳酸钙
1	20.0	3.3	6.7	3.0	1.0
2	25.0	4.2	8.3	4.0	1.5
3	30.0	5.0	10.0	4.5	2.0
4	35	5.8	11.7	5.0	2.5

表 3-3 正交实验表

实验组	A	B	C	D	E
1	1	1	1	1	1
2	1	2	2	2	2
3	1	3	3	3	3
4	1	4	4	4	4
5	2	1	2	3	4
6	2	2	1	4	3
7	2	3	4	1	2
8	2	4	3	2	1
9	3	1	3	4	2
10	3	2	4	3	1
11	3	3	1	2	4
12	3	4	2	1	3
13	4	1	4	2	3
14	4	2	3	1	4
15	4	3	2	4	1
16	4	4	1	3	2

③ 根据正交表给出的实验方案，进行实验：实验及结果见表 3-4。

表 3-4 正交实验及结果

实验组	A	B	C	D	E	OD_{420}
1	1	1	1	1	1	0.2055
2	1	2	2	2	2	0.3424
3	1	3	3	3	3	0.4023
4	1	4	4	4	4	0.4657
5	2	1	2	3	4	0.4098
6	2	2	1	4	3	0.3156
7	2	3	4	1	2	0.3521
8	2	4	3	2	1	0.3378
9	3	1	3	4	2	0.2989
10	3	2	4	3	1	0.3736
11	3	3	1	2	4	0.4094
12	3	4	2	1	3	0.3891
13	4	1	4	2	3	0.4863
14	4	2	3	1	4	0.7347
15	4	3	2	4	1	0.3617
16	4	4	1	3	2	0.4469

④ 实验结果分析：根据实验结果计算各因素不同水平的平均值，并计算出极差（表 3-5）。

表 3-5 实验结果分析

实验组	A	B	C	D	E	OD$_{420}$
1	1	1	1	1	1	0.2055
2	1	2	2	2	2	0.3424
3	1	3	3	3	3	0.4023
4	1	4	4	4	4	0.4657
5	2	1	2	3	4	0.4098
6	2	2	1	4	3	0.3156
7	2	3	4	1	2	0.3521
8	2	4	3	2	1	0.3378
9	3	1	3	4	2	0.2989
10	3	2	4	3	1	0.3736
11	3	3	1	2	4	0.4094
12	3	4	2	1	3	0.3891
13	4	1	4	2	3	0.4863
14	4	2	3	1	4	0.7347
15	4	3	2	4	1	0.3617
16	4	4	1	3	2	0.4469
k1	0.3537	0.3501	0.3444	0.4204	0.3195	
k2	0.3538	0.4414	0.3415	0.3940	0.3601	
k3	0.3679	0.3812	0.4434	0.4082	0.3985	
k4	0.5071	0.4098	0.4192	0.3601	0.5045	
极差 R	0.1534	0.0913	0.0777	0.0603	0.1850	

对培养基优化实验数据进行极差分析，根据极差分析的结果可以看出因素 A～E 影响枯草芽孢杆菌生长 OD$_{420}$ 值的主次顺序为 E＞A＞B＞C＞D。因素 E 碳酸钙和因素 A 葡萄糖对枯草芽孢杆菌的生长影响十分明显，因素 D 对生长的影响最小。从均值理论分析，培养基优化最佳配方组合为 A4 B2 C3 D1 E4，即实验的最佳生长条件组是第 14 组。

（2）均匀实验设计　是一种考虑实验点在实验范围内充分均匀散布的实验设计方法，均匀设计按均匀设计表来安排实验，在使用均匀设计法时要注意的是正确使用均匀设计表，均匀设计表中各列的因素水平不能像正交表那样任意改变次序，而只能按照原来的次序进行平移。均匀设计只考虑实验点在实验范围内均匀分布，与正交设计实验法相比，实验次数大为减少，因素、水平容量较大，利于扩大考察范围。随着水平数的增多，均匀设计的优越性就愈加突出。这就大大减少了多因素多水平实验中的实验次数。

（3）响应面分析法　响应面分析方法是数学与统计学相结合的产物，它可以用来对人们受多个变量影响的响应问题进行数学建模与统计分析，并可以将该响应进行优化，科学地提供局部与整体的关系，从而取得明确的、有目的的结论。它与"正交设计法"的不同是将体系的响应作为一个或多个因素的函数，运用图形把这种函数关系表示出来，依此可对函数的面进行分析，研究因子与响应值之间、因子与因子之间的相互关系，并进行优化。

经以上几种方法的比较，我们可以通过把几种实验方法相结合，减少实验工作量，而又可以得到比较理想的结果。首先在充分调研和以前实验的基础上，用部分因子设计对多种培养基组分响应值影响进行评价，并找出主要影响因子；再用最陡爬坡路径逼近最大响应区域；最后用中心组合设计及响应面分析确定主要影响因子的最佳浓度。已经有许多报道利用这几种实验相结合的方法成功地优化了目的菌株的发酵培养基。

（二）培养基的优化流程

（1）根据前人的经验，初步确定可能的培养基成分。

（2）通过单因子实验最终确定出最适宜的培养基成分。

（3）当培养基成分确定后，剩下的问题就是各成分最适的浓度，由于培养基成分很多，为减少实验次数常采用一些合理的实验设计方法。

（4）实验结果的数学或统计分析，以确定其最佳条件。

（5）最佳条件的验证。

※ 工作任务 ▶▶▶▶

工作任务 3-1　发酵工业培养基的配制及灭菌

一、工作目标

（1）了解并掌握培养基的配制和分装方法。

（2）掌握各种实验室灭菌方法及技术。

微课：发酵培养基
的配制及灭菌

二、工作材料与用具

1. 器皿及材料

天平、称量纸、牛角匙、精密 pH 试纸、量筒、刻度搪瓷杯、试管、三角瓶、漏斗、分装架、移液管及移液管筒、培养皿及培养皿盒、玻璃棒、烧杯、试管架、铁丝筐、剪刀、酒精灯、棉花、线绳、牛皮纸或报纸、纱布、乳胶管、电炉、灭菌锅、干燥箱。

2. 药品试剂

营养琼脂。

三、工作过程

称药品→溶解→调 pH 值→融化琼脂→过滤分装→包扎标记→灭菌→摆斜面或倒平板。

以下介绍培养基的制备。

（1）称量药品　根据培养基配方依次准确称取各种药品，放入适当大小的烧杯中，琼脂不要加入。蛋白胨极易吸潮，故称量时要迅速。

（2）溶解　用量筒取一定量（约占总量的1/2）蒸馏水倒入烧杯中，在放有石棉网的电炉上小火加热，并用玻棒搅拌，以防液体溢出。待各种药品完全溶解后，停止加热，补足水分。如果配方中有淀粉，则先将淀粉用少量冷水调成糊状，并在火上加热搅拌，然后加足水分及其他原料，待完全溶化后，补足水分。

（3）调节 pH　根据培养基对 pH 的要求，用 5％NaOH 或 5％HCl 溶液调至所需 pH。测定 pH 可用 pH 试纸或酸度计等。

（4）融化琼脂　固体或半固体培养基须加入一定量琼脂。琼脂加入后，置电炉上一面搅拌一面加热，直至琼脂完全融化后才能停止搅拌，并补足水分（水需预热）。注意控制火力不要使培养基溢出或烧焦。

（5）分装　分装时注意不要使培养基沾染在管口或瓶口，以免浸湿棉塞，引起污染。液体分装高度以试管高度的 1/4 左右为宜，固体分装装量为管高的 1/5，半固体分装试管一般以试管高度的 1/3 为宜；分装三角瓶，其装量以不超过三角瓶容积的一半为宜。

（6）包扎标记　培养基分装后加棉塞或试管帽，再包一层防潮纸，用棉绳系好。在包装纸上标明培养基名称、制备组别和姓名、日期等。

（7）灭菌　上述培养基应按培养基配方中规定的条件及时进行灭菌。普通培养基为 121℃、15min，以保证灭菌效果和不损伤培养基的有效成分。培养基经灭菌后，如需要作斜面固体培养基，则灭菌后立即摆放成斜面，斜面长度一般以不超过试管长度的 1/2 为宜；半固体培养基灭菌后，垂直冷凝成半固体深层琼脂。

（8）倒平板　将需倒平板的培养基，于水浴锅中冷却到 45～50℃，立刻倒平板。

四、注意事项

加水至外筒内，被灭菌物品放入内筒。盖上灭菌器盖，拧紧螺旋使之密闭。通电加热，同时打开排气阀门，排净其中冷空气。待冷空气全部排出后（即水蒸气从排气阀中连续排出时），关闭排气阀。继续加热，待压力表渐渐升至所需压力时（一般是 101.53kPa，温度为 121.3℃），开始计时，维持 15～30min。灭菌时间到达后，停止加热，待压力降至零时，慢慢打开排气阀，排除余气，开盖取物。切不可在压力尚未降低为零时突然打开排气阀门，以免灭菌器中液体喷出。

五、考核内容与评分标准

1. 相关知识
培养基的成分组成与配制方法？（30 分）

2. 操作技能
（1）液体培养基的操作流程。（20 分）
（2）固体培养基的操作流程。（30 分）
（3）培养基灭菌技能。（20 分）

工作任务 3-2　发酵工业培养基的优化

一、工作目标

通过此项工作掌握正交实验方案设计、液体培养基的制作及菌种的活化；掌握接种技术、摇床培养技术及显微计数技术；掌握菌丝浓度的测定方法。

微课：发酵培养基的优化方法与策略

二、材料用具

酵母菌；酵母膏，葡萄糖，蔗糖，NaCl 等；三角瓶，漏斗，接种环，刻度离心管，纱布，棉花，橡皮筋，高压灭菌器，水浴振荡器，显微镜，血细胞计数板，低速离心机。

三、工作过程

1. 实验方案及培养基配制
（1）方案设计　根据基本培养基配方，设计实验因素和水平（表 3-6）、设计正交表（表 3-7）。

表 3-6　实验因素和水平表

水平　＼　因素	葡萄糖	蔗糖	酵母膏	NaCl
1	1.0	0.0	0.5	0.5
2	2.0	1.0	1.0	1.0
3	3.0	2.0	2.0	2.0

表 3-7　$L_9(3^4)$ 正交实验表

实验数	葡萄糖	蔗糖	酵母膏	NaCl
1	1	1	1	1
2	1	2	2	2
3	1	3	3	3
4	2	1	2	3
5	2	2	3	1
6	2	3	1	2
7	3	1	3	2
8	3	2	1	3
9	3	3	2	1

（2）制备各种实验配方培养基　根据上述配方制备液体培养基，100mL 培养基分装于 250mL 三角瓶中。于 121℃下灭菌 30min，冷却。

2. 接种、观察记录结果

（1）液体培养基接种　每种待测培养基每瓶接种酵母菌悬液一环。振荡培养（30℃、180r/min）3 天。取发酵液 10mL 放入刻度离心管中，3000r/min 离心 15min。统计每种培养基配方下，菌丝浓度的体积分数，并进行数据分析。

（2）观察记录结果　每 12h 取液观察菌体形态、判断时期。以血细胞计数板计数，并以所得数据绘制曲线。实验结果填入表 3-8。

表 3-8　实验结果及分析

实验数	葡萄糖	蔗糖	酵母膏	NaCl	菌丝浓度
1	1	1	1	1	
2	1	2	2	2	
3	1	3	3	3	
4	2	1	2	3	
5	2	2	3	1	
6	2	3	1	2	
7	3	1	3	2	
8	3	2	1	3	
9	3	3	2	1	
k1					
k2					
k3					
极值 R					

（3）分析结果　统计结果，判断哪种组合最好（表 3-8），判断峰值高度和来临时间。

四、注意事项

（1）培养基优化前要做好计划。

（2）接种时要严格按照规范操作。

五、考核内容与评分标准

1. 相关知识

正交实验原理。（20 分）

2. 操作技能

（1）液体培养基的制作及菌种的活化流程。（30 分）

（2）接种技术、摇床培养技术及显微计数技术。（30 分）

（3）菌丝浓度的测定方法。（20 分）

※ 项目小结 ▶▶▶

PPT 课件

发酵工业培养基的基本要求是能够满足产物最经济的合成；发酵后所形成的副产物应尽可能地少；培养基的原料应因地制宜，价格低廉，且性能稳定，资源丰富，便于采购运输，适合大规模贮藏，能保证生产上的供应；能满足总体工艺的要求。

培养基的营养成分包括碳源、氮源、无机盐及微量元素、水和生长调节物质，工业发酵中常利用的碳源物质主要有糖类、油脂、有机酸、醇、碳氢化合物等。氮源包括有机氮源和无机氮源，常用的有机氮源有花生饼粉、黄豆饼粉、棉籽饼粉、玉米浆、玉米蛋白粉、蛋白胨、酵母粉、鱼粉、蚕蛹粉、尿素、废菌丝体和酒糟等，常用的无机氮源有铵盐、硝酸盐和氨水等；生长调节物质包括生长因子、前体以及发酵过程中的促进剂和抑制剂。设计培养基应从微生物的营养和生产工艺的要求出发，采用单因子实验设计和多因子实验设计等方法优化发酵培养基，达到既要满足微生物生长的要求，获得高产的产品，又符合增产节约、因地制宜的原则。微生物培养基的种类很多，根据营养物质的来源、培养基的物理状态及功能不同分成多种类型。根据生产工艺的要求可分为斜面培养基、种子培养基、发酵培养基。培养基配好后必须经过灭菌及无菌检查才能用于分离培养微生物。

<table>
<tr><td rowspan="5">项目思考</td><td>1. 发酵工业培养基的基本要求是什么？</td></tr>
<tr><td>2. 工业发酵培养基的主要成分有哪些？</td></tr>
<tr><td>3. 如何确定培养基的组成？</td></tr>
<tr><td>4. 培养基有哪些类型？各有何用途？</td></tr>
<tr><td>5. 生产中如何配制液体培养基？</td></tr>
</table>

项目四

发酵工业的无菌操作

【知识目标】

1. 理解污染对发酵过程的影响。

2. 掌握无菌操作的基本原理。

【能力目标】

1. 能够对发酵污染进行原因分析并采取防治措施。

2. 能够正确进行对培养基、管道及空气的灭菌操作。

【思政与职业素养目标】

1. 培养严格的无菌操作意识与环境保护意识。

2. 培养遵守工厂车间规章制度的习惯，严格执行各项指标任务。

3. 学习科学家的严谨细致的工作态度，培养刻苦钻研、一丝不苟的精神。

音频：巴氏杀菌法的发明者

※ 项目说明 ▶▶▶▶

　　目前，绝大多数工业发酵都采用纯种培养，在培养体系中只能有生产菌，不能有杂菌的污染。如果在培养过程中污染了杂菌，轻者影响产品的收率和产品质量，重者会导致"倒罐"（发酵过程受到噬菌体等污染，使发酵失败，得不到产物），造成严重的经济损失。因此，为了保证纯种发酵，在发酵接种之前必须对发酵罐、发酵培养基、设备管道及空气等进行灭菌，同时还必须对环境进行消毒，防止杂菌和噬菌体的污染。通过本项目的学习，能够掌握发酵工业的无菌操作技术。

※ 基础知识 ▶▶▶

一、发酵工业污染的防治策略

（一）污染的危害

如果发酵过程中污染了杂菌，对菌体的生长和代谢会产生严重影响，会导致以下危害。

① 杂菌大量消耗培养基中的营养物质，使生产菌的生产能力下降。

② 杂菌产生的代谢产物，增加了发酵液中杂质类型或改变了发酵液理化性质，从而导致增加了下游产物分离纯化的难度，造成产物收率降低或产品质量下降。

③ 杂菌代谢会改变培养体系的 pH，使发酵过程异常。

④ 杂菌的代谢可能会降解产物，使产物得率降低。

⑤ 若细菌的培养过程被噬菌体污染，细菌细胞会被裂解，造成发酵失败。

污染对发酵过程、产品质量及产量会产生很大影响，因此，发酵过程应该是一个纯种培养过程。在许多生物产品的发酵生产中，经常会发生污染。如国外抗生素发酵染菌率为 2%～5%，国内青霉素发酵染菌率为 2%；链霉素、四环素和红霉素发酵污染率为 5%；谷氨酸发酵噬菌体污染率为 1%～2%。发酵生产的产品不同，污染杂菌的种类不同，污染时期及途径不同，所产生的后果是不同的。

1. 染菌对不同发酵过程的影响

由于各种发酵过程所用的微生物菌种、培养基以及发酵的条件、产物的性质不同，染菌造成的危害程度也不同。如青霉素的发酵过程，由于许多杂菌都能产生青霉素酶，因此不管染菌是发生在发酵前期、中期或后期，都会使青霉素迅速分解破坏，使目的产物得率降低，危害十分严重；对于核苷或核苷酸的发酵过程，由于所用的生产菌种是多种营养缺陷型微生物，其生长能力差，所需的培养基营养丰富，因此容易受到杂菌的污染，且染菌后，培养基中的营养成分迅速被消耗，严重抑制了生产菌的生长和代谢产物的生成；对于柠檬酸等有机酸的发酵过程，一般在产酸后，发酵液的 pH 值比较低，杂菌生长十分困难，在发酵中、后期不太会发生染菌，主要是要预防发酵前期染菌；谷氨酸发酵中，谷氨酸棒杆菌生长迅速，发酵周期短，培养基不太丰富，一般较少污染杂菌，但噬菌体污染对谷氨酸发酵的威胁非常大。无论是哪种发酵过程，一旦发生染菌，都会由于培养基中的营养成分被消耗或代谢产物被分解，严重影响到产物的生成，使发酵产品的产量大为降低。

2. 染菌发生的不同时期对发酵的影响

从发生染菌的时期来看，染菌可分为种子培养期染菌、发酵前期染菌、发酵中期染菌和发酵后期染菌等四个不同的染菌时期，不同的染菌时期对发酵所产生的影响也是有区别的。

（1）种子培养期染菌 种子培养的目的在于促进微生物细胞生长与繁殖，此时，微生物菌体浓度低，培养基的营养十分丰富，比较容易染菌。若将污染的种子带入发酵罐，则危害极大，因此应严格控制种子染菌的发生。一旦发现种子受到杂菌的污染，应经灭菌后弃去，并对种子罐、管道等进行仔细检查和彻底灭菌。

（2）发酵前期染菌 在发酵前期，微生物菌体主要是处于生长、繁殖阶段，此时期代谢的产物很少，相对而言这个时期也容易染菌，染菌后的杂菌将迅速繁殖，与生产菌争夺培养基中的营养物质，严重干扰生产菌的正常生长、繁殖及产物的生成。因此，在发酵前期应高度重视前期污染问题。发现发酵前期污染杂菌时，应迅速重新灭菌，再接种进行发酵。如果杂菌消耗了过多的营养成分，还应进行适当补充，重新灭菌和接种发酵。

（3）发酵中期染菌 发酵中期染菌将会导致培养基中的营养物质大量消耗，并严重干扰生产菌的代谢，影响产物的生成。有的染菌后杂菌大量繁殖，产生酸性物质，使 pH 值下降，糖、氮等的消耗加速，菌体发生自溶，致使发酵液发黏，产生大量的泡沫，代谢产物的积累减少或停止；有的染菌后会使已生成的产物被利用或破坏。从目前的情况来看，发酵中期染菌一般较难挽救，危害性较大，在生产过程中应尽力做到早发现、快处理。根据不同的发酵类型及具体情况进行处理。如抗生素发酵污染，可以将另一罐发酵正常、发酵单位高的发酵液的一部分输入到染菌罐中，以抑制杂菌繁殖。又如柠檬酸发酵中期染菌，可以根据所染杂菌的类型分别处理，如果污染酵母菌，可以加入抑制酵母菌生长但对生产菌又无影响的硫酸铜，同时提高通气量来加速发酵产酸；如果污染了细菌，可以通过加大通气量，使菌体加速发酵产酸来降低 pH 值，以抑制细菌的生长，必要时还可以加入盐酸调节 pH 值来抑制细菌生长；如污染了黄曲霉等霉菌，通过各种方式降低 pH，促使杂菌自溶，以减少发酵中期霉菌污染的影响。

（4）发酵后期染菌 由于发酵后期培养基中的糖等营养物质即将耗尽，且发酵的产物也已积累较多，如果染菌量不太多，对发酵影响相对来说就要小一些，可继续进行发酵。对发酵产物来说，发酵后期染菌对不同的产物影响不同，如抗生素、柠檬酸的发酵，染菌对产物的影响不大；肌苷酸、谷氨酸、氨基酸等的发酵，后期染菌也会影响产物的产量、提取和产品的质量。

3. 染菌程度对发酵的影响

染菌程度对发酵的影响很大。染菌程度愈严重，即进入发酵罐内的杂菌数量愈多，对发酵的危害也就愈大。当生产菌在发酵过程中已有大量的繁殖，并已在发酵液中占优势，污染极少量的杂菌，对发酵不会带来太大的影响，因为进入发酵液的杂菌需要一定的时间才能达到危害发酵的程度，而且此时环境对杂菌繁殖已相当不利。当然如果染菌程度严重时，尤其是在发酵的前期或发酵的中期，对发酵将会产生严重的影响。

4. 染菌对产物提取和产品质量的影响

对于丝状菌发酵被污染后，有大量菌丝自溶，发酵液发黏，有的甚至发臭，发酵液过滤困难。发酵前期染菌过滤更困难，严重影响产物的提取收率和产品质量。在这种情况下可先将发酵液加热处理，再加助滤剂或者先加絮凝剂，使蛋白质凝聚，有利于过滤。

（二）杂菌污染的防治

在发酵生产过程中，构成发酵染菌的原因错综复杂，涉及的范围比较广，如何及早发现杂菌的污染并及时采取措施加以处理，是避免染菌造成严重经济损失的重要手段。因此，杂菌的污染必须能够迅速、准确地被检测出来。

1. 污染杂菌的检测

目前常用的无菌检测方法主要有以下四种。

（1）显微镜检查法（镜检法） 通常用革兰染色法。先用低倍镜观察生产菌的特征，然后再用高倍镜观察是否有杂菌存在。根据生产菌与杂菌的特征来判断染菌与否，必要时，还可进行芽孢染色和鞭毛染色。镜检法简单、直接，是最常用的方法之一。但对于发酵周期短的生产菌，要辨别其发酵早期是否污染十分困难，因为杂菌要繁殖到一定数量后才能被镜检出来，因而该方法具有一定局限性。

（2）肉汤培养法 将需检查样品接入经灭菌并经过检查的无菌肉汤培养基中，于 37℃

和 27℃下分别进行振荡培养，观察培养液是否变浑浊，并取样制片镜检。该方法通常用于培养基和无菌空气的无菌检查，也可用生产菌作为指示菌用于噬菌体的检查。

（3）平板划线培养　将需要检查的样品在无菌平板上划线，分别于 37℃、27℃下静置培养，8～12h 后观察平板上有无菌落即可辨别是否染菌，若有菌落还可以进一步观察菌落形态并结合生理试验来确定菌种类型。

（4）发酵过程的异常现象观察法　发酵过程中出现的异常现象如温度、溶解氧、pH、发酵液黏度、排气中 CO_2 含量、残糖、产物浓度等参数的异常变化，都是提示可能污染的重要信息，可以根据这些参数的异常变化来分析判断是否染菌。

① 发酵罐罐温升高　正常发酵过程都有一定的升温、降温规律，染菌后罐温会突然升高，并且难以控制。因为发酵过程染菌后，杂菌大量繁殖，大量消耗培养基中的营养成分，同时释放出大量生物热，导致培养基温度上升。

② 发酵液溶解氧异常　发酵过程中，在一定的发酵条件下，每种产物发酵的溶解氧浓度变化都有自己的规律。一般来说，发酵初期，菌体大量增殖，氧气消耗大，此时需氧量大于供氧量，溶解氧浓度明显下降，同时菌体摄氧量出现高峰。发酵中后期，对于分批发酵来说，溶解氧浓度变化比较小，因为菌体已繁殖到一定的程度，呼吸强度变化不大。到了发酵后期，由于菌体衰亡，呼吸强度减弱，溶解氧浓度也会逐步上升。菌体开始自溶后，溶解氧浓度上升更为明显。当污染了好氧性杂菌时，溶解氧在较短时间内下降，并且接近于零，长时间内不能回升；当污染了非好氧性杂菌时，生产菌由于杂菌的污染其生长受到抑制，耗氧量减少，溶解氧升高；当污染了噬菌体后，生产菌的呼吸受到了抑制，溶解氧浓度很快上升，其变化比菌体浓度变化更灵敏，能更快地预见到染菌的发生。

③ 发酵液 pH 发生变化　正常的发酵生产过程中 pH 的变化是有一定规律的曲线，杂菌的污染可以使正常的 pH 曲线发生偏离。因为染菌后培养液的 pH 会发生明显的变化，如污染细菌后 pH 会急剧下降到 4～5，而污染了噬菌体后 pH 会急剧升高到 8 左右。

④ 发酵液残糖的变化　正常发酵过程中，残糖含量的变化是一条有规律的标准曲线，染菌后，杂菌会消耗培养基中的碳源，残糖会发生急剧的下降趋势。

⑤ 尾气中二氧化碳异常变化　发酵尾气中的二氧化碳含量与糖代谢有关，对于某种特定产物的发酵，尾气中二氧化碳的含量变化是有规律的。染菌后，培养基中糖的消耗加快或变慢，引起尾气中二氧化碳浓度的变化。如污染杂菌，糖消耗加快，尾气中二氧化碳浓度增加；如污染噬菌体，糖消耗减慢，尾气中二氧化碳浓度降低。

⑥ 发酵液产物浓度的变化　通过测定发酵液中产物的浓度，可以绘制出产物浓度的变化曲线。正常的发酵过程中产物浓度是逐步升高的，染菌后，杂菌不仅争夺营养，消耗能量，同时还会影响产物的稳定性，造成发酵液中产物浓度下降。

2. 污染噬菌体的检测

噬菌体是一类专性寄生于细菌和放线菌等微生物的病毒，其个体形态极其微小，用常规微生物计数法无法测得其数量。了解噬菌体的特性，快速检查、分离，并进行效价测定，对发酵过程中防止噬菌体的污染具有重要作用。

采用生物测定法进行噬菌体检查，约需 12h 左右，因而不能及时判断是否有噬菌体污染。通过快速检查可大致确定是否有噬菌体污染，以采取必要的防治措施。正常发酵液离心后的上清液中蛋白质含量很少，加热后仍然清亮；而侵染有噬菌体的发酵液经离心后其上清液中因含有细菌裂解后释放出的活性蛋白，加热后发生蛋白质变性，在光线照射下出现丁达尔效应而不清亮。此法简单、快速，对发酵液污染噬菌体的判断亦较准确，但不适于溶源性细菌及温和噬菌体的诊断，对侵染噬菌体较少的一级种子培养液也往往不适用。

　　噬菌体检查还可采用双层平板培养法，先将灭菌的下层肉汤琼脂培养基熔融后倒平板，凝固后，将上层培养基熔解并保持40℃，加生产菌作为指示菌和待检样品混合后迅速倒在下层平板上，置培养箱保温培养，经12~20h培养，观察有无噬菌斑。

3. 污染原因分析

　　造成污染的原因很多，涉及的范围包括：种子系统的无菌情况，各级设备的结构合理程度及严密情况，灭菌操作的认真检查情况，消毒灭菌工作的管理情况等。发生染菌后，根据无菌试验的结果，参考以下方法进行分析，找出污染原因，从而杜绝污染。

　　(1) 从污染时间上分析原因　发酵生产过程中的前期染菌，多指发酵生长20h之前的染菌。前期染菌可以从种子系统的带菌、种子制备的带菌、发酵设备的泄漏、消毒灭菌操作的失误等方面寻找染菌原因。发酵过程的中期染菌，多指发酵开始后40~70h的染菌。中期染菌可以从发酵设备的死角、设备的泄露以及在补料设备、补料操作上寻找染菌原因。发酵后期染菌，多指发酵生长80h以后的染菌。后期染菌的原因多发生于发酵设备上的泄漏、补料设备的泄露以及补料操作、移种操作、压料操作等。

　　(2) 从污染杂菌的种类上分析原因　若污染的是耐热的芽孢杆菌，可能是培养基或设备灭菌不彻底造成的。若污染的是球菌、无芽孢的杆菌等不耐热杂菌，可能是种子制备带菌、空气过滤系统失效、设备渗漏或操作不当引起。若污染的是霉菌，一般是无菌室中无菌程度不高或接种操作不当引起的。若污染的是酵母菌，一般是糖液灭菌不彻底或放置时间过长所致。

　　(3) 从染菌规模上分析原因　发酵罐或种子罐如果是单批染菌，并且在同一个罐上间断或连续发生，而且染菌的菌型一致，那么就要从发酵罐或种子罐本身找原因。如果单批污染的杂菌菌型不一致，就要根据菌型、染菌时间、设备和操作等具体情况寻找原因。如果发酵车间发生大面积的染菌，且污染的菌型一致，一般是空气系统失效引起，如空气系统结构不合理、空气过滤器失效等。

4. 杂菌污染途径及预防

　　(1) 种子带菌及防治　种子带菌的途径及防治主要有以下几方面。

　　① 培养基及用具灭菌不彻底　菌种培养基及用具必须彻底灭菌，一般采用灭菌锅进行高压灭菌，造成灭菌不彻底主要是灭菌时锅内空气排放不完全，造成假压，使灭菌时的压力和温度不成正比。避免假压力的产生，应当做到：直接蒸汽进汽分主次，操作者应分清主要进汽点和次要进汽点，避免罐顶部分和物料不接触的管路阀门的过大进汽；注意调节进汽量和排汽量，保证罐内不凝性气体的充分排出。

　　② 菌种在移接过程中受污染　菌种的移接工作是在无菌室中按无菌操作进行。当菌种移接操作不当，或无菌室管理不严，就可能引起污染。因此，要严格执行无菌室管理制度和严格按无菌操作接种，合理设计无菌室，并交替使用各种灭菌手段对无菌室进行经常性的洁净处理。

　　③ 菌种在培养过程或保藏过程中受污染　菌种在培养过程和保藏过程中，由于外界空气进入，也会使杂菌进入而受污染。为了防止污染，试管的棉花塞应有一定的紧密度，不宜太松，且有一定长度，培养和保藏温度不宜变化太大。每一级种子培养物均应经过严格检查，确认未受污染才能使用。

　　(2) 无菌空气带菌及防治　无菌空气带菌是发酵染菌的主要原因之一，因为空气系统设备结构及设备管理上出现问题而造成的染菌，要比其他设备因素造成的染菌要多得多。空气系统容易出现的染菌因素是：无菌空气中带油带水、空气过滤器填装质量和高效滤芯的安装质量、空气系统的管理等方面。通过采取以下措施减少空气带菌的概率。

① 采取高空取气，合理设计空气处理流程，根据实际情况增加必要的除油除水设备，并改造往复式空气压缩机。

② 选择合适的过滤介质，过滤器介质多采用高效膜滤芯，过滤面积大，操作简便。

③ 加强无菌空气系统的管理，定期对总空气过滤器进行检查和消毒，防止空气总管路和总空气过滤器积水，并防止空气系统气、液倒流。

（3）培养基灭菌不彻底导致染菌及防治　培养基和设备灭菌不彻底的原因和防治措施主要与以下几个方面有关。

① 原料性状　稀薄的培养基比黏稠的培养基更容易彻底灭菌，液体培养基比含有固态颗粒的培养基更容易灭菌。在发酵原料中，经常会使用到淀粉质原料，极易成块，使团块中心部位"夹生"，包埋有活菌，蒸汽不易进入将其杀灭，在发酵过程中团块散开，导致染菌。所以，含有颗粒物的培养基很可能会灭菌不彻底。因此，淀粉质培养基灭菌以采用实罐灭菌为好，在升温时先搅拌混合均匀，并加一定量 α-淀粉酶边加热边液化；有大颗粒的原料经粉碎后过筛方能进行培养基的配制及灭菌。

② 实罐灭菌时未充分排除罐内空气　实罐灭菌时，罐内空气未完全排除，造成"假压"，使罐顶空间局部温度达不到灭菌要求，导致灭菌不彻底而污染。为此，在实罐灭菌升温时，应打开排气阀门及有关连接管的边阀、压力表接管边阀等，使蒸汽通过，达到彻底灭菌。

③ 培养基连续灭菌时未达到灭菌温度　培养基连续灭菌时，蒸汽压力波动大，培养基未达到灭菌温度，导致灭菌不彻底而污染。培养基连续灭菌应严格控制灭菌温度，最好采用自动控制装置。

④ 灭菌结束后罐压骤变造成染菌　在灭菌操作结束后，若用冷却水冷却过快会造成罐内负压，外界空气进入导致染菌。因此，在灭菌结束后发酵罐冷却前应先通入无菌空气维持罐内正压，再进行冷却，以避免染菌的产生。

（4）设备、管道存在"死角"造成的染菌及其防治　由于操作、设备结构、安装或人为造成的屏障等原因，引起蒸汽不能有效到达或不能充分到达预定灭菌部位，从而不能达到彻底灭菌的要求。这些不能彻底灭菌的部位称为"死角"，罐内罐外设备上的"死角"有以下几方面：

① 罐内空气分布管所构成的"死角"　空气分布管类型主要有放射式空气分布管、环管式空气分布管、牛角环管式空气分布管和直接开口式空气分布管。前两种空气分布管容易堵塞，不便于清洗，是造成灭菌不彻底的主要原因，而后两种空气分布管不会发生焦化堵塞，没有"死角"。

② 罐内管路所构成的"死角"　发酵罐罐内管路如空气分布管、物料压出管、取样管、接种管等一般均从罐顶进入，然后紧靠罐壁向下延伸至罐底。这种安装会形成罐内管路与罐壁之间的缝隙，高温灭菌后的焦化物堆积于此构成"死角"。合理的安装方法是：空气分布管和物料压出管从罐外延伸，在发酵罐罐底封头上方开口进罐，在罐内对接；取样管直接安装在下部。

③ 搅拌密封泄露形成的"死角"　发酵罐与外界唯一有接触性连接的就是搅拌轴处的轴封。由于搅拌轴的连续运转，同时受到罐压及温度变化的影响，轴封密封不严也容易污染。确保轴封密封不漏，除了要注意轴封的保养及定期更换外，更需要重视搅拌轴系统的安装质量，包括：罐体的找正，机架安装的偏差度，减速机和电机的安装找正，机封底盘安装的找正，搅拌轴安装后下轴头摆差度和底轴承及底支架安装的偏差度。

④ 罐内挡板和支架形成的"死角"　发酵罐内的挡板、蛇形管的支架和托板，所形成的

"死角"极容易造成灭菌不彻底。因此，挡板的安装不能采用全焊接，采用三到四点的点焊接方法连接并加固。蛇形管托板和支架都会堆积菌丝体并形成焦化物，每生产完一批都要认真冲洗检查。

⑤ 发酵罐上其他可能构成的"死角" 有些工厂为了防止碳钢发酵罐中铁离子对代谢的影响，在碳钢发酵罐内衬一层很薄的不锈钢衬里，安装衬里后，衬层与罐壁之间形成了微小的中间层，极容易成为杂菌藏匿的安全点，必须淘汰衬里的发酵罐。发酵罐顶封头上或排气管上安装了压力表，如果发酵过程中泡沫过多，物料黏结，灭菌焦化会导致压力表小孔堵塞失灵，应经常进行压力表小孔的清理和疏通。

(5) 设备渗漏引起的染菌及防治 发酵设备、管道、阀门的长期使用，由于腐蚀、摩擦和振动等原因，往往会造成渗漏。例如：设备的表面或焊缝处如有砂眼，由于腐蚀逐渐加深，最终导致穿孔；冷却管受搅拌器作用，长期磨损，焊缝处受冷热和振动产生裂缝而渗漏。

为了避免设备、管道、阀门渗漏，应选用优质的材料，并经常进行检查。冷却蛇管的微小渗漏不易被发现，可以压入碱性水；在罐内可疑地方，用浸湿酚酞指示剂的白布擦抹，如有渗漏时白布显红色。

(6) 操作问题 在发酵过程中如操作不当也会引起染菌，如移种时或发酵过程罐内压力跌零，使外界空气进入而染菌；泡沫顶盖而造成污染；压缩空气压力突然下降，使发酵液倒流入空气过滤器而造成污染等。防止操作失误引起染菌，要加强对技术工人的技术培训和责任心教育，提高工人素质，强化管理措施。

(7) 噬菌体污染及其防治 引起发酵生产噬菌体污染的原因，大都是由于在生产过程中，人们不加注意而把大量活菌体随意排放，这些活菌体栖息于周围环境，同少量与其有关的其他溶源性菌株接触，经过变异和杂交，最终产生使生产菌株溶解的烈性噬菌体，并在环境中逐渐增殖，随空气流动，污染种子和发酵罐。被噬菌体污染的发酵罐又大量排气，造成污染的恶性循环。

防治噬菌体染菌的方法具体归纳为以下几点。

① 定期检查噬菌体并采取有效措施消灭噬菌体 当发酵生产中已经发现了噬菌体的危害后，应立即在车间的各个工段及发酵罐的空气过滤系统、发酵液和排气口、污水排放处以及车间周围的环境中进行取样检测，从中找出噬菌体较集中的地方继而采取相应的措施。如对种子室和摇床间可采用甲醛熏蒸及紫外线处理的方法消灭噬菌体和杂菌。对常用器皿及发酵罐体表面，可采用新洁而灭及石炭酸溶液喷雾或擦洗。发酵系统则可采取改进空气过滤装置和蒸汽灭菌的方法。

② 检查生产系统，消除各种不安全因素 在发酵生产中，当连续发生噬菌体污染后，往往在空气过滤装置及发酵罐底部、内壁、夹层以及管道和阀门接口等处容易存在蒸汽不能直接进入灭菌的死角，必须及早查出隐患，定期更换空气过滤器中的过滤材料并改进工艺和设备，杜绝发酵液中的活菌和可能存在的噬菌体向周围的环境排放，彻底消除各种不安全因素，保证生产的正常进行。

③ 选育抗噬菌体菌株和轮换使用生产菌株 选育抗噬菌体菌株是一种有效的手段，所获得的抗性菌株既要有较全面的抗性，并能保持原有的生产能力。对有的菌种在选育中很难做到既有抗性又能保持原有的生产能力，所以在可能的情况下，针对噬菌体对侵染寄主具有专一性的特点，采用轮换使用生产菌株的方法，也可防止噬菌体的蔓延和危害，使生产得以正常进行。

二、发酵工业无菌操作的基本概念

发酵工业的无菌操作是生产成败的基础，与无菌操作相关的基本概念如下所述。

灭菌：用物理或化学的方法杀死物料或设备中所有的微生物。

消毒：用物理或化学的方法杀死空气、地表以及容器和器具表面的微生物。

防腐：用物理或化学的方法杀死或抑制微生物的生长和繁殖。

消毒与灭菌的区别在于：消毒概念来自卫生工作，仅仅是杀灭生物体或非生物体表面的微生物，而灭菌则是杀灭所有的生命体。因此，消毒一般只能杀死营养细胞，不能杀死细菌芽孢及真菌孢子，适合于发酵车间的环境和设备、器具的无菌处理。灭菌则适合培养基等物料的无菌处理。

三、发酵工业的无菌操作技术

发酵工业的无菌操作技术主要有加热灭菌法、辐射灭菌法、化学药品灭菌法和过滤除菌法，根据灭菌的对象和要求选用不同的方法。

（一）加热灭菌法

微生物细胞的代谢离不开蛋白质，加热可以使蛋白质变性，从而达到杀灭微生物的目的。常用的加热灭菌法有干热灭菌法、湿热灭菌法。

1. 干热灭菌法

该方法适合不宜直接用火焰灭菌的物品。利用干燥的热空气灭菌，一般在100℃下处理1h即可，而芽孢则需要160℃下处理2h才能被杀死。适用于玻璃、陶瓷、金属等制品。

目前常用的方法是：把需要灭菌的物品放入烘箱中，将箱内空气温度升至160～170℃，维持1～2h，即可达到灭菌的目的。但温度不能超过180℃，否则会造成包扎的纸张起火。此外，摆放物品时应保留合适的间距，以免传热不均。灭菌结束后，降温应缓慢，否则玻璃制品易破碎。干热灭菌的温度和时间如表4-1所示。

表 4-1　干热灭菌需要的温度和时间

灭菌温度/℃	170	160	150	140	121
灭菌时间/min	60	120	150	180	过夜

2. 湿热灭菌法

湿热灭菌法就是按照被灭菌物品性质的不同，选用不同温度的湿热蒸汽进行灭菌，同一温度下湿热灭菌法比干热灭菌法具有更强的杀菌效果。因为湿热蒸汽具有很强的穿透力，而且在冷凝时会放出大量热，使微生物细胞中蛋白质、酶发生不可逆变性，造成细胞死亡。常用的湿热灭菌法有以下几种。

（1）煮沸灭菌法　该方法是将要消毒的物品放在水中煮沸15～20min，可杀死营养细胞，但不能杀灭芽孢；在沸水中煮1～2h，才能将芽孢杀灭。该方法适用于一般食品及器材的灭菌。

（2）巴氏消毒法　高温处理会降低食品营养价值及风味，采用巴氏消毒法可以在一定程度上避免这种缺陷，同时达到消毒防腐的目的。通常采用70℃左右加热15～30min，以杀死其中的病原菌和一部分微生物营养体。牛奶、啤酒、酱油和醋等食品均采用该方法灭菌。此法为法国微生物学家巴斯德首创，故名为巴氏消毒法。

（3）间歇灭菌法　上述两种方法在常压下，只能起到消毒作用，而很难做到完全无菌。

若采用间歇灭菌的方法，就能杀灭物品中所有的微生物。具体做法是：将待灭菌的物品加热至 100℃，15～30min，杀死其中的营养体。然后冷却，放入 37℃ 恒温箱中过夜，让残留的芽孢萌发成营养体。第 2 天再重复上述步骤，三次左右，就可达到灭菌的目的。此法不需加压灭菌锅，适于推广，但操作麻烦，所需时间长。

（4）高压蒸汽法　这是发酵工业、医疗保健、食品检测和微生物学实验室中最常用的一种灭菌方法。它适用于培养基、发酵罐以及附属设备和管道的灭菌，也适用于玻璃器皿、工作服等物品的灭菌。

高压蒸汽灭菌是把待灭菌的物品放在一个可密闭的加压蒸汽灭菌锅中进行的，以大量蒸汽使其中压力升高。由于蒸汽压的上升，水的沸点也随之提高。在蒸汽压达到 1.055kgf·cm² （103.42kPa）时，高压蒸汽灭菌锅内的温度可达到 121℃，如表 4-2 所示。在这种情况下，微生物（包括芽孢）在 15～20min 便会被杀死，而达到灭菌目的。如果灭菌的对象是沙土、石蜡油等面积大、含菌多、传热差的物品，则应适当延长灭菌时间。

表 4-2　蒸汽压力与温度的关系

蒸汽压力/kPa	34.47	68.95	103.42	137.9	172.37
对应温度/℃	107.7	115.5	121.6	126.6	130.5

在高压蒸汽灭菌中，要注意的一个问题是，在恒压之前，一定要排尽灭菌锅中的冷空气，否则压力表上显示的蒸汽压与蒸汽温度之间不具对应关系，如表 4-3 所示，这样会大大降低灭菌效果。

灭菌结束后应缓慢降压，若急速减压，容器内的液体会突然沸腾，将棉塞喷出。

表 4-3　高压蒸汽灭菌器中空气排出程度与灭菌器内温度的关系

空气排出的程度	仪表压力/kPa	灭菌器内温度/℃
完全排除	98.07	121
排除 2/3	98.07	115
排除 1/2	98.07	112
排除 1/3	98.07	109
完全未排除	98.07	100

3. 火焰灭菌法

采用火焰直接灼烧灭菌，简单有效，但局限性较大，仅限于接种针和试管口、三角瓶口等。

（二）射线灭菌

射线灭菌是利用高能量的电磁辐射和微粒辐射来杀死微生物。通常采用紫外线、X 射线等进行灭菌，以紫外线最常用。紫外线波长在 136～390nm 之间，其中 260nm 左右的紫外线能破坏核酸，杀菌作用最强。另外，空气中的氧受紫外线照射后，可转变为臭氧共同起杀菌作用。紫外线消毒的效果与光源的功率、光源与被照射物的距离、照射时间、温度和湿度等因素有关。我国规定紫外灯照射强度在距离 1m 处不低于 $70\mu W/cm^2$（以紫外线测强仪测定），在操作面上要求强度达 $40\mu W/cm^2$ 以上。一般每 $10m^2$ 装 30W 灯管 1 支，工作前开 30～60min 为宜。

紫外灯的输出功率随使用时间增加而降低。国产紫外灯的平均寿命一般为 2000h，超过平均寿命时，就达不到预期效果，必须更换。

紫外线的穿透力很弱，不能穿透一般包装材料，如玻璃、塑料薄膜、纸等。玻璃能强烈吸收小于 350nm 的紫外线，石英玻璃能吸收小于 200nm 的紫外线。因此，它主要用于空气和物体表面消毒，特制的紫外灯装置也可用于水的消毒。

紫外线对眼、皮肤有损伤，照射过程中产生的臭氧对眼、鼻腔有刺激，臭氧过多时使人头晕、胸闷、血压下降。

（三）化学药品灭菌法

化学灭菌法多采用强氧化剂，如过氧化氢、过氧乙酸、环氧乙烷、卤素等进行灭菌。主要是依靠强氧化剂的氧化能力与细胞酶蛋白中的—SH 结合转化为—S—S—，破坏蛋白质的分子结构，干扰细菌酶系统的代谢，使其失去活性。使用化学灭菌会对容器和包材以及设备产生一定量的残留污染，必须采取严格的措施控制残留，以保障最终产品的安全性。常用的化学灭菌剂如表 4-4 所示。

表 4-4　常用化学灭菌剂

类别	灭菌剂	常用浓度	应用范围
醇	乙醇	70%	皮肤消毒
酸	乳酸	$0.33 \sim 1mol/L$	空气喷雾消毒
	醋酸	$3 \sim 5mL/m^3$	熏蒸空气消毒
碱	石灰水	$1\% \sim 3\%(m/V)$	厕所、厂房灭菌
酚	石炭酸	$5\%(m/V)$	空气喷雾消毒
	来苏儿	$3\% \sim 5\%(m/V)$	皮肤消毒
醛	福尔马林	10%	接种箱、厂房灭菌
氧化剂	高锰酸钾	$0.1\% \sim 3\%(m/V)$	器具灭菌
	氯气	3%	自来水灭菌
	漂白粉	$1\% \sim 5\%(m/V)$	清洗培养室、水消毒
去垢剂	新洁尔灭	$1:50$	皮肤消毒

（四）过滤除菌

过滤除菌法是利用过滤方法阻截微生物以达到除菌的目的。该方法适用于热敏性物质和空气的除菌。工业上常用过滤法大量制备无菌空气，供好氧微生物的液体深层发酵使用。

四、发酵培养基及设备管道灭菌

现代发酵生产以纯种培养为主，这就要求发酵过程中无杂菌污染。而未经灭菌的培养基及发酵设备常含有各种微生物，因而很容易受到杂菌的污染，进而使发酵生产能力下降，生物反应发生异常，产物的提取、分离、纯化困难，严重的会造成生产失败等不良后果。因此，培养基和设备的灭菌是否彻底直接关系到生产的成败。为了保证培养过程的正常进行，防止杂菌污染，对培养基及设备均需灭菌。工业上对培养基、发酵设备、管道、阀门、流加物料等都采用蒸汽灭菌。

（一）湿热灭菌

灭菌方法有很多，但培养基和设备的灭菌常采用湿热灭菌。

湿热灭菌是指利用饱和蒸汽灭菌的方法。借助蒸汽释放的热能，尤其是饱和蒸汽冷凝时瞬间内释放的大量潜热，可使微生物菌体细胞温度迅速升高，促使蛋白质、酶和核酸分子内部的化学键（尤其是氢键）受到破坏而引起不可逆变性，造成微生物死亡。

湿热灭菌具有蒸汽穿透力强，潜热大，灭菌效果可靠、彻底；蒸汽来源容易，本身无毒，操作方便、费用低，易管理等优点。因此，湿热灭菌常用于大量培养基、设备、管路及阀门的灭菌。

湿热灭菌的同时，培养基因受热营养成分的破坏也很强。因此，在灭菌过程中应选择合适的工艺条件，既保证杂菌能彻底杀灭，又要使营养成分的破坏减少到最低程度。为此，就必须了解培养基在灭菌过程中的温度、时间对微生物死亡和营养成分破坏的关系的问题。

1. 灭菌时间

每一种微生物都有其最适生长温度的范围，并存在一个最低值和最高值。在最低温度以下时，微生物处于休眠状态；当高于最高温度时，细胞的蛋白质易发生凝固而变性，导致微生物在短时间内死亡。

杀死微生物的极限温度称为致死温度。在致死温度下，杀死全部微生物所需要的时间称为致死时间。在致死温度以上，温度越高，致死时间越短。一般情况下，微生物营养细胞、芽孢和孢子对热的抵抗力不同，其致死温度和致死时间也有差别。

一般无芽孢的细菌，在 60℃下，10min 即可全部杀死。而有芽孢细菌的芽孢能经受较高的温度，在 100℃下要经过数分钟甚至数小时才能杀死。某些嗜热菌芽孢能在 120℃下耐受 20～30min，但这种菌在培养基中出现的概率较低。一般认为灭菌彻底与否是以能否杀死芽孢细菌为标准。

2. 灭菌温度

培养基湿热灭菌时，杀灭微生物的同时营养成分也会遭到破坏，例如高压加热的条件下，会使糖液焦化变色、蛋白质变性、维生素失活、醛糖与氨基化合物反应、不饱和醛聚合、一些化合物水解等。培养基湿热灭菌时，微生物死亡和培养基破坏的速率都随温度升高而升高，但微生物死亡速率随温度升高更为显著。所以，可选择合适的灭菌温度和时间，以达到既能灭菌又能减少营养成分破坏的目的。

实践证明，高温短时灭菌要比低温长时间灭菌好。例如，在 140℃灭菌 0.177min，维生素 B_1 损失率为 3.95%；温度升至 150℃，灭菌时间缩短为 0.025min，维生素 B_1 的损失率可降低至 1.0%。此外，灭菌温度的高低、时间的长短会直接影响到培养基的质量，进而影响到培养结果。表 4-5 列举了灭菌温度、时间与营养成分破坏量的关系。

表 4-5 灭菌温度、时间与营养成分破坏量的关系

灭菌温度/℃	灭菌时间/min	营养成分破坏量/%
100	400	99.3
110	36	67.0
115	15	50.0
120	4	27.0
130	0.5	8.0
145	0.08	2.0
150	0.01	1.0

注：此表引自王方林，胡斌杰，生化工艺，化学工业出版社，2007。

灭菌时选择较高的温度、较短的时间，这样既可达到需要的灭菌程度而又减少了营养物质的损失。发酵工业上，最常用的灭菌条件是 121℃、30min。

3. 影响灭菌的其他因素

影响灭菌的因素除了灭菌温度和时间、污染杂菌的种类及数量外，还有培养基成分、培养基中的物理状态、pH 值、搅拌、泡沫等。

（1）培养基成分　培养基中的脂肪、糖分和蛋白质等有机物会增加微生物的耐热性。而高浓度盐类、色素等的存在会增加微生物细胞的通透性，会削弱微生物细胞的耐热性，一般较易灭菌。例如，大肠埃希菌在水中加热到 60～65℃便死亡，而在 10%糖液中需 70℃处理 4～6min，在 30%糖液中 70℃需处理 30min。又如低浓度（1%～2%）的 NaCl 溶液对微生物有保护作用，但随着 NaCl 浓度的增加；保护作用会减弱，当浓度达 8%～10%，则减弱微生物的耐热性。

（2）培养基的物理状态　培养基的物理状态对灭菌有极大的影响。固体培养基的灭菌时间要比液体培养基的灭菌时间长。液体培养基 100℃时灭菌时间为 1h，固体培养基则需要 2～3h 才能达到同样的效果。此外，培养基中颗粒的大小对灭菌效果也有影响。液体培养基中固体颗粒小，灭菌容易；颗粒大，则灭菌难。一般含有小于 1mm 的颗粒对培养基灭菌影响不大，而含少量大颗粒及粗纤维的培养基应在不影响其质量的条件下，采用粗过滤的方法预先处理，并适当提高灭菌温度，才能达到彻底灭菌。

（3）培养基的 pH 值　pH 值对微生物的耐热性影响很大，pH 值愈低，灭菌时间愈短。pH6.0～8.0 时，微生物耐热能力最强，pH＜6.0，微生物因氢离子易渗入细胞内改变生理反应而易死亡。

但是，微生物生长对培养基的 pH 值都有一定的要求，在不允许调节 pH 的情况下，应考虑适当延长灭菌时间或提高灭菌温度。

（4）空气排除情况　实罐灭菌时，若罐内空气排除不完全，压力表显示值包括罐内蒸汽压力和罐内空气分压，实际灭菌温度就低于压力表显示压力所对应的温度，会因灭菌温度不够而灭菌不彻底。

（5）搅拌　实罐灭菌时，为了防止局部过热而过多地破坏营养物质，或造成局部"死角"温度过低杀菌不彻底，就要保持良好的搅拌，使培养基在罐内始终充分均匀地翻动。

（6）泡沫　培养基灭菌过程中易产生泡沫，泡沫中所含的空气易在泡沫和微生物间形成隔热层，而造成热量难以渗入微生物细胞内，不易达到微生物的致死温度，使灭菌不彻底。实际生产中应防止突然减少进汽或加大排汽，减少进汽和排气的不平衡，防止泡沫的大量生成，同时对极易发泡的培养基应加少量消泡剂以减少泡沫量。

除此之外，培养基中微生物数量越多，达到灭菌效果所需的时间愈长。在一定范围内，微生物细胞所含水分越多，则蛋白质凝固温度越低，愈易受热而丧失生命力。年老细胞含水量低，而年轻细胞含水量高，因此，年轻细胞易杀死。微生物的耐热性也因种类不同而各异。细菌的营养体、酵母、霉菌的菌丝体对热较为敏感，而放线菌、酵母、霉菌孢子比营养细胞要耐热，细菌芽孢的耐热性更强一些。各种微生物对热的抵抗能力是不同的，灭菌彻底与否的标准以杀死芽孢为标准。

（二）分批灭菌

1. 分批灭菌的定义

培养基的分批灭菌是指将配制好的培养基放在发酵罐或其他贮存容器中，通入蒸汽，将培养基及所用设备一起灭菌的操作过程，也称为间歇灭菌或实罐灭菌（实消）。

在实验室，由于培养基量较少而采用的高压灭菌锅灭菌就是分批灭菌。

在工业上，培养基的分批灭菌不需要专门的灭菌设备，设备投资少，灭菌效果可靠，对灭菌用蒸汽要求低（0.2～0.3MPa 表压）；但因其灭菌温度低、时间长，对培养基成分破坏大，其操作难于实现自动控制，因此是中小型发酵罐经常采用的一种培养基灭菌方法。

2. 分批灭菌的特点

分批灭菌的优点有：设备要求简单，无需另外设置加热冷却装置；操作要求低，适合手动操作；适合于小规模生产；适合于固体物质含量大的培养基灭菌。

分批灭菌的缺点有：升温降温较慢，培养基营养物质损失较多，灭菌后培养基质量会下降；灭菌过程需反复进行加热和冷却，能耗较高；间歇式操作，发酵罐利用率较低；不适合于大规模生产的培养基灭菌。

3. 分批灭菌的操作步骤

分批灭菌时，将培养基在配料罐中配制好，通过专用管道用泵输送至发酵罐，开始灭菌。图 4-1 是分批灭菌设备示意图。

分批灭菌的操作步骤如下：

① 先将与发酵罐相连的空气分过滤器灭菌，然后用空气吹干、保压。

② 按照培养基配方在配制罐中配制培养基，然后通过专用管道输送到发酵罐中，进完料开动搅拌以防料液沉淀。然后，放去夹套或蛇管中的冷却水，开启排气管阀门。准备开始灭菌。

③ 灭菌时开启搅拌，先在夹套或蛇管中通入蒸汽间接加热，当培养基温度上升至80℃左右，停止搅拌，关闭夹套或蛇管蒸汽阀门。然后开空气、取样、放料管路 3 路进汽阀，通过空气管、取样管、放料管蒸汽旁通阀门向发酵罐中的培养基直接通入蒸汽进一步加热，当排气管冒出大量蒸汽后，可打开接种、补料、消泡剂、酸碱等管道阀门，并调节好各排汽和进汽阀门的开度，使培养基温度上升。

④ 当培养基温度达到 120℃，罐压达0.1MPa（表压）时，开始保温，时间 30min左右。

⑤ 保温结束，依次关闭各排汽阀、进汽阀，开始降温。降温时在夹套或蛇管中通入冷却水，待培养基温度降至 70～80℃后，开搅拌，继续降温至培养温度，便可进行下一步的接种或发酵操作。注意在降温过程中，当罐内压力低于分过滤器空气压力后，需向罐内通入无菌空气进行保压。

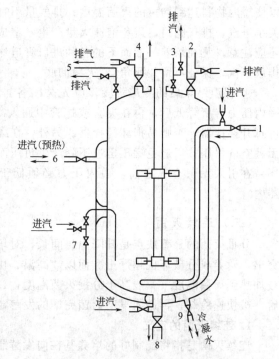

图 4-1　分批灭菌设备示意图
1—进气管；2—进料管；3—接种管；
4—出气管；5—消泡剂管；6—冷却
水出口；7—取样管；8—排料管；
9—冷却水进口

4. 分批灭菌条件的确定

分批灭菌包括升温、保温和降温三个阶段。灭菌主要是在保温过程中实现，另外在升温段后期，也有一定的灭菌作用。

一般来说，完成整个灭菌周期约需 3～5h，升温阶段占用整个灭菌时间的 20%，保温阶段占 75%，而降温阶段只占 5%。由此可见，灭菌过程中加热和保温阶段的灭菌作用是主要的，而冷却阶段的灭菌作用是次要的，一般很小，可忽略不计。

发酵罐容积越大，分批灭菌的升温和降温时间就越长，由此造成培养基成分的破坏越严重。同时，发酵罐的利用率也有所降低。

灭菌时应避免过长时间加热。因为加热时间过长，不仅会破坏营养物质，而且也有可能引起培养液中某些有害物质的生成，从而影响培养效果。在实际生产中，也可能遇到所供蒸汽不足、温度不够高的情况，这时可以适当延长灭菌时间。

5. 分批灭菌的注意事项

① 培养基配置应注意计量准确，所配制的培养基体积应扣除种子液的体积和灭菌过程冷凝水的预留体积。

② 在培养基开始实消前，须对发酵罐进行空消，并校正 pH、DO 等传感电极。

③ 加热和保温过程中，各路蒸汽进口要通畅，防止短路逆流；罐内液体翻动要剧烈，以使罐内物料达到均一的灭菌温度；排气量不宜过大，以节约蒸汽用量；应防止突然开大或关小进汽、排气阀门，避免泡沫大量产生，造成灭菌不彻底，使营养成分遭到破坏；另外，还应注意，凡在培养基液面下的各种进口管道均应通入蒸汽，而在培养基以上的其余管道应排放蒸汽，保证不留"死角"，灭菌彻底。

④ 保温结束后的冷却阶段，应先关闭各排汽阀门，再关闭各进汽阀门，待自然冷却，罐内压力有所降低后，再在夹套或蛇管中通入冷却水，当培养基温度降至 70～80℃时，方可打开搅拌器，否则易损坏搅拌器。另外，在罐内压力低于空气分过滤器压力时，必须通入无菌空气保压，以避免罐压迅速下降产生负压而吸入外界空气发生二次污染或引起发酵罐破坏。在引入无菌空气之前，罐内压力必须低于过滤器压力，否则培养基将倒流进入过滤器内。

（三）连续灭菌

分批灭菌的显著缺点是升降温时间长，对培养基成分破坏大，培养基体积越大该问题越突出，营养成分破坏也越严重。而以"高温、快速"为特点的连续灭菌，培养基在短时间内被加热到灭菌温度（一般高于分批灭菌温度，130～160℃），短时间保温（一般为 5～8min）后，被快速冷却，再进入早已灭菌完毕的发酵罐。

1. 连续灭菌的定义

连续灭菌是指将配制好的培养基在向发酵罐输送的同时进行加热、保温和冷却而进行灭菌的方法，也称为连消。

2. 连续灭菌的特点

连续灭菌的优点有：培养基升温、降温都较快，灭菌时间短，可减少培养基中营养成分的损失；操作条件恒定，灭菌质量稳定；便于管道化和自动化控制；可避免反复加热和冷却，热利用率高；发酵设备利用率高。

连续灭菌的缺点有：设备投入多、要求高，需另外设置加热、冷却装置；对蒸汽要求高；操作烦琐；染菌机会多；不适合大量固体物料的灭菌。

3. 连续灭菌流程

连续灭菌的流程根据设备和工艺条件的不同可分为以下三种形式。

（1）连消塔加热的连续灭菌流程　该流程如图 4-2 所示。培养基经配料后，经调浆缸放出，用连消泵送入加热器或连消塔底部，输入速度控制在低于 0.1m/min，料液被加热至灭菌温度 132℃，在塔内停留时间为 20～30s，然后由顶部流出，进入维持罐，保温维持 8～25min 后由上部侧面流出，维持罐内最后的培养液由底部排尽，经喷淋冷却器冷却到发酵温度，送去发酵罐。该流程要求培养基输入的压力与蒸汽总压力相近，否则培养基的流速不稳定，影响培养基灭菌的质量。

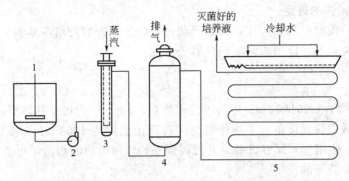

图 4-2　连消塔加热连续灭菌流程
1—调浆罐；2—连消泵；3—连消塔；4—维持罐；5—喷淋冷却器

（2）喷射加热器加热的连续灭菌流程　该流程如图 4-3 所示，由喷射加热、管道维持、真空冷却组成。灭菌时，培养基将以一定流速喷射进入喷射加热器，并与喷入的高温蒸汽直接接触混合，使培养基温度短时间内急速上升到预定灭菌温度，在该温度下于维持管中维持一段时间灭菌，保温时间由维持管道的长度来保证。灭菌后培养基通过膨胀阀单向进入真空冷却器急速冷却至发酵温度。该流程由于培养基总的受热时间短，因而不致引起培养基的严重破坏；并能保证培养基在喷射加热器和维持管中的先进先出，避免过热或灭菌不彻底现象。但真空冷却系统要求严格密封，以免重新污染。

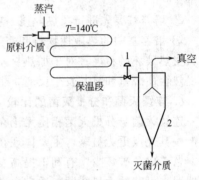

图 4-3　喷射加热器加热连续灭菌流程
1—膨胀阀；2—真空冷却器

（3）薄板换热器加热的连续灭菌流程　该流程如图 4-4 所示。灭菌时可在薄板换热器中培养基可同时完成预热、加热和冷却过程。加热段可使预热后的培养基温度升高，经维持管保温一段时间，然后在冷却段进行冷却，并对生培养基预热。该流程在对灭菌过的培养基冷却时可进行生培养基的预热，节约了蒸汽及冷却水用量；虽然加热和冷却所需时间比使用喷射式连续灭菌稍长，但灭菌周期比间歇灭菌小得多。但由于薄板换热器结构的限制，只适合于含少量固形悬浮物的培养基的灭菌，若固形悬浮物含量较高，可改用螺旋板式换热器。

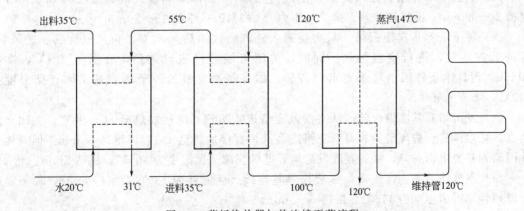

图 4-4　薄板换热器加热连续灭菌流程

4. 连续灭菌条件的确定

与分批灭菌的保温时间相对应,连续灭菌过程的关键参数是培养基的平均停留时间。对使用维持罐的系统,平均停留时间 τ 的计算公式为:

$$\tau = \frac{V}{F}$$

式中,τ 为平均停留时间,s;V 为维持罐体积,m³;F 为培养基体积流量,m³/s。

一般,使用罐式保温设备,平均停留时间在灭菌温度为 130℃时可取 10min,在 140℃时可取 3～4min。使用管式保温设备,若已得到平均停留时间的数值,可根据管路的内径和培养基的流量计算管子的长度。

5. 连续灭菌的注意事项

① 连续灭菌流程中所使用的加热器、维持器、冷却器等应先进行清洗和灭菌,然后才能进行培养基连续灭菌。此外,发酵罐也应在连续灭菌前进行空消,用于容纳经过灭菌的培养基。

② 培养基要先进行预热,使一些不溶物糊化,减少加热时加热器产生的噪声和振动。

③ 培养基中的热敏性物料和非热敏性物料应在不同温度下分开灭菌(即分消),以减少物料受热破坏的程度;对于加热易发生反应的物料也需分开灭菌,例如培养基中的碳源、氮源受热会使醛基和氨基发生反应,生成有害物质。

6. 连续灭菌和分批灭菌的比较

连续灭菌与分批灭菌相比无论在理论上或实践上都具有较为明显的优势,尤其在大规模生产中其优点更为显著,主要体现在以下几个方面:可采用高温短时灭菌,培养基受热时间短,营养成分破坏少,有利于提高发酵产率;发酵罐利用率高;蒸汽负荷均衡;采用板式换热器时,可节约大量能源;适宜自动控制,劳动强度小。因此,连续灭菌越来越多地被用于培养基的灭菌。

但是,当培养基中含有固体颗粒或培养基有较多泡沫时,采用连续灭菌容易发生灭菌不彻底,故用分批灭菌较好。对于容积小的发酵罐,连续灭菌的优点不明显,分批灭菌则比较方便。

(四) 发酵工业培养基及设备管道灭菌技术

1. 培养基及其他物料的灭菌条件

(1) 实验室培养基灭菌(高压灭菌锅内灭菌) 固体培养基灭菌蒸汽压力 0.098MPa,维持 20～30min;液体培养基灭菌蒸汽压力 0.098MPa,维持 15～20min。

(2) 种子培养基实罐灭菌 从夹层通入蒸汽间接加热至 80℃,再从取样管、进风管、接种管进蒸汽,进行直接加热。同时,关闭夹层蒸汽进口阀门,升温至 121℃,维持 30min。但具体条件因培养基要求而各异,如谷氨酸发酵的种子培养基实罐灭菌温度为 110℃,维持 10min。

(3) 发酵培养基实罐灭菌 从夹层或盘管进入蒸汽,间接加热至 80～90℃,关闭夹层蒸汽,从取样管、进风管、放料管三路进蒸汽,直接加热至 121℃,维持 30min。但具体条件因培养基要求而各异,如谷氨酸发酵培养基的实罐灭菌温度为 105℃,维持 5min。

(4) 发酵培养基连续灭菌 一般培养基连续灭菌温度为 130℃,维持 5min。而谷氨酸发酵培养基灭菌温度为 115℃,维持 6～8min。

(5) 消泡剂灭菌 直接加热至 121℃,维持 30min。

(6) 补料实罐灭菌 根据料液不同而异,淀粉料液灭菌温度为 121℃,维持 5min;糖液为 120℃，维持 30min。

(7) 尿素溶液灭菌　灭菌温度为 105℃，维持 5min。

2. 设备和管道的灭菌

(1) 种子罐、发酵罐、计量罐、补料罐等设备的空消　蒸汽由各罐底部的有关管道通入，灭菌时罐内压力 0.147MPa（表压），维持 45min。为防止"死角"，灭菌过程应从各罐顶部的有关阀门排出空气，并使蒸汽通过。为防止二次污染，灭菌完毕，关闭蒸汽阀门后，待罐内压力低于空气过滤器压力时通入无菌空气保压至 0.098MPa（表压）。

(2) 空气总过滤器和分过滤器的灭菌　蒸汽由空气过滤器上部通入，并从上、下排气口排出。灭菌条件：维持压力 0.147MPa（表压），维持 2h。灭菌完毕，通入压缩空气将空气过滤器吹干，然后保压。

(3) 补料管路、消泡剂管路的灭菌　补料管路、消泡剂管路的灭菌可与补料罐、消泡剂罐同时进行，维持时间为 1h。

(4) 接种管路的灭菌　灭菌条件：蒸汽压力 0.3～0.45MPa，维持 1h。

(5) 玻璃器皿及用具的灭菌　灭菌条件：蒸汽压力 0.098MPa，维持 30～60min。

五、空气除菌

对于好氧发酵，空气除菌不彻底是引起发酵染菌的主要原因之一。因此，空气除菌是好氧发酵的重要环节。

（一）空气除菌方法

空气中含有大量的微生物，据统计，一般城市空气的含菌量为 $10^3 \sim 10^4$ 个/m³。空气中的微生物除常见的细菌外，还有酵母、真菌和病毒。具体有金黄色小球菌、产气杆菌、蜡状芽孢杆菌、普通变形杆菌、地衣芽孢杆菌、巨大芽孢杆菌、枯草芽孢杆菌、酵母菌、病毒等。

空气中微生物的数量与环境有密切关系，会因地区、季节和气候的不同而不同。一般干燥寒冷的北方，空气中含微生物的量较少，潮湿温暖的南方，空气中含微生物的量较多；夏季比冬季多；城市比农村、山区多；由于颗粒沉降，在同一地方随着高度的升高，空气中的颗粒和微生物含量急剧下降，地平面空气含微生物量比高空处多，一般来说高度每升高 2.5m，空气中的尘埃粒子含量下降一个数量级。

1. 无菌空气的质量标准

不同的发酵过程中，由于培养基成分不同，发酵菌种不同，其生长能力的强弱、生长速率的快慢有异，发酵周期的长短以及培养基 pH 的差异，对无菌空气的要求程度也各不相同，对空气除菌的要求应根据具体情况而定。一般来说，发酵周期短、pH 较低的发酵工艺比发酵周期长的发酵工艺，抗杂菌能力要强。

工业生产中，发酵用的无菌空气是将自然界的空气经过压缩、冷却、减湿、过滤等处理，达到以下质量标准。

① 除菌后的空气含菌量低至零或极低，从而使污染的可能性降至极小。要准确地测定空气中的细菌含量或经过滤后空气的含菌量是很困难的，一般按染菌概率 0.001 计算，即 1000 次发酵周期所用无菌空气只允许一次染菌。

② 空气中除含有大量微生物外，还含有粉尘等其他污染物，经过压缩的空气中还含有油、水等，这些杂质在发酵过程中都应严格控制。一般要求：控制颗粒大小小于 $0.01\mu m$、杂质含量小于 $0.1mg/m^3$、油相对含量小于 0.003×10^{-6}。

③ 生产中要求连续提供一定流量的压缩空气。发酵用无菌空气的设计和操作中空气用量用通气比或 VVM（即通气比，是指每分钟通气量与罐体实际料液体积的比值，是发酵罐中通气量的表示方法，其中的气体体积以标准状态计）来计算，一般要求 VVM＝0.1～2.0m³/(m³·min)。

④ 无菌空气的压力达到 0.2～0.4MPa（表压）。

⑤ 发酵温度和含水量的要求对不同的发酵工艺也不尽相同，应根据具体情况确定，一般来说温度过低不利于发酵的进行，而温度过高会杀死培养液中的发酵菌，使发酵无法进行。一般要求空气温度为 35～40℃。气体的相对湿度对发酵过程也非常重要，含水量过高有利于杂菌的繁殖，且会影响发酵产品的质量，而过低的含水量也是不必要的，一来增加空气处理的成本，二是发酵过程大多有水参加，并不要求无水干空气。进入空气主过滤器之前，压缩空气的相对湿度≤70％，一般要求相对湿度控制在 50％～60％左右。如有特殊要求可根据计算确定其温度和相对湿度。

2. 空气除菌方法

无菌空气是指自然界的空气通过除菌处理使其含菌量降低到一个极限百分数的净化空气。所谓空气除菌是指除去或杀死空气中的微生物，使其达到发酵时对无菌空气要求的过程。获得无菌空气的方法大致分为两类：一类是利用加热、化学药剂或射线等，使空气中微生物细胞的蛋白质变性，以杀灭各种微生物；另一类是利用过滤介质及静电除尘捕集空气中的灰尘和各种颗粒，以除去空气中的各种微生物。生产上往往将二者结合在一起应用。

灭菌的方法虽然很多，但是能够满足于发酵生产需要，制备大量空气的除菌方法，在工业上主要有以下几种。

（1）加热灭菌　空气加热灭菌法的原理是：微生物因加热后体内的蛋白质（酶）氧化变性而死亡，从而实现杀菌。与培养基的加热灭菌相比，两者都是用加热法把微生物杀死，但本质有区别。空气在进入培养系统之前，一般均需用压缩机压缩以提高压力，若压缩后空气温度能够升至 200℃以上，并维持一定时间，便可实现干热灭菌，而不必用蒸汽或其他载热体加热。一般来说，欲杀死空气中的杂菌，在不同温度下所需的时间大致如表 4-6 所示。

表 4-6　不同温度下杀死微生物所需时间

温度/℃	200	250	300	350
灭菌所需时间/s	15.1	5.1	2.1	1.05

注：此表引自王方林，胡斌杰，生化工艺，化学工业出版社，2007。

（2）辐射杀菌　理论上讲，α 射线、X 射线、β 射线、γ 射线、紫外线、超声波都能破坏蛋白质等生物活性物质，从而起到杀菌作用。用于空气灭菌时，只要有足够长的时间，可以达到完全灭菌的目的，但在发酵工业中大规模应用则不经济。目前，对大规模空气灭菌尚有不少问题亟待解决，辐射灭菌仅用于一些表面灭菌及有限空间内空气的灭菌。紫外线灭菌已被广泛应用于无菌室、接种间、培养室和仓库等处的空气灭菌。但是，这只是减少空气中的微生物，并不能完全除菌。无菌室中空气的无菌概念与提供给发酵罐的无菌空气是不一样的。

（3）静电除菌　近年来，静电除菌在化工、冶金、发酵等工业生产中被广泛用于除去空气中的水雾、油雾、尘埃和微生物。

静电除菌是利用静电引力来吸附带电粒子而达到除尘灭菌的方法。静电除尘灭菌原理如图 4-5 所示，静电除尘灭菌器如图 4-6 所示。由于正极表面积大，电离后负离子多，运动速度快，可捕集大部分的灰尘和微生物，而钢丝（电晕电极）上吸附的微粒较少。电极上吸附的颗粒等要定期清除，以保证除尘效率和除尘器的绝缘性能。因为直径小的微粒所带电荷很少，所以小微粒静电除菌的效率较低。为了提高除尘效率，空气应当为无油的，相对湿度较低为好。

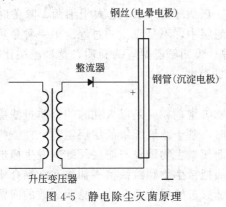

图 4-5　静电除尘灭菌原理

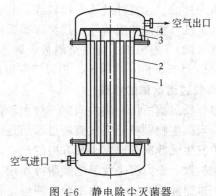

图 4-6　静电除尘灭菌器
1—钢丝（电晕电极）；2—钢管（沉淀电极）；
3—高压绝缘瓷瓶；4—钢板

静电除菌优点是能量消耗少（处理 $1000m^3$ 空气只耗电 $0.4\sim0.8kW$），空气压头损失小（为 $400\sim2000Pa$），对于 $1\mu m$ 的尘粒捕集效率可达 99% 以上。缺点是设备较庞大。

在发酵工业上，静电除菌主要应用于超净工作台和无菌室等所需无菌空气的第一次除尘，然后再配合高效过滤器使用。

（4）介质过滤除菌　发酵工业用于发酵罐制备无菌空气的方法多为介质过滤除菌法。

过滤除菌是让含菌空气通过过滤介质，以阻截空气中所含微生物而获得无菌空气的方法。通过过滤除菌处理的空气可达到无菌，并有足够的压力和适宜的温度，以供好氧培养过程之用。该法是目前广泛用来获得大量无菌空气的常规方法。可供使用的过滤介质也是多种多样，有棉花、玻璃纤维、不锈钢纤维、聚丙烯纤维等。

（二）空气过滤除菌

1. 过滤除菌的类型

过滤除菌是工业生产中广泛使用的除菌方法。按过滤除菌机制的不同分为绝对过滤和深层介质过滤。

（1）绝对过滤　绝对过滤是利用微孔滤膜（孔隙小于 $0.5\mu m$，甚至小于 $0.1\mu m$，而一般细菌大小为 $1\mu m$）作为过滤介质，当空气流过介质层后，由于介质之间的孔隙小于被滤除的微生物，可将空气中的微生物滤除。绝对过滤具有易于控制过滤后空气的质量，节约时间和能量，操作简便等优点，因此近年来备受关注。

常用的绝对过滤膜有纤维素酯微孔滤膜（孔径小于等于 $0.5\mu m$，厚度 $0.15mm$）、硅酸硼纤维微孔滤膜（孔径 $0.1\mu m$）、聚四氟乙烯微孔滤膜（孔径 $0.2\mu m$ 或 $0.5\mu m$）等。我国研制的绝对过滤介质有混合纤维素酯微孔滤膜和醋酸纤维素微孔滤膜，尤其是醋酸纤维素微孔滤膜在热稳定性和化学稳定性上性能优良。

（2）深层介质过滤　深层介质过滤采用的过滤介质是由棉花、玻璃纤维、尼龙等纤维类或活性炭填充成一定厚度而制成的，或者由玻璃纤维、聚乙烯醇、聚四氟乙烯、金属烧结材料等制成过滤层，介质间的空隙比被滤除的尘埃和微生物大，当空气流过这种介质过滤层时，借助惯性碰撞、阻截、静电吸附、扩散等作用，可将空气中所含的尘埃和微生物截留在介质内，从而达到过滤除菌的目的。介质过滤具有设备、操作费用低廉的优势，是目前工业上用来制备大量灭菌空气的常规方法。

深层过滤又分为两种：一种是以纤维状（棉花、玻璃纤维、尼龙等）或颗粒状（活性炭）介质为过滤层，这种过滤层比较深，其孔隙一般大于 $50\mu m$，远大于细菌，除菌时主要靠静电、扩散、惯性和阻截等作用将细菌截留在滤层中，不是真正的过滤。另一种是用超细玻璃纤维（纸）、石棉板、烧结金属板、聚乙烯醇、聚四氟乙烯等为介质，这种滤层比较薄，但是孔隙仍大于 $0.5\mu m$，因此，仍属于深层过滤的范畴。

2. 介质过滤除菌的机理

深层介质过滤所用介质的间隙一般大于微生物细胞颗粒，是以大孔隙的介质过滤层除去小颗粒。当微生物颗粒随空气流通过深层过滤层时，基于滤层纤维的层层阻碍，使空气在流动过程中发生无数次气速大小和方向的改变，从而使微生物颗粒与滤层纤维间发生撞击、拦截、布朗扩散、重力沉降及静电吸附等作用，从而把微生物颗粒截留、捕集在纤维介质表面上，达到过滤除菌的目的，而不会出现微生物菌体穿过滤层介质孔隙、除菌失败的问题。而以哪一种作用为主，随条件不同而异。图 4-7 为单纤维介质过滤除菌时各种除菌机理示意。

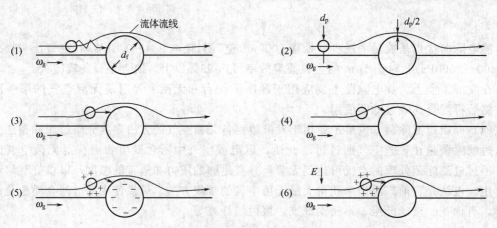

图 4-7 单纤维介质过滤除菌时各种除菌机理示意
(1) 布朗扩散；(2) 拦截；(3) 惯性；(4) 重力；(5) 静电；(6) 外加电场
ω_g—空气流速；d_f—纤维直径；d_p—微粒直径；E—电场强度

空气过滤除菌机理具体包括撞击、拦截、布朗扩散、重力沉降及静电吸附等作用，一般认为过滤时上述五种机理共同起作用，其中作用较大的是惯性冲击滞留、挡截滞留和布朗扩散，而重力沉降和静电吸附作用则较小。除静电吸附只受尘埃、微生物和介质所带电荷作用不受外界因素影响之外，在介质过滤系统中哪一种过滤机理起主导作用主要由颗粒性质、介质性质和气流速度等决定。随着空气过滤时各种参数的变化，尤其是当过滤时空气的流速发生变化，各种除菌机理所起的作用会有所不同：当气流速度较小时，惯性冲击滞留作用不明显，布朗扩散和重力沉降起主要作用，此时，除菌效率随气流速度的增大而降低。当气流速度中等时，起主要作用的是拦截滞留。当气流速度较大时，惯性冲击代替布朗运动和重力沉降而起主要作用，除菌效率随气流速度的增加而升高。当气流速度很大时，已被捕集的微粒又被湍动的气流夹带返回气流中，造成除菌效率下降。

3. 影响介质过滤效率的因素

实践证明，空气过滤器的过滤除菌效率主要与空气中微粒的大小，过滤介质的种类、纤维直径、介质的填充密度、滤层厚度和通过的气流速度等因素有关。由于介质的理化性质、填充方法、厚度及空气流速等不同，其过滤效率有较大差异。

介质过滤效率与介质纤维直径关系很大，在其他条件相同时，介质纤维直径越小，过滤效率越高。对于相同的介质，过滤效率与介质滤层厚度、介质填充密度和空气流速有关，介质填充厚度越高，过滤效率越高；介质填充密度越大，过滤效率越高。

（三）空气预处理

无菌空气制备的整个过程包括两部分：一是空气预处理，达到合适的空气状态（温度、湿度）；二是空气过滤处理，主要是除去微生物颗粒，满足生物细胞培养需要。空气净化系统中习惯上把过滤器以前的部分称为空气预处理过程。

空气预处理净化的目的是：提高压缩前空气的洁净度，降低空气过滤器的负荷；对压缩后的空气进行冷却、除油、除水、加热降湿，以合适的湿度和温度进入空气过滤器。

1. 外源空气的前处理

提高空气压缩前的洁净度对于后续空气过滤除菌十分重要，主要措施是提高空气吸气口的位置和加强吸入空气的前过滤，即空气的粗滤。

空气粗滤是在空气吸入口处设置过滤器（也称前置过滤器）滤除空气中颗粒较大的尘埃，可以实现降低进入压缩机空气的灰尘和微生物含量，减轻压缩机的磨损和主过滤器负荷，提高除菌后空气量等目的。前置过滤器要求过滤效率高，阻力小，否则会增加压缩机的吸入负荷和降低压缩机的排气量。工业上常用的前置过滤器有布袋过滤器、填料过滤器、油浴洗涤装置等。

2. 空气压缩及压缩空气的冷却

吸入的空气须经空压机压缩才能克服输送过程中过滤介质等阻力。空压机具体有涡轮式与往复式两种，其型号的选择可根据实际生产中的需气量及压力而定，通常采用无油的空气压缩机，以减少后续空气预处理的难度。

由于空气经压缩后温度很高，若直接进入空气过滤器，会引起过滤介质的炭化和燃烧，而且会造成发酵罐降温负荷增大，发酵液水分过分蒸发，会对发酵温度的控制及微生物生长产生影响。所以，压缩空气在进入过滤器前必须冷却。工业上常用于压缩空气冷却的设备有管壳式换热器、翅板式换热器、沉浸式换热器、喷淋冷却器等。通常根据需要设置一级或多级冷凝器使压缩空气降温。

3. 压缩空气冷却后的除水除油

由于冷却后的压缩空气相对湿度增大，可能接近饱和，会有水滴析出，这样可能使过滤介质受潮而导致空气除菌失败。因此压缩后的湿空气要除水。若压缩空气是由含油压缩机制得，会不可避免地夹带润滑油，故除水的同时尚需进行除油。除水除油一般采用旋风分离器或丝网分离器等设备。

4. 空气的再加热和稳压

由于除水除油后的压缩空气的相对湿度为 100%，直接进入空气过滤器，有可能在过滤器压力降存在的条件下再次析水，而使过滤介质受潮丧失过滤效能。因此，除水除油后的压缩空气在进入过滤器前应进行适当加热，以降低相对湿度，防止析出水，从而保证过滤器的正常运行。由于压缩机出来的空气是脉冲式的，在过滤器前需要安装一个空气储罐来消除压力脉冲，维持罐压的稳定，以保持发酵过程中通气量的控制。此外，还可使空气中的剩余液滴在空气储罐内沉降除去。

（四）空气预处理流程设计

1. 空气预处理流程设计的要求

理想的空气预处理流程应具有以下特点：高空采风（一般吸气风管设置在工厂的上风向

高 20~30m 处），以减少吸入空气的细菌含量；装设前置过滤器，在压缩机前安装中效或高效前置过滤器，以减轻总过滤器的负荷；压缩空气要降温及除水除油，可采用无油润滑压缩机，减少压缩后空气中的油雾污染；压缩机后采用冷却型的空气贮罐，可降低空气的温度，同时除去部分润滑油；采用二级冷却、二级旋风分离器，使油水分离较完全；采用旋风金属丝网除雾器，除去空气中的雾滴。除水除油空气的再加热，用蒸汽加热器将空气加热至约50℃，使空气的相对湿度低于60%，再进入总过滤器，以保证总过滤器维持干燥状态。流程设备应尽量简单，且选用耐受蒸汽灭菌、检修和维护方便的设备。

此外，为获得合格的无菌空气，经预处理的空气需经总过滤器后进入分过滤器，再进发酵罐，空气的除菌程度应达到 99.999%；制备无菌空气时所有除菌设备均应采用蒸汽彻底灭菌，并定期排油排水，检测各阶段的空气温度及其净化程度，以及防止冷凝水倒流入总过滤器。

2. 空气预处理流程分析与设计

地区不同，空气状态也不同，如北方的空气干燥，相对湿度低，南方空气潮湿，相对湿度大。流程的制定要考虑到地区的气候条件，即使采用同一流程，其操作条件也应随季节的变化而适当调节。按照发酵生产对无菌空气的质量要求，结合采气环境的空气条件和所选除菌设备的特性，主要有以下 6 种典型流程。

（1）两级冷却、分离、加热预处理流程　如图 4-8 所示为两级冷却、分离、加热的空气预处理流程，是较完善的流程。该流程的特点是：两次冷却、两次分离油水、适当加热。空气第一次冷却到 30~35℃，第二次冷却至 20~25℃，经分水后加热到 30~35℃。采用旋风分离器能分离较大的雾滴（水、油），采用丝网分离器分离较小的雾滴，两次分离油水完全，分离效果好。最后利用加热器把空气的相对湿度降到 50%~60%，保证干燥过滤，过滤效果好。

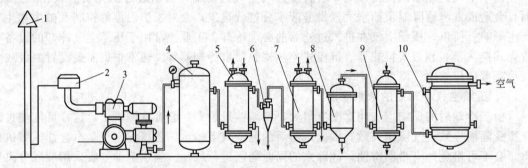

图 4-8　两级冷却、分离、加热的空气预处理流程
1—吸风塔；2—初过滤器；3—空压机；4—贮罐；5,7—冷却器；
6—旋风分离器；8—丝网分离器；9—加热器；10—过滤器

该流程优点在于充分分离油水，提高冷却器的传热系数，节约冷却水，空气在低相对湿度下进入总过滤器，过滤效率高。该流程适用于各种气候条件，尤其适宜于潮湿的地区。

（2）高效前置预处理流程　如图 4-9 所示为高效前置空气预处理流程。该流程利用压缩机的抽吸作用，空气经中效、高效过滤器过滤后，进入空气压缩机。高效前置过滤器可采用泡沫塑料（即静电除菌）和超细纤维纸为过滤介质，串联使用。

该流程优点在于经过高效前置过滤器后，空气无菌程度可以达到 99.99%，再经过冷却、分离、主过滤器过滤后，空气无菌程度更高。

（3）冷热空气直接混合式空气预处理流程　如图 4-10 所示为冷热空气直接混合式空气

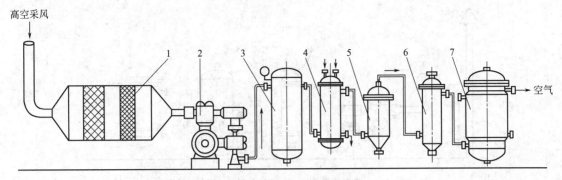

图 4-9 高效前置空气预处理流程

1—高效前置过滤器；2—压缩机；3—贮罐；4—冷却器；

5—丝网分离器；6—加热器；7—过滤器

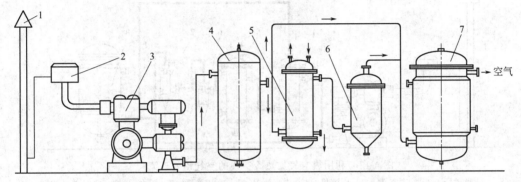

图 4-10 冷热空气直接混合式空气预处理流程

1—吸风塔；2—粗过滤器；3—压缩机；4—贮罐；5—冷却器；6—丝网分离器；7—过滤器

预处理流程。该流程中，压缩空气从贮罐出来后分成两部分，一部分进入冷却器，冷却至较低温度，经分离器分离水、油后与另一部分未经处理的高温压缩空气混合，混合空气可达到温度 $30 \sim 35 ℃$、相对湿度为 $50\% \sim 60\%$ 的要求，再进入过滤器过滤。

该流程的优点在于可省去第二次冷却后的分离设备和空气再加热设备，流程较简单，利用压缩空气来加热析水后的空气可减少冷却水的用量。适用于中等湿度地区，但不适合于空气湿度高的地区。

(4) 将空气冷却至露点以上的空气预处理流程　图 4-11 为将空气冷却至露点以上的空气预处理流程。该流程可将空气冷却至露点以上，使进入过滤器的空气相对湿度在 $60\% \sim 70\%$ 以下。该流程适宜内陆和北方比较干燥的地区使用。

(5) 利用热空气加热冷空气的空气预处理流程　图 4-12 为利用热空气加热冷空气的空气预处理流程。该流程利用压缩后的热空气和冷却析水后的冷空气进行热交换，使冷空气得到加热，降低了其相对湿度，使总过滤器和分过滤器更好地发挥性能。该流程对热的利用较合理，热交换器还可兼作贮气罐，但由于气-气换热的传热系数很小，要求换热器的换热面积要足够大才能满足要求。适用于空气湿度较大的地区。

(6) 一次冷却和析水的空气预处理流程　如图 4-13 所示为一次冷却和析水的空气预处理流程。该流程将压缩空气冷却至露点以下，析出部分水分，用二级析水器充分分离出油水后，再用加热器加热至相对湿度为 $60\% \sim 70\%$，最后进入空气总过滤器和分过滤器达到无菌空气的要求。适用于空气湿度较大的地区。

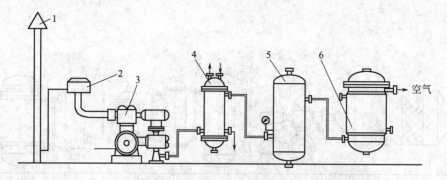

图 4-11　将空气冷却至露点以上的空气预处理流程

1—吸风塔；2—粗过滤器；3—压缩机；4—冷却器；5—贮罐；6—空气过滤器

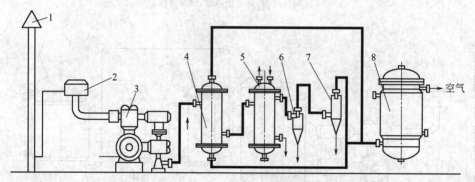

图 4-12　利用热空气加热冷空气的空气预处理流程

1—吸风塔；2—粗过滤器；3—压缩机；4—热交换器；5—冷却器；6,7—析水器；8—空气总过滤器

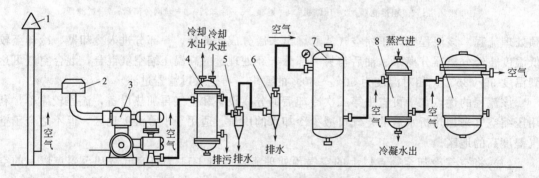

图 4-13　一次冷却和析水的空气预处理流程

1—吸风塔；2—粗过滤器；3—压缩机；4—冷却器；5,6—析水器；
7—贮气罐；8—加热器；9—空气总过滤器

　　空气预处理流程设计简繁的关键在于去湿问题。通过计算获得空气的湿度，利用升温调整至合适湿度。但是应注意，由于析出的水不可能全部被除去，所以加热后空气的实际湿度要比理论计算值要高些。

　　（五）空气过滤介质

　　过滤除菌的关键在于过滤介质，其好坏会影响介质的消耗量、过滤时的动力消耗、劳动强度等，而且也决定了空气过滤器的结构、尺寸以及过滤除菌效率的可靠性。空气过滤时要求过滤介质满足吸附性强、阻力小、空气流量大、能耐干热等条件。工业上常用的过滤介质有棉花、活性炭、玻璃纤维、超细玻璃纤维纸以及化学纤维等。

1. 纤维状或颗粒状过滤介质

该类介质主要有棉花、玻璃纤维、活性炭等。

（1）棉花 棉花是常用的过滤介质，工业规模生产和实验室均采用。通常使用脱脂棉，有弹性，纤维长 $2\sim3cm$，纤维直径 $16\sim21\mu m$，实体密度约 $1520kg/m^3$，填充密度 $130\sim150kg/m^3$，填充率为 $8.5\%\sim10\%$。也可将棉花制成直径比过滤器内径稍大的棉垫后，放入过滤器内。

（2）玻璃纤维 通常使用的是无碱玻璃纤维，纤维直径约为 $5\sim19\mu m$，实体密度约为 $2600kg/m^3$，填充密度为 $130\sim280kg/m^3$，填充率为 $5\%\sim11\%$。优点是纤维直径小，不易折断，过滤效果好，但空气阻力大，常用纤维直径为 $10\mu m$，填充率为 8%。

（3）活性炭 一般用小圆柱状颗粒活性炭，大小为 $\phi 3mm\times(10\sim15)$ mm，实体密度为 $1140kg/m^3$，填充密度为 $470\sim530kg/m^3$，填充率为 44%。要求活性炭质地坚硬，颗粒均匀，不易压碎，装填前应将粉末和细粉筛去。活性炭的过滤效率比较低。

实际生产过程中通过过滤器的气流速度一般为 $0.2\sim0.5m/s$，压力降为 $0.01\sim0.05MPa$。纤维状或颗粒状过滤介质在应用时的滤层纤维空隙大于 $50\mu m$，远大于微生物的大小，因此，纤维状或颗粒状过滤介质过滤除菌不是面积过滤，而是靠惯性、拦截、布朗运动、静电吸引等作用。对 $0.3\mu m$ 以下颗粒的过滤效率仅为 99%，难以满足发酵工业的无菌要求，需要再次过滤。该类过滤介质的缺点是体积大，操作困难，装填介质费时费力，介质装填的松紧程度不易掌握，空气压力降大，介质灭菌和吹干耗用大量的蒸汽和空气。

2. 过滤纸类介质

该类过滤介质主要是超细玻璃纤维纸。超细玻璃纤维纸是用无碱的玻璃纤维采用造纸方法制成的，由于玻璃纤维纸很薄，纤维间的孔隙约为 $1\sim1.5\mu m$，厚度约为 $0.25\sim0.4mm$，实密度为 $2600kg/m^3$，虚密度为 $384kg/m^3$，填充率 14.8%，一般需将 $3\sim6$ 张滤纸叠在一起使用，属于深层过滤技术。这类过滤介质的过滤效率相当高，对于大于 $0.3\mu m$ 颗粒的去除率在 99.99% 以上，同时阻力和压力降较小；缺点是强度不大，特别是受潮后强度更差。在工业上为了增加强度，常用酚醛树脂、甲基丙烯酸树脂、含氢硅油等增韧剂或疏水剂处理；或者在制造滤纸时，在纸浆中加入 $7\%\sim50\%$ 的木浆，以增加强度。

石棉滤板也属于过滤类介质，采用纤维小而直的蓝石棉 20% 和 8% 纸浆纤维混合打浆抄制而成，具有湿强度较大、受潮时不易穿孔或折断、能耐受蒸汽反复杀菌、使用时间较长的优点，但由于其纤维较粗，直径大，纤维间隙比较大，因此过滤效率低，只适宜于空气分过滤器。

3. 新型过滤介质

（1）烧结材料过滤介质 该类过滤介质种类很多，有烧结金属（蒙乃尔合金、青铜等）、烧结陶瓷、烧结塑料等。烧结材料过滤介质是将金属、陶瓷、塑料的粉末加压成型后，然后在其熔点温度下黏结固定，于是在各种材料粉末的表面由于熔融黏结而保持了粒子的空间和间隙，形成了微孔通道，便具有了微孔过滤的作用。介质孔径大小决定于烧结粉末的大小，太小则温度、时间难以掌握，容易全部熔融而堵塞微孔。一般孔隙都在 $10\sim30\mu m$。

目前，我国生产的蒙乃尔合金粉末烧结板，是由钛、锰等合金金属粉末烧结而成，一般板厚 $4mm$ 左右，孔径 $5\sim15\mu m$。特点是强度高，不需经常更换，使用寿命长，能耐受高温反复杀菌，不易损坏，不怕受潮，受潮后对过滤效果影响不大，使用方便。一般用作二级分过滤器的过滤介质。

烧结聚合物主要为聚乙烯醇（PVA）过滤板，由聚乙烯醇烧结作为基板，然后在外层加上耐热树脂处理而成。该滤板厚度为 0.5cm，孔径为 $60\sim80\mu m$，最高效率时允许气速 0.8m/s，过滤效率可达 99.999%，压力损失只有 $140\sim540Pa$。此介质具有耐高温杀菌、加工方便、微孔多、间隙中等以及过滤效率高的特点。

（2）皱褶过滤膜介质　是以聚四氟乙烯（PTFE）材料为滤芯的子弹状的膜过滤器，其过滤层由聚四氟乙烯膜皱褶组成，体积小，阻力小，过滤面积大，过滤器易于拆装，膜易更换。除聚四氟乙烯外，常用的滤膜还有醋酸纤维酯类、聚偏四氟乙烯、聚砜物质、尼龙膜等。推荐使用膜孔径为 $0.2\mu m$，属于绝对过滤的范畴。在空气预处理较好的情况下，能彻底过滤掉干燥或潮湿空气中的微生物，但不能除去噬菌体。这是一种新型的值得开发的空气除菌介质。

此外，还有能除去小至 $0.01\mu m$ 的微粒，可全部除去噬菌体的过滤介质。主要有 Bio-X 滤材（一种由直径为 $0.5\mu m$ 的超细玻璃纤维制成的滤材）和膨化聚四氟乙烯滤材。

（六）提高过滤除菌效率的措施

工业上各种空气过滤除菌的流程中均采用介质空气过滤器，并要求各种过滤介质的干燥状态以保证较高的除菌效率。围绕介质来提高除菌效率是有效的方法，主要措施有以下几种。

（1）降低进口空气的含菌量。具体方法为：加强生产场所的卫生管理，减少生产环境空气中的含菌数；正确选择进风口（压缩空气站应设在上风向）；提高进口空气的采气位置，减少菌数和尘埃数；加强空气压缩前的预处理，即进行粗滤。

（2）选用除菌效率高的过滤介质，空气过滤器要合理地设计和安装。

（3）针对不同地区，设计合理的空气预处理设备，达到除水、除油、除杂质的目的。

（4）降低进入空气过滤器的空气的相对湿度，使过滤介质能在干燥状态下工作。具体方法为：采用无油润滑的空气压缩机；加强空气冷却和去水、去油；提高进入过滤器的空气温度，降低相对湿度。

（5）稳定压缩空气的压力，采用合适容量的贮气罐。

※ 工作任务 ▶▶▶▶

工作任务 4-1　发酵工业的设备管道灭菌

一、工作目标

通过此项工作掌握发酵工业设备管道灭菌的基本知识及操作流程、注意事项。

视频：发酵工业的
设备管道灭菌

二、材料用具

发酵系统（含发酵罐、管道），蒸汽发生器等。

三、工作过程

以 100L 机械搅拌式通风发酵罐的管路与罐体灭菌为例。

1. 空消前准备

发酵罐空消前，必须首先检查并关闭发酵罐夹套的进水阀门，然后启动发酵罐控制柜操作系统或计算机，按照操作程序进入到显示发酵罐温度的界面，观察温度变化。

2. 罐体空消及管路灭菌

空消时，先打开夹套的冷凝水排出阀，以便使夹套中残留的水排出，然后从发酵罐的通风管、发酵罐的放料管两路管道将蒸汽引入发酵罐。每一路进蒸汽时，都是按照"由远处到近处"的原则依次打开各个阀门。进汽后，适当打开所有能够排汽的阀门充分排汽，如管路上的小排汽阀、取样阀、发酵罐的排气阀等，消除灭菌的死角。灭菌过程中，密切注意发酵罐温度以及压力的变化情况，及时调节各个进蒸汽阀门以及各个排汽阀门的开度，使罐压稳定在 $0.11\sim0.12\mathrm{MPa}$ 之间，只要确保灭菌温度在（121 ± 1）℃，维持 $30\sim50\mathrm{min}$，即可达到灭菌效果。

3. 发酵罐备压

灭菌完毕，先关闭各个小排汽阀，然后按照"由近处到远处"的原则依次关闭两路管道上的各个阀门。待罐压降至 $0.05\mathrm{MPa}$ 左右时，关闭排气阀，迅速打开空气控制阀，向罐内通入无菌空气，利用无菌空气压力将管内的冷凝水从放料阀排出。最后，关闭放料阀，适当打开发酵罐的排气阀，并调节进空气阀门开度，使罐压维持在 $0.03\sim0.05\mathrm{MPa}$ 左右，保压，备用。

四、注意事项

（1）空消过程中罐压最高不得超过 $0.15\mathrm{MPa}$。

（2）空消后降压过程要适当向罐内通空气使罐压在 $0.03\sim0.05\mathrm{MPa}$ 之间，防止造成负压。

五、考核内容与评分标准

1. 相关知识

发酵罐及管路基本结构，设备与管路灭菌条件。（30 分）

2. 操作技能

（1）发酵罐灭菌的操作。（40 分）

（2）发酵罐附属管道灭菌的操作。（30 分）

工作任务 4-2　发酵工业的分批灭菌

一、工作目标

通过此项工作掌握发酵工业培养基分批灭菌的操作技术和灭菌培养基无菌度测量方法。

视频：发酵工业
的分批灭菌

二、材料用具

$30\sim400\mathrm{L}$ 通用式机械搅拌式发酵罐，其管道配置如图 4-6 所示。罐体上有空气管道、排气管道、取样管道、出料管道、接种管道、消泡剂管道、补料管道、酸碱管道、发酵控温的降温水管道（与夹套或蛇管相连，与发酵罐不相通）等。

三、工作过程

1. 发酵罐的检测

在一般发酵中，发酵罐检测常规参数包括：罐内压力、空气流量、温度、搅拌速度、泡沫度、pH 值、溶解氧、氧化还原电位等。

（1）发酵参数控制系统检查　主要检测温度控制范围和控制精度，转速范围，发酵罐压力范围和调节方式，空气流量的记录范围和调节方式，pH 范围和精度，DO 检测记录范围和精度，补料速率和精度，以及消泡控制系统等内容。

（2）冷却水系统检查　检查供给冷却水、循环水及通向排水口的管子是否采用比较耐压的软管，连接的部位用紧固件是否充分固定等。注意在发酵罐中压缩空气供给用的配管要使用充分耐压的管子。

（3）接线检查　在发酵参数控制系统及冷却水系统检查无误后接上发酵罐、pH 控制器、溶解氧控制器、管式泵等的电源，注意不要接错线并检查是否漏电，配线应使其颜色鲜明易于识别，并不要将配线绳包入其中。连接控制装置，pH 电极、DO 电极、消泡电极等均校正调准后插入发酵罐。

2. 培养基的配制

培养基的配制包括培养基组分的保藏与处理。培养基各组分应该保藏在阴凉、干燥、清洁的环境中，以减少微生物的污染和营养成分的破坏及消耗。配制培养基的地点应保持清洁，并及时处理泄漏的培养基，进行化学消毒。配制培养基时可以制订一个各个组分加入顺序的标准方法，并且在操作中严格遵守。

3. 分批灭菌操作

（1）灭菌前准备

① 设备及管路事先空消备用。

② 蒸汽、冷却水、空气和电源的检查和调整。将蒸汽压力调至 0.35～0.40MPa，冷却水压力调至 0.25MPa，准备好除去油、水和固体颗粒的无菌空气，准备好满足要求的电源。

③ 开冷凝水排水阀和出口空气阀，关闭其他所有阀门。

④ 检查罐顶部安全阀、气门及接头的密封性，消泡电极是否在恰当的位置，检查阀门芯子和安全保护帽，将接种口末端排空。

⑤ 将 pH 电极加压至 0.15～0.20MPa。

⑥ 将冷凝水从蒸汽管排出，打开接种阀。

⑦ 分离所有无需灭菌的装置。

（2）灭菌操作

① 将发酵罐夹套内的水排尽，通入蒸汽开始加热，同时开搅拌器以加速热传递。由出口空气管路将罐内的空气排尽。

② 发酵罐内温度达到 80～90℃，关闭或关小通入夹套的蒸汽。

③ 从空气进口过滤器和取样口通入蒸汽，如果有其他进口管路，也要在这个阶段通入蒸汽，蒸汽通过空气出口管路排出。

④ 温度到达 110～121℃时，减少通过空气进口管的蒸汽，防止温度超过 121℃。定时排放空气进口过滤器、出口过滤器和空气出口管路收集器中的冷凝水。

⑤ 温度达到 121℃时，开始保温计时，控制好温度和压力，将发酵罐内的温度维持在 121℃，20～30min。

⑥ 达到保温时间后，关闭从空气进口和取样口等处进入的蒸汽，关闭接种阀，将末端蒸汽排空。自然冷却 10min 后，将冷却水通入夹套，使夹套内的蒸汽排出，冷却发酵罐中的培养基。

⑦ 温度降到 100℃时，通入无菌空气保压。控制发酵罐内的压力缓慢下降，并保持压力不低于 0.03MPa。定时排放空气过滤器和收集器中的冷凝水。温度低于 70～80℃时，将冷却水通入出口空气冷凝器。

⑧ 降温至规定温度后，关小夹套进水阀，保持发酵罐温度恒定，等待接种。

4. 灭菌培养基无菌度测定

（1）显微镜观察法　利用活菌具有排斥染液的能力而死菌失去了排斥染液的能力的特性，采用刚果红染色法可以在显微镜下快速区别死活菌。活菌无色透明，死菌为蓝色或浅蓝色。

具体方法如下：将待测稀释液与一滴刚果红染色液薄薄地、均匀地涂在载玻片上，风干后滴盐酸 1～2 滴，涂片变蓝，再次风干后在高倍镜或油镜下观察。

（2）平板培养法　取出少量灭过菌的培养基，将其置于 37℃ 恒温箱中培养 24h，若无菌生长，即视为灭菌彻底。

四、注意事项

（1）在分批灭菌前一定按照要求进行严格检查。

（2）在灭菌时要严格按照规范操作，尤其注意压力、温度等条件的控制，以防造成设备损坏或操作者人身伤害。

（3）灭菌培养基无菌度测定时所用的刚果红盐酸酒精复染色应现用现配，不宜时间长。刚果红溶液的配制方法是：称取刚果红 0.1～0.2g，溶于 10mL 水中。盐酸酒精：95% 酒精 1～2mL，蒸馏水 10mL，再加入浓盐酸 0.25～0.3mL 混合即成。

五、考核内容与评分标准

1. 相关知识

发酵罐基本结构及功能，实罐灭菌的操作要点和注意事项，灭菌培养基进行无菌检查的方法。（30 分）

2. 操作技能

（1）培养基分批灭菌的操作。（30 分）

（2）发酵罐及附属设备的使用与操作。（20 分）

（3）灭菌培养基无菌度测定。（20 分）

工作任务 4-3　发酵工业的连续灭菌

一、工作目标

通过此项工作熟悉连续灭菌流程及各组成设备结构，掌握连续灭菌方法。

微课：培养基
连续灭菌操作

二、材料用具

连续灭菌系统：由配料罐、送料泵、预热桶、塔式加热器（连消泵）、维持罐、喷淋冷却器等组成。塔式加热器（连消塔）由一根多孔的蒸汽导入管和一根套管组成，操作时，培养基加加热塔的下端进入，在内外管的环隙内流动，流速在 0.1m/s 左右，蒸汽从塔顶通入导管经小孔喷出后与物料激烈地混合而加热，塔的有效高度为 2～3m，料液在加热塔内停留 20～30s。维持罐是一个直立圆筒形容器，附有料液进出管道。

三、工作过程

1. 连消设备的检测

主要包括配料罐、泵、连消塔、维持罐、喷淋冷却器等设备的检测。

（1）配料罐的检测　检测配料罐配置的搅拌形式和搅拌转速等内容。一般采用桨式搅拌，转速控制在 100r/min 以下。

（2）泵的检测　主要是泵的扬程（需 30m 以上）和泵的种类。一般选用 AB 型泵及 W 型旋涡泵，浓度高、黏度大的物料多采用往复泵与螺杆泵。

（3）连消塔的检测　连消塔要求内管孔径一般为 6mm，45°向下倾斜，培养基流动的线速度要求小于 0.1m/s。

（4）维持罐的检测　维持罐是一个下进上出的立式密封保温设备，一般高径比为 1.2～1.5，罐的装料容积满足维持时间的需要。

（5）喷淋冷却器的检测　主要检测喷淋冷却器的传热系数 $[K，一般为（300～500）×4.186kJ/(m^2 \cdot h \cdot ℃)]$ 和流体在管内的流速（一般为 0.3m/s）。

2. 连消操作

（1）配料　在配料罐中进行培养基的配制，配制方法同工作任务 4-2。配好的培养基用泵输入预热桶中。

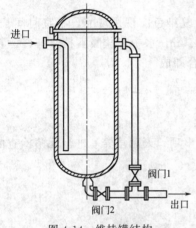

图 4-14　维持罐结构

（2）预热　预热桶的作用一是定容，二是预热。预热的目的是使培养基能够在后续加热中快速升温到一定温度，同时避免产生大量冷凝水而稀释培养基，还可减少噪声。一般将培养基预热到 70～90℃。

（3）加热　预热好的培养基由连消泵输入加热器（连消塔），使培养基与蒸汽直接混合并迅速达到灭菌温度。要求蒸汽压力为 0.45～0.80MPa，可使培养基在较短的时间内（20～30s）快速升温。

（4）保温　保温是指在维持罐中将培养基灭菌温度维持一段时间，是杀灭微生物的主要过程。维持罐结构如图 4-14 所示。具体操作如下：关闭阀门 2，开启阀门 1，进行保温，培养基由进料口连续进入维持罐底部，液面不断上升，离开维持罐后经阀门 1 流入冷却器。当预热桶中的物料输入后，应维持一段时间，再关闭阀门 1，开启阀门 2，利用蒸汽的压力将维持罐内的物料压出。

3. 灭菌培养基无菌度测定

具体过程同任务 4-2。

四、注意事项

（1）在连续灭菌前按照要求进行严格检查。

（2）在连续灭菌时要严格按照规范操作，尤其要注意控制压力、温度等条件，以防造成设备损坏或操作者人身伤害。

（3）灭菌培养基无菌度测定时所用的刚果红盐酸酒精复染色应现用现配。

五、考核内容与评分标准

1. 相关知识

连续灭菌系统的组成及各设备结构与功能，连续灭菌的操作要点和注意事项，灭菌培养基进行无菌检查的方法。（30 分）

2. 操作技能

（1）培养基连续灭菌的操作。（30 分）

（2）连续灭菌流程设备的使用与操作。（20分）

（3）灭菌培养基无菌度测定。（20分）

工作任务 4-4   发酵工业的空气灭菌

一、工作目标

通过此项工作掌握无菌空气制备的基本知识及操作流程和注意事项。

微课：发酵工业
的空气灭菌

二、材料用具

空气过滤系统，包括空压机、发酵系统（含发酵罐、管道）、蒸汽发生器等。

三、工作过程

以100L发酵罐配套空气过滤系统灭菌，制备无菌空气为例。

1. 空气过滤器消毒

确保各个开关处于关闭状态，然后打开蒸汽总阀门及与其相通的排污阀门，待排出蒸汽管路冷凝水后，将排污阀门微开。调节蒸汽总阀门使蒸汽过滤器上方压力表指示压力在0.13～0.14MPa之间。缓慢打开与空气过滤器相连的蒸汽阀门，同时微开排污管路，使其有少量蒸汽即可。调节与空气过滤器相连的蒸汽阀门，使其过滤器上方压力在0.11～0.12MPa之间。空气过滤器灭菌时间为30～50min，灭菌时间到达后关闭排污阀门及与空气过滤器相连的蒸汽阀门。

2. 过滤器吹干

使用空压机时先把其放气阀关闭，打开空压机待压力表显示为5kg时，慢开阀门使发酵设备慢慢升压，调节设备阀门使其压力表显示为2.5kg。打开粗过滤器的排污阀门，待排出冷凝水后改为微开。打开发酵罐空气管路，控制空气流量计读数在0.3VVM左右，吹干过滤器，时间为15～20min。结束后关闭阀门使空气管道内保持正压。

3. 供气

培养基灭菌及发酵过程中所需要的无菌空气，可通过已经灭菌的空气过滤除菌系统得到，具体流量可通过流量计按需调整、控制。

四、注意事项

（1）在对空气过滤器进行灭菌时，首先要进行蒸汽过滤。灭菌时，控制好蒸汽压力，防止滤芯损坏。

（2）在吹干空气过滤器时，应缓慢打开空气进气阀门，使流量缓慢上升。防止损坏空气过滤器滤芯。

五、考核内容与评分标准

1. 相关知识

空气除菌机制及操作流程。（30分）

2. 操作技能

（1）空气过滤系统灭菌的操作。（30分）

（2）空气过滤除菌的操作与控制。（20 分）

（3）空气除菌相关设备的操作与维护。（20 分）

※ 项目小结 ▶▶▶

PPT 课件

　　污染对发酵过程、产品质量及产量都会产生很大影响。污染所发生的时期不同，污染程度不同，对发酵结果的影响亦不同。在生产过程中，应该从种子是否带杂菌、无菌空气质量、培养基灭菌效果、管道设备"死角"、结构性渗漏、发酵操作与管理等方面防范污染事故的发生。

　　发酵工业的无菌操作技术主要有：热灭菌法、辐射灭菌法、化学药品灭菌法和过滤除菌法，应该根据灭菌的对象和要求选用不同的方法，其中，高压蒸汽灭菌法在发酵工业中应用广泛。

　　工业上培养基灭菌的方式分为分批灭菌和连续灭菌两种方法，其中分批灭菌是中小型发酵罐通常采用的一种培养基灭菌方法，具有设备简单、操作要求低等优点，适合于小批量生产规模或含大量固体物质的培养基灭菌。而连续灭菌适合于大规模生产过程，可减少培养基中营养成分的损失，灭菌质量稳定，易于实现管道化和自动化控制，提高了热利用率，发酵设备利用率高。

　　发酵工业上无菌空气的获得通常采用介质过滤除菌法。空气预处理流程是按照发酵生产对无菌空气的质量要求，结合采气环境的空气条件和所选用除菌设备的特性来设计与选用合理的空气除菌流程。生产中应根据实际情况选择，从减少进口空气的含菌数，设计和安装合理的空气过滤器，选用除菌效率高的过滤介质，选择合理的空气预处理设备，达到除水、除油、除杂质的目的，降低进入过滤器的空气的相对湿度，保证过滤介质能在干燥状态下工作等方面入手来提高空气过滤除菌的效率。

项目思考

　　1. 从哪些方面着手可以尽可能地降低发酵过程中的杂菌污染发生率？

　　2. 培养基湿热灭菌的原理是什么？

　　3. 影响培养基灭菌的因素有哪些？为了提高灭菌效果，在工业生产上如何控制？

　　4. 什么是分批灭菌？有什么特点？如何进行培养基的分批灭菌？

　　5. 什么是连续灭菌？有什么特点？常见的连续灭菌工艺有哪些？

　　6. 发酵用空气质量的标准是什么？

　　7. 空气除菌的方法有哪些？试比较各种方法的优点和缺点。

　　8. 空气预处理包括哪些单元操作？分析介质过滤除菌的机理。

　　9. 常见的空气过滤介质有哪些？各自有何特点？空气的预处理包括哪些单元操作？分析各单元操作的目的。

　　10. 常见的空气过滤介质有哪些？各自有何特点？

　　11. 如何提高空气过滤除菌效率？

项目五

发酵工业的种子制备

学习 · 思政育人目标

【知识目标】

1. 了解影响种子质量的因素。

2. 掌握工业发酵种子扩大培养的工艺过程及操作要点。

3. 掌握种子质量控制的原理、方法，熟悉典型发酵品种的种子制备过程及种子制备环节的控制要点。

【能力目标】

1. 能够进行实验室和生产车间固体或液体种子制备。

2. 能够正确进行种子转移（接种）工作。

3. 能够熟练应用相关设备对种子样品进行分析与检测。

4. 能正确判断种子制备环节每一级的种子质量，对出现的问题能够正确分析原因并做出改进。

【思政与职业素养目标】

1. 建立岗位标准操作规程，使操作标准化、规范化，确保生产顺利进行。

2. 树立责任人意识，勇于承担岗位责任。

3. 培养耐心细致的工作态度，提高安全意识。

音频：冻干管开启说明

※ 项目说明 ▶▶▶▶

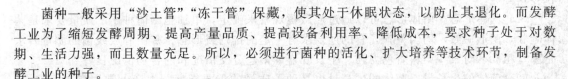

菌种一般采用"沙土管""冻干管"保藏，使其处于休眠状态，以防止其退化。而发酵工业为了缩短发酵周期、提高产量品质、提高设备利用率、降低成本，要求种子处于对数期、生活力强，而且数量充足。所以，必须进行菌种的活化、扩大培养等技术环节，制备发酵工业的种子。

种子制备是发酵生产的首道工序，其提供的种子数量及质量直接决定着后续发酵生产能否正常进行以及发酵产率的高低。因此，发酵企业每一批发酵生产都需要首先制备能够满足大容量发酵罐所需的"种子"，这就是种子制备。通过本项目的学习，可掌握种子制备的工艺流程和关键技术。

※ 基础知识 ▶▶▶

种子制备又称为种子的扩大培养，是指将冷冻干燥管、沙土管中处于休眠状态的工业菌种接入试管斜面活化后，再经过摇瓶及种子罐逐级扩大培养而获得一定数量和质量纯种的过程。这种纯培养物称为种子。

现代的发酵工业生产规模越来越大，每只发酵罐的容积有几十立方米甚至几百立方米，若按 5％～10％的接种量计算，就要接入几立方米到几十立方米的种子，单靠试管或摇瓶里的少量种子直接接入发酵生产罐是不可能达到必需的种子数量要求的，这就必须将微生物菌种从保藏试管中移接进行逐级扩大培养。种子扩大培养应根据菌种的生理特性，选择合适的培养条件来获得代谢旺盛、数量足够的种子。作为发酵工业的种子，其质量是决定发酵成败的关键，只有将数量多、代谢旺盛、活力强的种子接入发酵生产罐中，才能实现缩短发酵时间、提高发酵效率和抗杂菌能力等目标。所以，发酵工业的种子制备非常重要，其目的就是要为工业规模的发酵生产提供相当数量的代谢旺盛的种子。

一、种子制备原理与技术

（一）优良种子应具备的条件

1. 菌种活力强

菌种细胞的生长活力强，转种至发酵罐后能迅速生长，延迟期短。常采用对数生长期的细胞作为种子。有利于缩短发酵周期，提高设备利用效率。

2. 菌种生理状态稳定

菌种生理状态稳定，如菌丝形态、菌丝生长速率和种子培养液的特性等符合要求。

3. 接种量

菌体浓度及总量能满足大容量发酵罐接种量的要求。

4. 纯种发酵

无杂菌污染，保证纯种发酵。现代大规模发酵生产中，都要求纯种发酵，防止染菌。

5. 生产能力稳定

菌种适应性强，能保持稳定的生产能力也是菌种应具备的一个重要条件。

（二）种子质量的判断方法

1. 细胞或菌体

该项包括种子培养液中菌体的形态、菌体浓度和培养液外观（色泽、气味、混浊度、颗粒等）等。

（1）菌体形态　菌体形态可以通过显微镜观察来确定，单细胞菌体种子的质量要求是菌体健壮，菌形一致，均匀整齐，有的还要求有一定的排列或形态。霉菌和放线菌的质量要求是菌丝粗壮、对某些染料着色力强、生长旺盛、菌丝分支情况和内含物情况良好。

（2）菌体的生长量　菌体的生长量也是种子质量的重要指标，生产上常用离心沉淀法、光密度法和细胞计数法进行测定。

（3）培养液外观　培养液外观如颜色、黏度、气味等也可以作为种子质量的粗略指标。

2. 生化指标

（1）培养基质浓度和 pH 的变化　种子培养液中的糖、氨基氮、磷酸盐的含量变化和

pH 的变化是菌种生长繁殖、物质代谢的反映，很多发酵产品的种子质量就是以这些物质的利用及变化情况为指标的。

（2）产物的生成量 在大多数抗生素发酵中考察种子质量的重要指标之一就是种子液中产物的生成量，因为种子液中产物产量的多少是种子生产能力和成熟程度的反映。

（3）酶活力 测定种子液中某些酶的活力，是判断种子质量的一种较新的方法。例如，在土霉素发酵生产中，种子液中淀粉酶的活力与土霉素发酵单位有一定的关系，所以种子液淀粉酶活力可作为种子质量的判断标准之一。

（4）种子罐的溶解氧和尾气 种子罐的溶解氧和尾气也是菌种生长繁殖、物质代谢的反映，也可以间接反映出菌种质量。在种子萌发阶段（25h 之前），大量的营养物质被摄入胞内，但菌体的生长繁殖较少，所以，尾气信号接近于零，但根据离线数据计算得到的胞外还原糖与氨基氮的变化速率则出现高峰。可以推知这一阶段主要是细胞内含物增加。在种子快速生长阶段（25h 后），尾气信号 CO_2 释放速率（CER）、摄氧率（OUR）以及呼吸商（RQ）都出现快速增长的趋势，此时镜检观察到的菌体数量大增。在这一阶段出现了代谢的特征变化，最值得注意的是呼吸商与 pH 值的相关变化。呼吸商出现了由一个平稳态向另一个平稳态过渡的过程，与之伴随的是 pH 变化趋势的逆转和菌丝形态上的变化。这些变化都是特征性的，它们与各项在线参数的变化特征可以作为及时判断种子生长情况的指标。

（三）种子制备

1. 种子制备步骤

（1）斜面活化 将沙土管或冷冻干燥管中的种子接种到斜面培养基中进行活化培养。

（2）实验室种子制备 将生长良好的斜面孢子或菌丝转种到扁瓶固体培养基或摇瓶液体培养基中进行扩大培养，完成实验室种子制备。实验室种子制备阶段包括琼脂斜面、固体培养基扩大培养或摇瓶液体培养。

（3）生产车间种子制备 生产车间种子制备阶段包括种子罐扩大培养。将扩大培养的孢子或菌丝体接种到一级种子罐，制备生产用种子；如果需要，可将一级种子再转种至二级种子罐进行扩大培养，从而完成生产车间种子制备。

（4）接种发酵 制备好的种子以一定接种量转种至发酵罐进行发酵。

工业发酵种子制备工艺流程如图 5-1 所示。

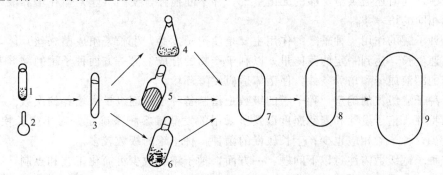

图 5-1 工业发酵种子制备工艺流程

1—沙土种子；2—冷冻干燥种子；3—斜面种子；4—摇瓶液体种子；5—茄子
瓶斜面种子；6—固体培养基培养；7,8—种子罐培养；9—发酵罐

2. 实验室种子制备

实验室种子的制备一般采用两种方式：对于产孢子能力强的及孢子发芽、生长繁殖快的

菌种可以采用固体培养基培养孢子,孢子可直接作为种子罐的种子,这样操作简便,不易污染杂菌。对于产孢子能力不强或孢子发芽慢的菌种,可以用液体培养法。

(1) 孢子的制备

① 细菌孢子的制备 细菌孢子的制备中,斜面培养基多采用碳源限量而氮源丰富的配方。培养温度一般为37℃。细菌菌体培养时间一般为1~2天,产芽孢的细菌培养则需要5~10天。

② 霉菌孢子的制备 霉菌孢子的培养一般以大米、小米、玉米、麸皮、麦粒等天然农产品为培养基。这是由于这些农产品中的营养成分较适合霉菌的孢子繁殖,而且这类培养基的表面积较大,可获得大量的孢子。培养的温度一般为25~28℃,培养时间一般为4~14天。

③ 放线菌的孢子的制备 放线菌的孢子的培养一般采用琼脂斜面培养基,培养基中含有一些适合产孢子的营养成分,如麸皮、豌豆浸汁、蛋白胨和一些无机盐等。培养温度一般为28℃,培养时间为5~14天。

(2) 液体种子制备

① 好氧培养 对于产孢子能力不强或孢子发芽慢的菌种,如产链霉素的灰色链霉菌、产卡那霉素的卡那链霉菌可以用摇瓶液体培养法。将孢子接入含液体培养基的摇瓶中,于摇瓶机上恒温振荡培养,获得菌丝体,作为种子。其过程为:试管→三角瓶→摇床→种子罐。

② 厌氧培养 对于酵母菌(啤酒、葡萄酒、清酒等),其种子的制备过程为:试管→三角瓶→卡氏罐→种子罐。生产啤酒的酵母菌一般保存在麦芽汁琼脂或MYPG培养基的斜面上,于4℃冰箱内保藏。每年移种3~4次。将保存的酵母菌种接入含10mL麦芽汁的500~1000mL三角瓶中,于25℃培养2~3天后,再扩大至含有250~500mL麦芽汁的500~1000mL三角瓶中,于25℃培养2天后,移种至含有5~10L麦芽汁的卡氏培养罐中,于15~20℃培养3~5天即可作100L麦芽汁的发酵罐种子。从三角瓶到卡氏培养罐培养期间,均需定时摇动或通气,使酵母菌液与空气接触,以有利于酵母菌的增殖。

3. 生产车间种子的制备

(1) 种子罐培养 实验室制备的孢子或液体种子移种至种子罐扩大培养,种子罐的培养基虽因不同菌种而异,但其原则为采用易被菌利用的成分如葡萄糖、玉米浆、磷酸盐等。如果是需氧菌,同时还需供给足够的无菌空气,并不断搅拌,使菌(丝)体在培养液中均匀分布,获得相同的培养条件。

(2) 种子罐的作用 种子罐的作用主要是使孢子发芽,生长繁殖成菌(丝)体,接入发酵罐能迅速生长,达到一定的菌体量,以利于产物的合成。另一方面种子罐的培养基接近发酵罐培养的醪液成分和培养条件,使菌体适应发酵环境。

(3) 种子罐级数的确定 种子罐的级数是指制备种子需逐级扩大培养的次数。一般根据菌种生长特性、孢子发芽和繁殖速度以及所采用的发酵罐容积来确定。对于生长快的菌种,种子用量少,种子罐相应也少;生长较慢的菌种,种子罐的级数较多。

确定种子罐级数需注意以下问题:一方面,种子罐级数少可简化工艺和控制,减少染菌机会。但另一方面,种子罐级数太少,接种量小,发酵时间延长,也会降低发酵罐的生产率,增加染菌机会。因而,并非种子罐级数越少越好,必须考虑能否在一定时间内获得优质、足量的种子以满足发酵的需求。虽然种子罐级数随产物的品种及生产规模而定,但也与所选用工艺条件有关。如改变种子罐的培养条件,加速了孢子发芽及菌体的繁殖,也可相应地减少种子罐的级数。孢子或摇瓶菌丝种子在实验室中制备好后,可移种至种子罐进行扩大培养。

如表 5-1 所示为发酵中常用菌种的种子罐级数。

表 5-1　发酵中常用菌种的种子罐级数

菌种	菌种特性	种子制备过程	种子级数	发酵级数
细菌	生长快	茄子瓶→种子罐→发酵罐	一级	二级
霉菌	生长较慢	孢子悬浮液→一级种子罐→二级种子罐→发酵罐	二级	三级
放线菌	生长更慢	孢子悬浮液→一级种子罐→二级种子罐→三级种子罐→发酵罐	三级	四级
酵母	比细菌慢,比霉菌、放线菌快	茄子瓶→种子罐→发酵罐	一级	二级

（四）种龄与接种量

1. 种龄

种龄是指种子的培养时间。接种龄是指种子罐中培养的菌丝体转入下一级种子罐或发酵罐时的培养时间。在种子罐中，随着培养时间的延长，菌丝量增加，同时基质不断消耗，代谢产物不断积累，直至菌丝量不再增加，菌体趋于老化。种龄过嫩或过老，不但延长发酵周期，而且会降低产量。因此，选择适当的接种龄十分必要。一般情况下，接种龄以处于生命力旺盛的对数生长期的菌丝最为合适。过老的种子，虽然菌丝量多，但菌体老化，接入发酵罐后菌体容易出现自溶，不利于发酵产量的提高；过于年轻的种子接入发酵罐后，往往会导致延迟期增长，并使整个发酵周期延长、产物形成时间延迟，甚至会因菌丝量过少导致发酵异常。表 5-2 所列为常见菌种的种龄和培养温度。

表 5-2　常见菌种的种龄和培养温度

菌种	培养温度/℃	种龄/h
细菌	37	7～24
霉菌	28	16～50
放线菌	23～37	21～64
酵母菌	25～30	2～20

2. 接种量

接种量是指移入的种子液体积和接种后培养液体积的比例。接种量的大小决定于生产菌种在发酵罐中生长繁殖的速度，采用较大的接种量可以缩短发酵周期并可减少杂菌的生长机会。接种量的大小直接影响发酵周期。大量地接入成熟的菌种，可以缩短发酵罐中菌丝繁殖达到高峰的时间，使产物的形成提前到来，因而缩短了发酵周期，节约了发酵培养的动力消耗，提高了设备利用率，并有利于减少染菌机会。所以，一般都将菌种扩大培养，进行两级发酵或三级发酵。接种量影响缓慢期的原因，是由于在大量移种过程中把微生物生长和分裂所必需的代谢物（一般是 RNA，即核糖核酸）一起带进去，从而有利于微生物立即进入对数生长阶段。但是，如果培养基内的营养物和气体张力对菌体生长适宜，则接种量的影响较小。一般来说，接种量和培养物的生长过程的缓慢期长短呈反比。但接种量过大或者过小，均会影响发酵。过大会引起溶解氧不足，影响产物合成；而且会过多地移入代谢废物，也不经济；过小会延长培养时间，降低发酵罐的生产率。不同菌种或同一菌种在不同工艺条件下，其接种龄不同。一般要经过多次实验，根据产物的产量来确定最适接种龄。工业上常用菌种和产物的接种量见表 5-3。

表 5-3 工业上常用菌种和产物的接种量

培养菌或产物	最适接种量
细菌	1%～5%
酵母菌	5%～10%
霉菌	7%～15%，有时 20%～25%
有机酸	1%～5%
氨基酸	1%～5%
溶剂发酵	1%～5%
抗生素	7%～15%，有时可以增至 20%～25%

二、影响种子质量的因素

种子质量受很多因素影响，概括起来主要有以下几方面。

（1）原材料质量 原材料质量波动是种子生产过程质量不稳定的主要原因。例如在四环素、土霉素生产中，配制产孢子斜面培养基用的麸皮因小麦产地、品种、加工方法及用量不同，影响孢子的质量。制备霉菌用的大（小）米，其产地、颗粒大小、均匀程度不同，孢子质量也不同。蛋白胨加工原料不同，如鱼胨或骨胨，对孢子质量影响也不同。琼脂的质量、水质的硬度等都会对孢子质量产生影响。

引起种子质量不稳定的主要原因是原材料无机离子含量不同，如 Mg^{2+}、Cu^{2+}、Ba^{2+} 能刺激孢子的形成，磷含量太多或太少也会影响孢子的质量。

（2）培养温度 温度对多数微生物的斜面孢子质量有显著影响。温度过低会导致菌种生长发育缓慢，温度过高会使菌丝过早自溶。

（3）斜面湿度 湿度对孢子的数量和质量都有较大影响。湿度低，孢子生长快；湿度高，孢子生长慢。气候干燥条件下，孢子斜面长得较快，在含有少量水分的试管斜面培养基下部孢子长得较好，而斜面上部由于水分迅速蒸发呈干瘪状，孢子稀少。在湿度高的条件下，斜面孢子长得慢，主要是由于试管下部冷凝水多而不利于孢子的形成。

（4）通气与搅拌 充足的通气量能保证菌种代谢正常，提高种子的质量。例如，青霉素的生产菌种在制备过程中将通气充足和不足两种情况下得到的种子分别接入发酵罐内，它们的发酵单位可相差 1 倍。但土霉素生产中，一级种子罐的通气量小利于发酵。

搅拌能提高通气量，促进微生物的生长繁殖，但是过度搅拌会导致培养液大量液泡，液膜表面的酶易氧化变性。泡沫过多容易增加染菌机会，增加发酵过程的能耗。对于丝状真菌，一般不宜采用剧烈的搅拌。

（5）斜面培养时间及冷藏时间 斜面孢子一般培养 7～8 天时就开始自溶。但是如果培养了 5 天后冷藏，20 天未发现自溶。

冷藏时间过长会使菌体的活力下降。在链霉素生产中，斜面孢子在 6℃冷藏两个月后的发酵单位比冷藏一个月的降低 18%，冷藏 3 个月后降低了 35%。

（6）培养基 种子培养基中合适的 C/N 比有利于微生物生长，同时，无机氮源所占的比例要大些。种子罐和发酵罐的培养基成分相同，可以大大缩短种子液从种子罐移至发酵罐的延迟期。因此，种子罐与发酵罐的培养基成分趋于一致较好。对于某一菌种、不同设备、培养目的来说，培养基成分的最适宜配比是先进行多因素的优选，通过对比试验确定各成分最佳配比。

（7）pH 各种微生物都有自己生长和合成酶的最适 pH。选择最适种子培养 pH 的原则是获得最大比生长速率和适当的菌量，以获得最高产量。此外，培养最后一级种子的培养基的 pH 应接近于发酵培养基的 pH，以便种子能尽快适应新的环境。

三、种子质量控制措施

为了提供质量合格的种子，需要在种子制备的每个环节做好质量控制。种子质量控制的第一步是做好菌种本身稳定性检查，其次是创设适宜的培养环境，最后是做好菌种的纯度检查。

（一）菌种稳定性检查

生产上所使用的菌种要求保持稳定的生产性状及产物合成水平。菌种在保藏过程中或多或少都会出现变异，因此定期考察菌种的生产能力十分必要。

考察的方法一般是先将保藏菌种在平板上进行分离纯化，挑选形态整齐的菌落进行摇瓶试验，测定其生产能力，以不低于其原有的生产活力为原则，并挑取生产能力高的菌种备用。不论采用什么方法保藏菌种，一年左右都应做一次自然分离。

（二）适宜的生长环境

创设适宜的生长环境有利于制备形态均一、发酵活力高的种子。

菌种的生长环境可分为营养因素与理化因素。营养因素主要指种子培养基的质量。优良的种子培养基有助于种子的生长及代谢活力的增强。在选择种子营养成分时，一般选择易于被菌体直接吸收和利用的成分，营养要丰富和完全，氮源和维生素含量较高。前已述及，在选择营养成分时还要注意原材料的质量。为了保证培养基质量，斜面培养基所用的主要原料需经过化学分析及摇瓶试验合格后才能使用。

影响种子质量的理化因素较多，在生产上重点掌控的理化因素一般是种子培养时的温度、pH、溶解氧等。温度对多数微生物的种子质量有显著影响。温度过低会导致菌种生长发育缓慢，温度过高会使菌体代谢活动加快，使种子成熟早、易老化、发酵产量降低等，甚至引起菌种过早自溶。pH 是影响微生物生长代谢的重要理化因素，pH 过高、过低都会影响微生物的生长繁殖以及代谢产物的积累。一般在种子制备阶段，pH 是通过选择适当的培养基配方，控制好培养基的浓度来达到稳定的。在种子罐中培养的种子应有足够的通气量，以保证菌种代谢过程对氧的需求，提高种子的质量。

（三）种子无杂菌检查

在种子制备过程中每转接一步都要进行杂菌检查。检查的方法分为镜检与生化培养分析。

镜检是通过显微镜观察种子样品，判断的方法一般是以视野内不出现异常形态菌体为依据。镜检的方法具有快速及时的特点，是生产上对种子质量进行跟踪的常用方法。但这种方法对操作者的素养有很高的要求，操作者必须熟悉生产菌种在培养时的形态特征才能够正确判断出"菌种"与"杂菌"的不同。

生化培养方法也是生产上常用的染菌判断方法。一般做法是将种子样品涂在平板培养基上划线培养或接入酚红肉汤培养，经肉眼观察平板上是否出现异常菌落、酚红肉汤有否变黄色等。

镜检和生化培养分析一般是结合进行的。在移种的同时取样，进行上述检验，于 37℃培养，在 24h 内每隔 2～3h 取出在灯光下检查一次。24～48h 每天检查一次，以防生长缓慢的杂菌漏检。

除了以上两种方法，生产经验丰富的发酵工程师还可以根据种子培养时的营养消耗速度、pH 变化、溶解氧利用情况以及色泽和气味有无异常等对染菌情况做出判断。

四、种子制备实例

以谷氨酸生产菌种北京棒杆菌（AS.1299）为例进一步说明种子制备的一般流程。

北京棒杆菌（AS.1299）种子扩大培养流程为：

斜面菌种活化 ——→ 摇瓶种子培养 ——→ 一级种子罐培养 ——→ 发酵罐

（一）实验室阶段种子制备

斜面菌种活化及摇瓶种子培养都是在实验室环境下完成的，因此又称为实验室阶段种子制备。

1. 斜面菌种活化培养

参考培养基：葡萄糖 0.3%，蛋白胨 1.0%，牛肉膏 0.8%，氯化钠 0.3%，琼脂 1.5%～2.0%，pH 7.0～7.2。

培养条件：温度 34℃，培养 18～24h。

质量控制：斜面菌种培养完成后，要仔细观察菌苔生长情况，菌苔的颜色和边缘等特征是否正常，有无感染杂菌和噬菌体的征状。如质量有问题则坚决不用。培养好的斜面菌种保存于冰箱中待用。

2. 摇瓶种子制备

AS.1299 种子制备的第二个阶段为摇瓶种子制备，摇瓶种子培养的目的在于提供一级种子罐培养所需的种子量。摇瓶种子制备整个过程也是在实验室完成的。

参考培养基：葡萄糖 2.2%，尿素 0.4%，硫酸镁 0.03%，磷酸氢二钾 0.1%，玉米浆 2.6%，硫酸亚铁 0.01%，硫酸锰 0.01%，pH 7.0。

培养条件：用 1000mL 三角瓶装入培养基 150mL，灭菌冷却后接种一环活化好的斜面菌种，将三角瓶置于摇床上振荡培养 12h，频率 170 次/min，培养温度 34℃，恒温培养。

质量控制：种龄控制在 12h 左右，pH 值控制在 6.4±0.1，光密度 OD 值净增 0.5 以上，残糖 0.5% 以下，不得检出杂菌，噬菌体检查阴性，镜检观察菌体生长均匀、粗壮、排列整齐，革兰阳性反应。

（二）生产车间种子制备

AS.1299 菌种扩大培养的第三步是放大到生物反应器规模的培养，即种子罐培养。这个阶段的培养已经由实验室转移到生产车间进行，故称为生产车间种子制备。

参考培养基：玉米淀粉水解糖 2.3%，玉米浆 2.5%，磷酸氢二钾 0.12%，硫酸镁 0.03%，尿素 0.5%，硫酸亚铁 0.02%，硫酸锰 0.02%，pH 6.8～7.0。

培养条件：接种量 1.0%，培养温度 33℃，培养时间 7～8h，通风量 500L 种子罐 1：0.3，搅拌转速 250r/min。

质量控制：种龄 7～8h，pH 控制在 7.2 左右，OD 值净增 0.5 左右，不得检出杂菌，噬菌体检查阴性，残糖消耗 1% 左右，镜检：生长旺盛、排列整齐，革兰染色阳性。

※ 工作任务 ▶▶▶

工作任务 5 发酵工业的种子质量控制及评价

一、工作目标

将酵母菌种按指定扩大培养工艺进行扩大培养，每一级扩大培养结束后进行种子质量检

视频：发酵工业的
种子液制备

测，并对这一级种子质量做出评判。

二、材料用具

1. 菌种

酵母（可以用安琪酵母作菌种）。

2. 仪器

恒温振荡培养箱，恒温培养箱，血细胞计数板，还原糖测定装置，烘箱，电子天平，吸管，烧杯，三角瓶，酸度计等。

3. 培养基及试剂

斜面活化培养基：麦芽汁琼脂培养基；

一级种子培养基：12°Bx 麦芽汁培养基；

二级种子培养基：葡萄糖 120g/L，酵母膏 3.5g/L，（NH$_4$）$_2$SO$_4$ 3.5g/L，KH$_2$PO$_4$ 2g/L，MgSO$_4$·7H$_2$O 0.8g/L，pH 5.0。

三、工作过程

本工作任务以活性干面包酵母的制备为例，其种子制备采用以下扩大培养流程：

斜面保藏菌种 —→ 斜面活化 —→ 250mL 三角瓶培养 —→ 1000mL 三角瓶培养

1. 斜面活化

（1）制备斜面活化培养基，分装到试管中，121℃灭菌 15min，取出制备斜面。用接种环挑取 1 环保藏菌种，接种于活化培养基上，30℃静置培养 18～24h。

（2）斜面种子质量控制及评价　培养结束后，按照以下项目内容进行质量检查，对照质量标准进行评判，只有符合质量标准的斜面种子才能进行下一级培养。

质量控制项目	质 量 标 准
纯度检查	菌落形态饱满、一致，无异常菌落，镜检无异常形态菌体

纯度检查方法：菌落形态观察配合镜检观察。

2. 一级种子培养

（1）制备一级种子培养基，分装到 250mL 三角瓶中，每个三角瓶分装 35mL，121℃灭菌 15min，冷却备用。用接种环挑取 1～2 环活化好的菌种，接种于一级种子培养基，30℃静置培养 28～32h。

（2）一级种子质量控制及评价　培养结束后，按照以下项目内容进行质量检查，对照质量标准进行评判，只有符合质量标准的一级种子才能进行二级扩大培养。

质量控制项目	质 量 标 准
纯度检查	视野内酵母菌体饱满，形态均一，增殖旺盛，无异常菌体
细胞浓度/(亿个/mL)	1亿个/mL 左右
出芽率/%	20～25
死亡率/%	1 以下
酸度	不增高

纯度检查：镜检观察；

细胞浓度：用血球计数板进行显微计数。

出芽率：用血球计数板进行显微计数。

死亡率：用亚甲蓝进行染色，再用血球计数板进行计数。如果细胞被染成蓝色，说明细胞已死亡。

酸度：用酸度计进行检测。

3. 二级种子培养

（1）制备二级种子培养液，分装到 1000mL 三角瓶中，每瓶装液 200mL，121℃灭菌 20min，冷却后接种。一级种子培养成熟后，每瓶二级种子液接入 20mL 一级种子液，置于恒温振荡培养箱 30℃、96r/min 振荡培养 12～16h。

（2）二级种子质量控制及评价　二级种子培养结束后，按照以下项目内容进行质量检查，对照质量标准进行评判。

质量控制项目	质　量　标　准
纯度检查	视野内酵母菌体饱满，形态均一，增殖旺盛，无异常菌体
细胞浓度/（亿个/mL）	1 亿个/mL 左右
出芽率/%	15～20
死亡率/%	1 以下
酸度	不增高
耗糖率测定	40%～45%

纯度检查、细胞浓度监测、出芽率、死亡率、酸度测定同一级种子检测方法。

耗糖率测定：采用斐林试剂法进行还原糖浓度的测定，然后对照以下公式进行计算。

$$耗糖率（\%）=\frac{醪液原始糖度-酒母成熟时糖度}{醪液原始糖度}\times100\%$$

四、注意事项

在进行显微计数时如菌体浓度过高可先进行梯度稀释，取浓度适宜的稀释液计算菌体个数。

五、考核内容与评分标准

1. 相关知识

影响种子质量的因素，种子质量检查项目。（30 分）

2. 操作技能

（1）通过镜检进行种子纯度检查。（20 分）

（2）显微计数操作。（30 分）

（3）通过斐林试剂法测定种子液中还原糖浓度，测定种子液耗糖率。（20 分）

微课：发酵工业的种子质量的控制及评价

※ 项目小结 ▶▶▶

PPT 课件

种子制备的实质是将冰箱或低温冰箱中保藏的、处于休眠状态的菌种通过逐级扩大培养，形成在数量及生产活力上都符合大容量发酵罐要求的种子。这个过程一般分为两个阶段：实验室制备阶段和生产车间制备阶段。

实验室制备阶段的任务首先是将保藏的菌种活化，让处于休眠状态的菌种的增殖活力、生产活力都得到恢复；其次是将活化后的种子进一步放大培养。放大培养的形式会根据菌种的不同而有所差异。一般来讲，对于产孢子能力强及孢子发芽、生长繁殖快的菌种采用茄子瓶加固体培养基的形式培养孢子；对于产孢子能力不强或孢子发芽慢的菌种，采用三角瓶加液体培养基放在摇床，恒温振荡培养，俗称摇瓶种子。

生产车间制备阶段的任务是将实验室阶段提供的茄子瓶孢子或摇瓶种子进一步放大培养，培养的级数要根据菌种的特性及大罐生产需要的种子量而定。

影响种子质量的因素是非常多的，一般从原材料的质量、培养温度、斜面湿度、种子罐培养时的通气与搅拌、培养基的质量及 pH 值等方面分析。种子的质量是每一级扩大培养的关键。不合格的种子绝对不允许接入进入下一级培养。种子制备人员需要经常性地检查菌种的稳定性，培养过程中要创造适宜种子生长的环境，更要注意每一级扩大培养中是否有杂菌污染。

项目思考

1. 发酵工业用菌种应具备哪些特点？
2. 简述种子扩大培养的目的与要求及一般步骤。
3. 细菌、放线菌及霉菌常用的接种量分别是多少？
4. 什么是发酵级数？发酵级数对发酵有何影响，影响发酵级数的因素有哪些？什么情况下可采用一级种子发酵？
5. 在实验室种子的制备过程中，对于产孢子能力强的菌种应采取什么方式？对产孢子弱或孢子发芽慢的菌种又应采取何种方式？
6. 生产上如何进行种子质量控制？
7. 种子纯度检查的方法有哪些？
8. 怎样区分酵母活细胞与酵母死细胞？

项目六

发酵过程的控制

学习 · 思政育人目标

【知识目标】

    1. 了解发酵过程的主要参数。

    2. 掌握温度、pH、溶解氧、CO_2、基质浓度、泡沫对发酵的影响及其在发酵过程中的控制方法。

【能力目标】

    1. 能应用所学知识解决发酵过程中的常见问题。

    2. 能够对发酵过程进行控制，对发酵终点进行判断和控制。

    3. 掌握高密度发酵技术。

音频：高密度
发酵技术

【思政与职业素养目标】

    1. 掌握良好的工厂生产管理规范和安全生产规范。

    2. 培养在生产过程中应具备的抽象、概括及判断能力。

    3. 向老一辈科研人员学习，培养不畏艰难、勇于创新的精神。

※ 项目说明 ▶▶▶

    发酵过程控制是发酵生产中决定其产量和品质的主要过程。发酵生产是利用微生物代谢过程并借助于对代谢过程的控制来获得各种发酵产品的生产。发酵时，人们利用温度、pH、溶解氧等各种参数来反映发酵条件和代谢变化，并根据代谢变化控制发酵条件，使生产菌的代谢沿着人们需要的方向进行，以达到预期的生产水平。因此，必须了解与发酵有关的参数，发酵过程中的代谢变化及控制发酵的方法。通过本项目的学习，掌握发酵过程控制的原理和技术，提高发酵工业产品质量和产量，提高产率。

※ 基础知识 ▶▶▶

一、发酵过程控制概述

（一）发酵过程的参数检测

微生物发酵是在一定条件下进行的，其代谢变化是通过各种检测参数反映出来的。与代谢有关的参数可以分为物理检测、化学检测和生物检测参数三种。

1. 物理检测参数

该参数主要有温度、压力、搅拌转速、搅拌功率、空气流量、黏度等。

温度是指发酵整个过程或不同阶段所维持的温度。它的高低与发酵中的酶反应速率、氧在培养液中的溶解度和传递速率以及菌体生长速率和产物合成速率等有密切关系。不同菌种、不同产品、发酵不同阶段所需维持的温度也不同。

压力是发酵过程中发酵罐维持的压力。罐内维持正压可以防止外界空气中的杂菌侵入而造成染菌，并增加氧在培养液中的溶解度，有利于菌体代谢。但是，二氧化碳在水中的溶解度比氧大 30 倍，罐压增大，二氧化碳的分压也增加，因此，罐压不宜过高，一般维持在 $(0.2 \sim 0.5) \times 10^5 \, Pa$。

搅拌转速是指搅拌器在发酵过程中的转动速度。提高搅拌转速可以增加氧溶解速度。在发酵过程中，不同发酵阶段对溶解氧的要求不同，故需要调节搅拌转速。

搅拌功率是指搅拌器搅拌时所消耗的功率。它的大小与氧传递系数 K_La 有关。

空气流量是指每分钟内单位体积发酵液通入空气的体积，是需氧发酵的控制参数。它的大小与氧的传递和其他控制参数有关。空气流量过小会对发酵不利，但空气流量过大，也会导致泡沫产生过多、培养液表观体积增大、装料体积减小，并缩短空气在罐内的滞留时间，浪费无菌空气。

黏度通常用表观黏度表示。它的大小可改变氧传递的阻力，又可表示相对菌体浓度。

2. 化学检测参数

该参数包括 pH 值、基质浓度、溶解氧浓度、废气中的 CO_2 和 O_2 等。

pH 值是发酵过程中各种生化反应的综合结果，它是发酵工艺控制的重要参数之一。pH 值的高低与菌体生长和产物合成有着重要的关系。必须经常测定并控制发酵液的 pH 值，使其符合生产的需求。

基质浓度是发酵液中糖、氮、磷等重要营养物质的浓度，是反映产生菌代谢变化的重要参数。它们的变化对产生菌的生长和产物的合成有着重要影响，也是提高代谢产物产量的重要控制手段。因此，在发酵过程中，必须定时测定糖、氮等基质的浓度。

溶解氧浓度的大小与发酵过程中氧的传递速率及产生菌的摄氧率有关。利用溶解氧浓度的变化，可了解产生菌对氧利用的规律，反映发酵的异常情况，也可作为发酵中间控制的参数及设备供氧能力的指标。

废气中的氧含量与生产菌的摄氧率和 K_La 有关。废气中的 CO_2 就是生产菌呼吸放出的。从废气中的氧和 CO_2 的含量可以算出产生菌的摄氧率、呼吸商和发酵罐的供氧能力，从而了解产生菌的呼吸代谢规律。

3. 生物检测参数

该参数包括菌体浊度、菌丝形态、菌体浓度、产物的浓度等。

菌体浊度能及时反映单细胞生长状况，对氨基酸、核苷酸等产品的生产是极其重要的参数。

菌丝形态的改变是代谢变化的反映。一般都以菌丝形态作为衡量种子质量、区分发酵阶段、控制发酵过程的代谢变化和决定发酵周期的依据之一。

菌体浓度的大小和变化速度对菌体的生化反应都有影响，因此测定菌体浓度具有重要意义。菌体浓度与培养液的表观黏度有关，可间接影响发酵液的溶解氧浓度。菌体浓度与补料及供氧工艺以及抗生素产量等都有关系，掌握了菌体浓度，可决定合适的补料量和供氧量，以保证生产达到预期水平。

产物的浓度是发酵产物产量高低或合成代谢正常与否的重要参数，也是决定发酵周期长短的根据。

并非所有产品的发酵过程都需检测上述全部参数，而是根据该产品的特点和可能条件，有选择地检测部分参数。

发酵反应器的控制方式有手动控制和自动控制两类，手动控制是最简易的控制方法。例如调节发酵温度，可通过控制发酵罐夹套的冷却水或蒸汽流量来调节发酵液的温度。手动控制方法简单，不需特殊的附加装置，投资费用较少，但劳动强度较大，而且可能因人为控制不当增大误差。目前已逐步向自动控制方向发展。

（二）发酵过程的代谢调控

微生物细胞代谢的调节主要是通过控制酶的作用来实现的。微生物细胞的代谢调节主要有两种类型：一类是酶合成的调节，调节的是酶分子的合成量，这是在遗传水平上发生的；另一类是酶活性的调节，调节的是已有酶分子的活性，是在酶化学水平上发生的。在细胞内这两种方式协调进行。

（1）用抗反馈调节的突变株解除反馈调节 抗反馈调节突变菌株是指一种对反馈抑制不敏感或对阻遏有抗性的组成型菌株，或兼而有之的菌株。这类菌株因其反馈抑制或阻遏已解除，或是反馈抑制和阻遏已同时解除，所以能分泌大量的末端代谢产物。

（2）应用营养缺陷型菌株解除正常的反馈调节 在直线式的合成途径中，营养缺陷型突变株只能累积中间代谢物而不能累积最终代谢物。但在分支代谢途径中，通过解除某种反馈调节，就可以使某一分支途径的末端产物得到累积。

（3）控制细胞膜的渗透性 采用生物学或遗传学方法，改变细胞膜的透性，使细胞内的代谢产物迅速渗透到细胞外，自然地通过反馈抑制阻遏了它们的进一步合成。采用这种解除末端产物反馈抑制作用的菌株，可以提高发酵产物的产量。

二、温度对发酵的影响及其控制

（一）影响发酵温度的因素

1. 发酵热

发酵过程中，随着菌体对培养基的利用以及机械搅拌的作用，将产生一定热量。同时，因罐壁散热、水分蒸发等也带走部分热量，因而引起发酵温度的变化。产热的因素有生物热（$Q_{生物}$）和搅拌热（$Q_{搅拌}$）；散热因素有蒸发热（$Q_{蒸发}$）、辐射热（$Q_{辐射}$）和显热（$Q_{显}$）。发酵热 $[Q_{发酵}，kJ/(m^3 \cdot h)]$ 就是发酵过程中释放出来的净热量，即产生的热能减去散失的热能，见式(6-1)。

$$Q_{发酵} = Q_{生物} + Q_{搅拌} - Q_{蒸发} - Q_{显} - Q_{辐射} \tag{6-1}$$

2. 产热和散热的因素

（1）生物热（$Q_{生物}$）　产生菌在生长繁殖过程中产生的热能，叫做生物热。营养基质被菌体分解代谢产生大量的热能，部分用于合成高能化合物 ATP，供给合成代谢所需要的能量，多余的热量则以热能的形式释放出来，形成了生物热。

生物热的大小是随菌种和培养基成分不同而变化，具有阶段性。一般地说，对某一菌株而言，在同一条件下，培养基成分愈丰富，营养被利用的速度愈快，产生的生物热就愈大。生物热的大小还随培养时间不同而不同，当菌体处在于孢子发芽和滞后期，产生的生物热是有限的；进入对数生长期后，就释放出大量的热能，并与细胞的合成量成正比；对数期后产生的生物热开始减少，并随菌体逐步衰老而下降。因此，在对数生长期释放的发酵热为最大，常作为发酵热平衡的主要依据。另外，生物热的大小与菌体的呼吸强度有对应关系，呼吸强度愈大，所产生的生物热也愈大。

（2）搅拌热（$Q_{搅拌}$）　好气培养的发酵设备都有大功率搅拌器。搅拌器转动引起的液体之间和液体与设备之间的摩擦所产生的数量可观的热量即搅拌热。从电机的电能消耗中扣除部分其他形式的能的散失后，可得搅拌热的估计值。搅拌热也可根据式 $Q_{搅拌}＝(P/V)\,3600$ 近似计算。式中，P/V 为通气条件下单位体积发酵液所消耗的功率，kW/m^3；3600 为热功当量，$kJ/(kW \cdot h)$（$1kW \cdot h＝860 \times 4186.8J \approx 3600kJ$）。

（3）蒸发热（$Q_{蒸发}$）　通入发酵罐的空气，其温度和湿度随季节及控制条件不同而有所变化。空气进入发酵罐与发酵液广泛接触后，排出引起水分蒸发所需的热能，即为蒸发热。水的蒸发以及排气因温度差异夹带着部分显热（$Q_{显}$）一起散失到外界。

（4）辐射热（$Q_{辐射}$）　由于罐外壁和大气间的温度差异而使发酵液中的部分热能通过罐体向大气辐射的热量，即为辐射热。辐射热的大小取决于罐内温度的差值，差值愈大，散热愈多。

由于 $Q_{生物}$、$Q_{蒸发}$ 和 $Q_{显}$，特别是 $Q_{生物}$ 在发酵过程中是随时间变化的，因此发酵热在整个发酵过程中也随时间变化。为了使发酵能在一定温度下进行，必须采取措施加以控制，如在夹套或蛇管内通入冷水等。

（二）温度对微生物生长的影响

微生物生长和产物的形成是一系列复杂的化学反应的结果，它们也受温度变化的影响。不同的微生物，其最适生长温度和耐受温度范围各异。如图 6-1 所示，表示嗜冷菌、嗜温菌、嗜热菌和嗜高温菌等几种菌的典型生长温度曲线。大多数微生物在 20～40℃的温度范围内生长。嗜冷菌在温度低于 20℃下生长速率最大，嗜温菌在 30～35℃左右生长，嗜热菌在 50℃以上生长。它们的共同特点是：在比最适温度低的温度范围内的适应力要强于高温度范围的；其生长温度的跨度为 30℃左右。

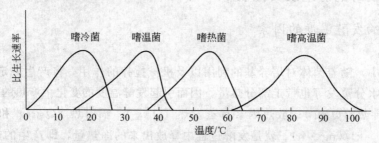

图 6-1　嗜冷菌、嗜温菌、嗜热菌和嗜高温菌的典型生长与温度的关系

随着温度的上升，菌体生长速度常数增加倍数小于菌体死亡常数增加倍数，即超过最适

的生长温度，比生长速率开始迅速下降，因此，菌体死亡速率比生长速率对温度变化更为敏感。

　　温度也影响碳源基质转化为细胞的得率。如图 6-2 所示，在多型汉逊酵母连续培养过程中，甲醇转化率最大时的温度比 μ 最大时的温度要低。其细胞得率随温度升高而降低，主要原因是维持生命活动的能量需求增加。维持系数的活化能为 50～70kJ/mol。最大的转化率所处的温度一般略低于最适生长温度。如需使转化率达到最大，这一点对过程的优化特别重要，而对生长速率则不是那么重要。

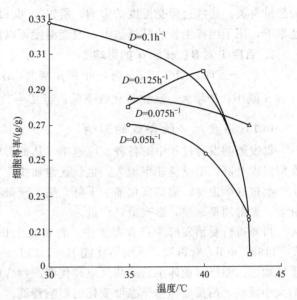

图 6-2　多型汉逊酵母连续培养过程中
细胞得率与温度的关系

　　温度影响细胞的各种代谢过程，如比生长速率随温度上升而增大，细胞中的 RNA 和蛋白质的比例也随着增长。这说明为了支持高的生长速率，细胞需要增加 RNA 和蛋白质的合成。对于重组蛋白的生产，曾应用将温度从 30℃ 更改为 42℃ 来诱导产物蛋白形成的实践。

　　几乎所有微生物的脂质成分均随生长温度而发生变化。温度降低时细胞脂质的不饱和脂肪酸含量增加。脂质的熔点与脂肪酸的含量成正比。因膜的功能取决于膜中脂质组分的流动性，而后者又取决于脂肪酸的饱和程度，故微生物在低温下生长时必然会伴随着脂肪酸不饱和程度的增加。为适应环境条件的变化，细菌具有脂肪酸成分随温度而变化的特性，见表 6-1。

表 6-1　温度对大肠埃希菌主要脂肪酸组分的影响

脂肪酸种类	脂肪酸含量/%	
	低于 10℃	高于 43℃
饱和脂肪酸		
棕榈酸（十六烷酸）	18.2	48.7
豆蔻酸（十四烷酸）	3.9	7.7
不饱和脂肪酸		
棕榈油酸（9-十六碳烯酸）	26.0	9.2
十八碳烯酸	37.0	12.2

　　微生物产物的生成与生长一样取决于温度。但是适于生长和产物形成的温度不一定相同，还必须分别给予考查。在考虑培养温度时需要采用折中办法。

（三）温度对基质消耗的影响

1. 糖比消耗速率 q_s

Righelato 假定

$$q_s = m + B\mu \tag{6-2}$$

式中，m 为维持因子，即生长速率为零时的葡萄糖的消耗；B 为生长系数，即同一生长速率下的糖耗；μ 为生长速率。

m 与渗透压调节、代谢产物的生成、迁移性及除繁殖以外的其他生物转化等过程所需的能量有关。这些过程受温度的影响，所以 m 也和温度相关。B 值越大，说明同样比生长速率下，用于纯粹生长的糖耗越大。改变温度可以控制 q_s 和 μ。

2. 温度 T 对 B、m 和 μ 的影响

在 q_s 一定时，当 $T < T_m$ 时，m 和 μ 增大，B 减小，底物转化效率高；当 $T > T_m$ 时，m 和 μ 减小，B 增大，底物转化效率低；当 $T = T_m$ 时，$\mu = \mu_m$。

（四）温度对产物合成的影响

温度影响发酵过程中的各种反应速率，从而影响微生物的生长代谢与产物生成。一般，发酵温度升高，酶反应速率增大，生长代谢加快，生产期提前。但酶反应速率有一个最适温度，超过这个温度，酶的催化能力下降，酶本身很容易因过热而失去活性，表现在菌体容易衰老，发酵周期缩短，影响最终产量。

可测得青霉菌发酵生产青霉素中，青霉素生长的活化能 $E = 34\text{kJ/mol}$，呼吸的活化能 $E = 116\text{kJ/mol}$，青霉素合成的活化能 $E = 112\text{kJ/mol}$。这些数据说明，青霉素合成速率对温度较敏感。温度对菌体生长的酶反应和代谢产物合成的酶反应的影响往往是不同的。活化能的大小反映了酶反应速率受温度变化的影响程度。

温度除了直接影响过程的各种反应速率外，还通过改变发酵液的物理性质，例如氧的溶解度和基质的传质速率以及菌对养分的分解和吸收速率等，间接影响发酵的动力学特性和产物的生物合成。例如，温度会影响基质和氧在发酵液中的溶解和传递速率以及菌对某些基质的分解吸收速度等。

温度还会影响生物合成的方向。例如，四环素发酵中金色链霉菌同时能生产金霉素，在低于 30℃ 的条件下，合成金霉素的能力较强；随着温度的升高，合成四环素的比例增大。在温度达 35℃ 时只产生四环素，金霉素合成几乎停止。又如谷氨酸发酵中扩展短杆菌，30℃ 培养后于 37℃ 发酵，会积累过量乳酸。

近年来发现，温度对菌的调节机制关系密切。在 20℃ 低温下，氨基酸合成途径的终产物对第一个酶的反馈抑制作用比在正常生长温度 37℃ 下更大。故可考虑在抗生素发酵后期降低发酵温度，让蛋白质和核酸的正常合成途径关闭得早些，从而使发酵代谢转向产物合成。

另外，温度还影响酶系组成及酶的特性。例如，米曲霉制曲，温度控制在低限，有利于蛋白酶合成；凝结芽孢杆菌的 α-淀粉酶热稳定性，在 55℃ 培养后，90℃ 保持 60min，残留活性为 88%～99%；35℃ 培养后，经相同条件处理，残余活性仅有 6%～10%。

（五）最适温度的选择

1. 最适温度

最适发酵温度是既适合菌体的生长又适合代谢产物合成的温度。但最适生长温度与最适生产温度往往是不一致的。对不同的菌种和不同的培养条件以及不同的酶反应和不同的生长阶段来说，最适温度应有所不同。

各种微生物在一定条件下，都有一个最适的温度范围。微生物种类不同，所具有的酶系不同，所要求的温度也不同。同一种微生物，培养条件不同，最适温度也不同。如谷氨酸产生菌的最适生长温度为 30～34℃，产生谷氨酸的温度为 36～37℃。在谷氨酸发酵前期，长菌阶段和种子培养阶段应满足菌体生长的最适温度。若温度过高，菌体容易衰老。在发酵的中后期菌体生长已经停止，为了大量积累谷氨酸，需要适当提高温度。又如初级代谢产物乳酸的发酵，乳酸链球菌的最适生长温度为 34℃，而产酸最多的温度为 30℃，但发酵速度最高的温度为 40℃。次级代谢产物发酵更是如此，如在 2％乳糖、2％玉米浆和无机盐的培养基中，对青霉素产生菌产黄青霉进行发酵研究，测得菌体的最适生长温度为 30℃，而青霉素合成的最适温度又为 24.7℃。

最适发酵温度随菌种、培养基成分、培养条件和菌体生长阶段不同而改变。理论上，整个发酵过程中不应只选一个培养温度，而应根据发酵的不同阶段，选择不同的培养温度。在生长阶段，应选择最适生长温度；在产物分泌阶段，应选择最适生产温度。发酵温度可根据不同菌种、不同产品进行控制。

温度的选择还应参考其他发酵条件，灵活掌握。例如，供氧条件差的情况下最适的发酵温度可能比在正常良好的供氧条件下低一些。这是由于在较低的温度下氧溶解度相应大一些，菌的生长速率相应小一些，从而弥补了因供氧不足而造成的代谢异常。

此外，温度的选择还应考虑培养基的成分和浓度。使用稀薄或较易利用的培养基时提高发酵温度则养分往往过早耗竭，导致菌丝过早自溶，产量降低。例如，提高红霉素发酵温度在玉米浆培养基中的效果就不如在黄豆饼粉培养基中的好，因提高温度有利于黄豆饼粉的同化。

2. 变温培养

在抗生素发酵过程中，采用变温培养通常比恒温培养获得的产物多，例如四环素发酵中，前期 0～30h，以稍高温度促进生长，尽可能缩短非生产所占用的发酵周期；中后期保持稍低的温度，可延长产物分泌期，放罐前的 24h，培养温度提高 2～3℃，就能使最后这天的发酵单位增加率提高 50％以上。又如青霉素发酵，其温度变化过程是：起初维持在 30℃，以后降到 25℃培养 35h，再降到 20℃培养 85h，最后又提高到 25℃，培养 40h 放罐。在这样的条件下所得的青霉素产量可比在 25℃恒温培养条件提高 14.7％。这些都说明了变温发酵产生的良好结果。但在工业发酵中，由于发酵液的体积很大，升降温度都比较困难，所以在整个发酵过程中，往往采用一个比较适合的培养温度，使得到的产物产量较高，或者在可能的条件下进行适当的调整。

三、pH 对发酵的影响及其控制

（一）发酵过程中 pH 变化的规律

大多数微生物生长适应的 pH 跨度为 3～4 个 pH 单位，其最佳生长 pH 跨度在 0.5～1。不同微生物的生长最适 pH 范围不一样，细菌和放线菌在 6.5～7.5、酵母在 4～5、霉菌在 5～7。pH 影响跨膜 pH 梯度，从而影响膜的通透性。微生物的最适 pH 和温度之间一般有这样的规律：生长最适温度高的菌种，其最适 pH 也相应高一些。这一规律对设计微生物生长的环境有实际意义，如控制杂菌的生长。

发酵过程中，由于菌在一定温度及通气条件下对培养基中碳源、氮源等的利用，随着有机酸或氨基氮的积累，会使 pH 产生一定的变化。微生物生长和产物合成阶段的最适 pH 通常是不一样的。

一般在正常情况下：①在菌体生长阶段，pH 有上升或下降的趋势。如利福霉素 B 发酵起始 pH 为中性，但生长初期由于菌体产生的蛋白酶水解培养基中的蛋白胨而生成铵离子，使 pH 上升至碱性。接着，随着菌体对铵离子利用量的增多以及葡萄糖利用过程中产生的有机酸的积累使 pH 下降到酸性范围，此时有利于菌的生长。②在生产阶段，pH 趋于稳定，维持在最适产物合成的范围，即 pH7.0～7.5。③菌丝自溶阶段，随着基质的耗尽，菌体蛋白酶的活跃，培养液中氨基氮增加，致使 pH 又上升，此时菌丝趋于自溶而代谢活动终止。由此可见，在适合于菌生长及合成产物的环境条件下，菌体本身具有一定调节 pH 的能力，而使 pH 处于适宜状态。但是当外界条件变化过于剧烈时，菌体就会失去调节能力，培养液的 pH 发生波动。

pH 的变化会影响各种酶活力、菌对基质的利用速率以及细胞的结构，从而影响菌的生长和产物的合成。产黄青霉的细胞壁厚度随 pH 的增加而减小。其菌丝的直径在 pH6.0 时为 $2\sim3\mu m$；在 pH7.4 时，为 $2\sim18\mu m$，呈膨胀酵母状细胞。随 pH 下降，菌丝形状将恢复正常。pH 值还会影响菌体细胞膜电荷状况，引起膜渗透性的变化，从而影响菌对养分的吸收和代谢产物的形成。

（二）最适 pH 的选择

选择最适发酵 pH 的准则是获得最大比生产速率和适当的菌量，以获得最高产量。以利福霉素 B 为例，由于利福霉素 B 分子中的所有碳单位都是由葡萄糖衍生的，所以在生长期葡萄糖的利用情况对利福霉素 B 的生产有一定的影响。经实测，pH6.5 时葡萄糖的消耗速率比其他 pH 时要快得多，但利福霉素的产量却甚微。说明 pH6.5 时所消耗的葡萄糖主要用于了合成菌丝体。

产物比生产速率菌体的生长速率与产物浓度之比，指 1g 菌体在 1h 内合成产物的量，它

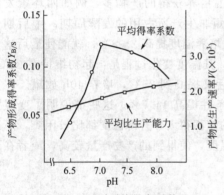

图 6-3　pH 对平均得率系数及
平均比生产能力的影响

表示细胞合成产物的速度和能力，可以作为判断微生物合成代谢产物效率的一个指标。得率系数以比生长速率导出，可对用于合成生物量和代谢产物的基质进行量化。代谢产物的得率系数是产物比生产速率对基质比消耗速率。实验证明，其最适 pH 在 7.0～7.5 范围，如图 6-3 所示，描绘了 pH 对产物形成得率系数 $Y_{B/S}$ 及产物比生产速率 V 的影响。当 pH 在 7.0 时，产物形成得率系数达最大值；pH 在 6.5 时为最小值。在利福霉素 B 发酵的各种参数中从经济角度考虑，得率系数最重要。故 pH7.0 是生产利福霉素 B 的最佳条件。在此条件下葡萄糖的消耗主要用于合成产物，同时也能保证适当的菌量。实验结果表明，生长期和生产期的 pH 分别维持在 6.5 和 7.0 可使利福霉素 B 的产率比整个发酵过程中 pH 维持在 7.0 的情况下的产率提高 14％。

最适 pH 值是根据实验结果来确定的。将发酵培养基调节成不同的出发 pH 值进行发酵，在发酵过程中，定时测定和调节 pH 值，以分别维持出发 pH 值，或者利用缓冲液来配制培养基来维持。到时观察菌体的生长情况，以菌体生长达到最高值的 pH 值为菌体生长的合适 pH 值。以同样的方法，可测得产物合成的合适 pH 值。但同一产品的合适 pH 值还与所用菌种、培养基组成和培养条件有关。在确定合适发酵 pH 值时，要考虑培养温度的影响，若温度提高或降低，合适 pH 值也可能发生变动。

（三）pH 的调控策略

首先要考虑发酵培养基的基础配方，通过适当的配比使发酵过程中的 pH 值变化在合适的范围内。因为培养基中含有葡萄糖、$(NH_4)_2SO_4$ 等代谢产酸，$NaNO_3$、尿素等产碱的物质，以及缓冲剂如 $CaCO_3$ 等成分，它们在发酵过程中会影响 pH 值的变化。

当上述调节 pH 值的方法达不到要求时，可以用在发酵过程中直接补加酸或碱和中间补

加氨水、尿素或硫酸铵、碳酸钙等补料的方式来控制，特别是补料的方法，效果比较明显。过去是直接加入酸（如 H_2SO_4）或碱（如 NaOH）来控制，但现在常用生理酸性物质和碱性物质来控制。它们不仅可以调节 pH 值，还可以补充氮源。当发酵的 pH 值和氨氮含量都低时，补加氨水就可达到调节 pH 值和补充氨氮的目的；反之，pH 值较高，氨氮含量又低时，就补加 $(NH_4)_2SO_4$。在加多了消泡剂的个别情况下，还可采用提高空气流量来加速脂肪酸的代谢，以调节 pH 值。

采用补料的方法，可以同时实现补充营养、延长发酵周期、调节 pH 值和培养液的特性等几个目的，特别是能产生阻遏作用的物质。如青霉素发酵中，利用控制葡萄糖的补加速率来控制 pH 值的变化范围，其青霉素产量比用恒定的加糖速率和加酸或碱来控制 pH 值的产量高 25%。如图 6-4 所示，比较按需补糖和恒速补糖的不同效果，前者是根据 pH 的变化来决定补糖速率的，后者采用恒速补糖，pH 由加酸、碱来控制。虽然这两种方法均能达到控制 pH 目的，并且糖耗速率几乎相等，但是采用按需补糖来控制 pH 可获得持久的青霉素高产量。

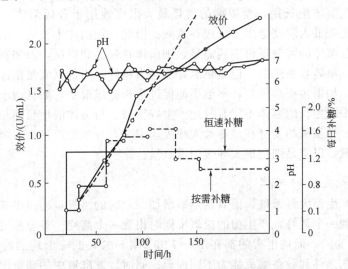

图 6-4　不同的 pH 控制模式对青霉素合成的影响
—— 为恒速补糖时相应的 pH 和效价；--- 为按需补糖时相应的 pH 和效价

目前已试制成功适合于发酵过程监测 pH 的电极，连续测定并记录 pH 的变化，将信号输入 pH 控制器来指令加糖、酸或碱，使 pH 控制在预定的数值。

四、溶解氧对发酵的影响及其控制

（一）发酵过程中氧的供需关系

工业上的生产菌大多是好氧菌，好氧菌生长和代谢均需要氧气，供氧对需氧生产菌是必不可少的，必须满足其在不同阶段的需求。在不同的环境条件下，各种不同微生物的吸氧量或呼吸强度是不同的。

微生物的吸氧量常用呼吸强度和微生物摄氧率两种方法来表示。呼吸强度是指单位质量的干菌体在单位时间内所消耗的氧量，以 Q_{O_2} 表示，单位为 $[mmol/(g \cdot h)]$。微生物摄氧率是指单位体积培养液在单位时间内消耗的氧量，以 r 表示，单位为 $[mmol/(L \cdot h)]$。

呼吸强度可以表示微生物的相对吸氧量。但是，当培养液中有固体成分存在时，对测定有困难，这时可用微生物摄氧率来表示。微生物在发酵过程中的摄氧率取决于微生物的呼吸强度和单位体积菌体浓度。

$$r = Q_{O_2}X \tag{6-3}$$

式中，r 表示微生物摄氧率，mmol/(L·h)；Q_{O_2} 表示呼吸强度，mmol/(g·h)；X 表示培养液中菌体的浓度，g/L。

在好氧发酵中，微生物对发酵液中溶解氧浓度有一个最低要求，满足微生物呼吸的最低氧浓度叫临界溶解氧浓度。

Q_{O_2} 随溶解氧增加而增加，当增加到一定值后不再增加，其转折点叫临界氧浓度，以 $c_{临界}$ 表示。在发酵过程中，发酵液中的溶解氧浓度低于微生物的 $c_{临界}$ 时，对菌生长不利；当高于时，则又会浪费能源。

原则上发酵罐的供氧能力无论提得多高，若工艺条件不配合，还会出现溶解氧供不应求的现象。欲有效利用现有的设备条件便需适当控制菌的摄氧率。只要控制措施运用得当，便能改善溶解氧状况和维持合适的溶解氧水平。

在发酵生产中，供氧的多少应根据不同的菌种、发酵条件和发酵阶段等具体情况决定。例如谷氨酸发酵在菌体生长期，希望糖的消耗最大限度地用于合成菌体，而在谷氨酸生成期，则希望糖的消耗最大限度地用于合成谷氨酸。因此，在菌体生长期，供氧必须满足菌体呼吸的需氧量，若菌体的需氧量得不到满足，则菌体呼吸受到抑制，而抑制生长，引起乳酸等副产物的积累，菌体收率降低。但是供氧并非越大越好，当供氧满足菌体需要，菌体的生长速率达最大值，如果再提高供氧，不但不能促进生长造成浪费，而且由于高氧水平抑制生长。同时高氧水平下生长的菌体不能有效地产生谷氨酸。与菌体的生长期相比，谷氨酸生成期需要大量的氧。谷氨酸的发酵在细胞最大呼吸速率时，谷氨酸产量大。因此，在谷氨酸生成期要求充分供氧，以满足细胞最大呼吸的需氧量。

（二）溶解氧变化的规律

发酵前期，产生菌大量繁殖，需氧量不断增加。此时的需氧量超过供氧量，使溶解氧浓度明显下降，出现一个低峰，产生菌的摄氧率同时出现一个高峰。谷氨酸发酵的溶解氧低峰约在 6～20h（图 6-5），而抗生素的都在 10～70h（图 6-6），低峰出现的时间和低峰溶解氧浓度随菌种、工艺条件和设备供氧能力不同而异。同时，发酵液中的菌浓度也不断上升。黏度一般在这个时期也会出现一高峰阶段。这都说明生产菌正处在对数生长期。过了生长阶段，需氧量有所减少，溶解氧浓度经过一段时间的平稳阶段（如谷氨酸发酵）或随之上升（如抗生素发酵）后，就开始形成产物，溶解氧浓度也不断上升。

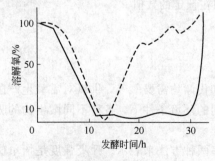

图 6-5　谷氨酸发酵溶解氧曲线
实线为正常发酵溶解氧曲线
虚线为异常发酵溶解氧曲线

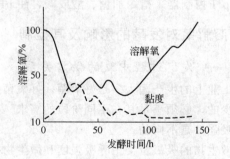

图 6-6　红霉素发酵溶解氧和黏度曲线

发酵中后期，对于分批发酵来说，溶解氧浓度变化比较小。因为菌体已繁殖到一定浓度，进入静止期，呼吸强度变化也不大，如不补加基质，发酵液的摄氧率变化也不大，供氧能力仍保持不变，溶解氧浓度变化也不大。但当外界进行补料时，则溶解氧浓度就会发生改变，变化的大小和持续时间的长短，则随补料时的菌龄、补入物质的种类和剂量不同而不同。如补加糖后，发酵液的摄氧率就会增加，引起溶解氧浓度下降，经过一段时间后又逐步回升；如继续补糖，甚至降至临界氧浓度以下，就成为生产的限制因素。

在生产后期，由于菌体衰老，呼吸强度减弱，溶解氧浓度也会逐步上升，一旦菌体自溶，溶解氧浓度更会明显上升。

（三）溶解氧在发酵过程控制中的作用

从发酵液中的溶解氧浓度的变化，可以了解微生物生长代谢是否正常，工艺控制是否合理，设备供氧能力是否充足等问题，如发酵溶解氧变化异常，便可及时预告生产可能出现问题，以便及时采取措施，控制好发酵生产。溶解氧在发酵过程控制中起着重要作用。

1. 污染杂菌

污染好气杂菌，大量的溶解氧被消耗掉，可能使溶解氧在较短时间内下降到零附近，并长时间不回升。如果杂菌本身耗氧能力不强，溶解氧变化就可能不明显。污染噬菌体或其他不明原因会出现发酵液变稀现象，此时溶解氧迅速回升。

2. 操作设备或工艺控制发生故障或变化可从溶解氧的变化反映出来

如搅拌功率消耗变小或搅拌速度变慢，影响供氧能力，使溶解氧降低；消泡剂因自动加油器失灵或人为加量太多，也会引起溶解氧迅速下降；其他影响供氧的工艺操作，如停止搅拌、闷罐（罐排气封闭）等，都会使溶解氧发生异常变化。又如赤霉素发酵，由于供氧条件不强的情况下补料时机掌握不当和间隔过密，导致长时间溶解氧处于较低水平，有的罐批会出现"发酸"现象。这时，氨基氮迅速上升，溶解氧会很快升高。

3. 作为质量控制的指标

在天冬氨酸发酵中前期是好气培养，在后期又转为厌气培养。酶活力大大提高。掌握由好气培养转为厌气培养的时机颇为关键。当溶解氧下降到45％空气饱和度时，由好气切换到厌气培养，并适当补充养分可提高酶活力6倍。在酵母及一些微生物细胞生产中，溶解氧是控制其代谢方向的指标之一。溶解氧分压要高于某一水平才会进行同化作用。当补料速度较慢和供氧充足时糖完全转化为酵母、CO_2 和水；若补料速度提高，培养液的溶解氧分压跌到临界值以下，便会出现糖的不完全氧化，生成乙醇，结果酵母的产量减少。

溶解氧浓度变化还能作为微生物发酵过程、各级种子罐的质量控制以及作为移种的指标之一。

（四）影响溶解氧的主要因素与控制方法

发酵液的溶解氧浓度，是由供氧和需氧两方面所决定的。也就是说，当发酵的供氧量大于需氧量，溶解氧浓度就上升，直到饱和；反之就下降。因此要控制好发酵液中的溶解氧浓度，需从两方面着手。

1. 供氧方面溶解氧浓度的控制

在供氧方面，主要是设法提高氧传递的推动力（$C^* - C_L$）和液相体积传氧系数 $K_L a$ 值。可从下式考虑。

$$N_V = K_L a(C^* - C_L) \tag{6-4}$$

式中，N_V 为单位体积液体氧的传递速率，mmol/(L·h)；K_L 为氧传质系数，m/h；a 为比界面面积，m^2/m^3；C^* 为氧在培养液中的饱和浓度，mmol/L；C_L 为发酵液中的溶解氧浓度，mmol/L。

由此可见，凡是使 $(C^* - C_L)$ 和 $K_L a$ 增加的因素都能使发酵供氧改善。$K_L a$ 可作为一个整体来测定，称之为体积传氧系数，是反映发酵罐内氧传递能力的一个重要参数。

要想增加氧传递的推动力 $(C^* - C_L)$，就必须设法提高 C^* 或降低 C_L。

（1）提高 C^*　可采用的方法有：①在通气中掺入纯氧或富氧，使氧分压提高；但由于氧气的成本较高，一般仅用于规模较小的发酵中，在关键时刻改善供氧状况。②提高罐压，这固然能增加 C^*，但同时也会使 CO_2 的溶解浓度增加，因它在水中的溶解度比氧高 30 倍，这会影响 pH 和菌的生理代谢，还会增加对设备强度的要求。③改变通气速率，其作用是增加液体中夹持气体体积的平均成分。在通气量较小的情况下增加空气流量，溶解氧提高的效果显著，但在流量较大的情况下再提高空气流速，对氧溶解度的提高不明显，反而会使泡沫大量增加，引起逃液。④由于氧传质的温度系数比生长速率的低，降低发酵温度可得到较高的溶解氧值。这是由于 C^* 的增加，使供氧方程的推动力 $(C^* - C_L)$ 增强。但采用降温办法而提高溶解氧不能对产物的合成产生影响。⑤降低溶质的浓度可减少菌的生长速率，也可达到限制菌对氧的大量消耗，从而提高溶解氧水平。这看来有些"消极"，但从总的经济情况看，在设备供氧条件不理想的情况下，控制菌量，使发酵液的溶解氧不低于临界氧值，从而提高菌的生产能力，达到高产目标。但在实际操作中这些都有局限性，还是采用控制搅拌效果较佳。

（2）降低发酵液中的 C_L　如降低通气量和搅拌速度可降低 C_L，但发酵过程中发酵液的 C_L 不能低于 $C_临$，否则就会影响微生物的呼吸。

（3）影响 $K_L a$ 的因素　影响发酵设备 $K_L a$ 的主要因素有搅拌功率、空气流速、发酵罐体积和泡沫状态等。

① 搅拌功率　$K_L a$ 与单位体积发酵液实际消耗的搅拌功率成正比。但搅拌速度如果过快，剪切力增大，菌丝体会受到伤害，影响菌的生长，同时也耗电。

② 空气流速　机械搅拌通风发酵罐的溶解氧系数 $K_L a$ 与空气线速度 V_s 有以下关系：$K_L a \propto V_s^\beta$。式中，$K_L a$ 是溶解氧系数；V_s 为空气线速度，m/s；β 是指数，为 0.4～0.72，随搅拌形式而异。这个关系说明通气效率或 $K_L a$ 是随空气量增多而增大的。当增加通风量时，空气线速度相应增加，从而增大溶解氧；但是，在常速搅拌下增加通气速率以提高氧的传递速率是递减性的，只增加风量，而搅拌转速不变时，功率会降低，又会使溶解氧系数降低。同时，空气线速度过大时，对氧溶解度的提高不明显，反而会使泡沫大量增加，引起逃液。

③ 发酵罐体积　通常发酵罐体积大，氧的利用率高；体积小，氧的利用率差。在几何形状相似的条件下，发酵罐体积大的氧利用率为 7%～10%，而体积小的氧利用率只有 3%～5%。发酵罐大小不同，所需搅拌转数与通风量不同，大罐的转数较低些，通风量较小些。因为在溶解氧系数 $K_L a$ 值保持一定时，大罐气液接触时间长，氧的溶解率高，搅拌和通风均可小些。如发酵罐体积为 50L 时，搅拌转速需要 550r/min，通气量为 1:（0.5～0.6）；而发酵罐体积为 50000L 时，搅拌转速只需要 110r/min，通气量为 1:0.2。

④ 泡沫状态　蛋白质物质和通气搅拌是生产泡沫的主要因素。泡沫是气体分散在液体中的一种胶体系统。泡沫形成后气体就很难得到及时更新，即 CO_2 排出和 O_2 进入困难，直接影响微生物的呼吸。其次，是在搅拌叶片处形成泡沫影响气、液两相接触，降低氧的传递。

2. 需氧方面溶解氧浓度的控制

可从式 $r = Q_{O_2} X$ 考虑，若发酵液中溶解氧暂时不变，即供氧＝需氧，则有

$$K_L a(C^* - C_L) = Q_{O_2} X \qquad (6-5)$$

显然，那些能影响这一公式的因子会改变溶解氧浓度。

影响需氧的工艺方面有许多行之有效的措施，如改善菌种特性、改进和优化培养基性能、控制补料或加糖速率、改变发酵温度、控制溶解氧和 CO_2、中间补水以及添加表面活性剂等。

溶解氧只是发酵参数之一。它对发酵过程的影响还必须与其他参数配合起来分析。如搅拌对发酵液的溶解氧和菌的呼吸有较大的影响，但分析时还要考虑到其他因素的作用，如菌丝形态、泡沫的形成、CO_2 的排除等，表 6-2 列出了各种控制溶解氧可供选择的方法。通过溶解氧参数的监测，研究发酵中溶解氧的变化规律，改变设备或工艺条件，配合其他参数的应用，必然会对发酵生产的控制以及增产节能等方面起到重要作用。

表 6-2　溶解氧控制方法的比较

方法	作用于	投资	运转成本	效果	对生产作用	备注
搅拌转速	$K_L a$	高	低	高	好	在一定限度内，避免过分剪切
空气流速	$C^* a$	低	低	低	不一定	可能引起泡沫
挡板	$K_L a$	中	低	高	好	设备上需改装
气体成分	C^*	中→低	高	高	好	高氧可能引起爆炸，适合小型发酵
罐压	C^*	中	低	中	好	罐强度、密封要求高
温度	需求，C^*	低	低	变化	不一定	不是常有用
养分浓度	需求	中	低	高	不一定	反应较慢，需及早行动
表面活性剂	K_L	低	低	变化	不一定	需试验确定

（五）溶解氧控制对发酵的影响

在好氧发酵中，必须满足微生物对溶解氧的最低要求，即达到临界溶解氧浓度。当不存在其他限制性基质时，溶解氧浓度高于临界值，细胞的比耗氧速率保持恒定；如果溶解氧浓度低于临界值，细胞的呼吸速率随溶解氧浓度降低而显著下降，细胞处于半厌气状态，代谢活动受到阻碍。培养液中维持微生物呼吸和代谢所需的氧保持供氧与耗氧的平衡，才能满足微生物对氧的利用。

溶解氧是需氧发酵控制最重要的参数之一。液体中的微生物只能利用溶解氧。由于氧在水中的溶解度很小，在发酵液中的溶解度亦如此，因此，需要不断进行通风和搅拌，才能满足不同发酵过程对氧的需求。

溶解氧的大小对菌体生长代谢和产物的合成及产量都会产生不同的影响。如谷氨酸发酵，供氧不足时，谷氨酸积累就会明显降低，产生大量的乳酸和琥珀酸。又如薛氏丙酸菌发酵生产维生素 B_{12} 中，维生素 B_{12} 的组成部分咕啉醇酰胺（又称 B 因子）的生物合成前期的两种主要酶就受到氧的阻遏，限制氧的供给，才能积累大量的 B 因子，B 因子又在供氧的条件下才转变成维生素 B_{12}。因而采用厌氧和供氧相结合的方法，有利于维生素 B_{12} 的合成。在天冬酰胺酶的发酵中，前期是好气培养，而后期转为厌气培养，酶的活力就能大为提高。掌握好转变时机非常重要。据实验研究，当溶解氧浓度下降到 45% 时，就从好气培养转为厌气培养，酶的活力可提高 6 倍，这就说明控制溶解氧的重要性。对抗生素发酵来说，氧的供给就更为重要。如金霉素发酵，在生长期间停止通风，就可能影响菌体在生产期的糖代谢途径，由 HMP 途径转向 EMP 途径，使金霉素合成的产量减少。金霉素 C_6 上的氧还直接来源于溶解氧。

供氧对于好氧微生物虽然非常重要，但需氧发酵并不是溶解氧愈大愈好。溶解氧高虽然有利于菌体生长和产物合成，但溶解氧太大有时反而抑制产物的形成。因为，为避免发酵处于限氧条件下，需要考查每一种发酵产物的临界氧浓度和最适氧浓度，并使发酵过程保持在最适浓度。最适溶解氧浓度的大小与菌体和产物合成代谢的特性有关，这是由实验来确定的。

初级代谢的氨基酸发酵，其需氧量的大小与氨基酸的合成途径密切相关。根据发酵需氧要求不同可分为三类（见图6-7）：第一类有谷氨酸、谷氨酰胺、精氨酸和脯氨酸等谷氨酸系氨基酸，它们在菌体呼吸充足的条件下，产量才最大，如果供氧不足，氨基酸合成就会受到强烈的抑制，大量积累乳酸和琥珀酸；第二类，包括异亮氨酸、赖氨酸、苏氨酸和天冬氨酸，即天冬氨酸系氨基酸，供氧充足可得最高产量，但供氧受限，产量受影响并不明显；第三类，有亮氨酸、缬氨酸和苯丙氨酸，仅在供氧受限、细胞呼吸受抑制时，才能获得最大量的氨基酸，如果供氧充足，产物形成反而受到抑制。氨基酸合成的需氧程度产生上述差别的原因，是由它们的生物合成途径不同所引起的，不同的代谢途径产生不同数量的 NAD（P）H，当然再氧化所需要的溶解氧量也不同。第一类氨基酸是经过乙醛酸循环和磷酸烯醇式丙酮酸羧化系统两个途径形成的，产生的 NADH 量多。因此 NADH 氧化再生的需氧量为最多，供氧愈多，合成氨基酸当然亦愈顺利。第二类的合成途径是产生 NADH 的乙醛酸循环或消耗 NADH 的磷酸烯醇式丙酮酸羧化系统，产生的 NADH 量不多，因而与供氧量关系不

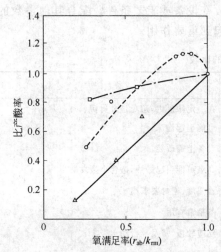

图 6-7　氨基酸的相对产量与氧满足程度之间的相关性

r_{ab}—菌体呼吸速率；k_{rm}—最大呼吸速率

□曲线为 L-赖氨酸，○曲线为 L-亮氨酸，△曲线为 L-谷氨酸

明显。第三类，如苯丙氨酸的合成，并不经 TCA 循环，NADH 产量很少，过量供氧，反而起到抑制作用。肌苷发酵也有类似的结果。由此可知，供氧大小与产物的生物合成途径有关。

在抗生素发酵过程中，菌体的生长阶段和产物合成阶段都有一个临界氧浓度，分别为 $C'_{临}$ 和 $C''_{临}$。两者的关系有：①大致相同；②$C'_{临} > C''_{临}$；③$C'_{临} < C''_{临}$。青霉素发酵的临界氧浓度为 5%～10%，低于此值就会对青霉素合成带来的损失，时间愈长，损失愈大。

五、CO_2 和呼吸商对发酵的影响及其控制

（一）CO_2 对发酵的影响

1. 二氧化碳的影响

工业发酵中 CO_2 的影响值得注意，因为罐内的 CO_2 分压是液体深度的函数。在 $1.01 \times 10^5 Pa$ 作用下，10m 高的发酵罐中，底部的 CO_2 分压是顶部的 2 倍。CO_2 是微生物在生长繁殖过程中的代谢产物，又是细胞代谢的重要指标，几乎所有的发酵都产生 CO_2。将 CO_2 生成量与细胞量相关联，通过碳质量平衡可推算细胞生长速率和细胞量。同时 CO_2 也是某些合成代谢的基质，如在精氨酸的合成过程中其前体氨甲酰磷酸的合成需要 CO_2；对微生

物生长和发酵具有刺激或抑制的作用，如环状芽孢杆菌（*Bacillus circulus*）等的发芽孢子在开始生长时，就需要CO_2，并将此现象称为CO_2效应。CO_2还是大肠埃希菌和链孢霉变株的生长因子，有时需含30% CO_2的气体，菌体才能生长。CO_2对菌体生长还常常具有抑制作用，排气中CO_2浓度高于4%时，菌体的糖代谢和呼吸速率都下降。CO_2对细胞的作用机制，主要是CO_2及H_2CO_3都影响细胞膜的结构。它们分别作用于细胞膜的不同位点。除上述机制外，还有其他机制影响微生物发酵，如CO_2抑制红霉素生物合成，可能是CO_2对甲基丙二酸前体合成产生反馈抑制作用，使红霉素发酵单位降低。CO_2除对菌体生长、形态以及产物合成产生影响外，还影响培养液的酸碱平衡。CO_2还可能使发酵液的pH值下降，或其他物质发生化学反应，或与生长必需的金属离子形成碳酸盐沉淀，造成的间接作用而影响菌体的生长和发酵产物的合成。

2. 二氧化碳浓度的控制

为了排除CO_2影响，需综合考虑CO_2在发酵液中的溶解度、温度和通气情况。CO_2在发酵液中的浓度变化不像溶解氧那样，没有一定的规律。在发酵过程中，如遇到泡沫上升而引起"逃液"时，有时采用减少通气量和增加罐压的方法来消泡，罐压的调节也影响CO_2的浓度，对菌体代谢和其他参数也产生影响。CO_2浓度的控制应随它对发酵的影响而定。如果CO_2对产物合成有抑制作用，则应设法降低其浓度；如有促进作用，则应提高其浓度。通气和搅拌速率的大小，不但能调节发酵液中的溶解氧，还能调节CO_2的溶解度。在发酵罐中不断通入空气，既可保持溶解氧在临界点以上，又可随废气排除所产生的CO_2。CO_2形成的碳酸，还可以用碱来中和，但不能用$CaCO_3$。

（二）呼吸商与发酵的关系

菌体耗糖形成二氧化碳时，必须提供生物氧化所需的氧，因此在排气成分分析中，可以很明显地得到氧浓度降低和二氧化碳浓度升高的对应曲线，其相关深度可用呼吸商RQ来表示。

发酵过程中菌的好氧速率可通过热磁氧分析仪或质谱仪测量进气和排氧中的氧含量计算而得，发酵过程中氧的含量的变化恰与二氧化碳含量变化成反向同步关系，并由此看出菌的生长、呼吸情况，以及求出菌的呼吸商RQ值，即

$$RQ = CER/OUR$$

式中，OUR为摄氧率，表示单位体积发酵液在单位时间内消耗氧的量；CER表示单位体积发酵液单位时间内释放的二氧化碳的量。

呼吸商反映了氧的利用状况。RQ值随微生物菌种的不同、培养基成分的不同、生长阶段的不同而不同。测定RQ值一方面可以了解微生物代谢的状况，另一方面也可以指导补料。

如酵母发酵过程RQ=1，表示糖代谢走有氧分解代谢途径，仅生成菌体，无产物形成；如RQ>1.1，表示走EMP途径，生成乙醇；RQ=0.93，生成柠檬酸；RQ<0.7，表示生成的乙醇被当作基质利用。菌在利用不同基质时，RQ值也不相同。如大肠埃希菌以延胡索酸为基质时，RQ为1.26，以琥珀酸为基质时RQ为1.12；以乳酸、葡萄糖为基质时RQ为1.02和1.00；以乙酸为基质时RQ为0.967；以甘油为基质时RQ为0.80。

在抗生素发酵中，由于存在菌体生长、维持以及产物形成的不同阶段，其RQ值也不一样。如青霉素发酵中的理论呼吸商为：菌体生长，RQ=0.909；菌体维持，RQ=1；青霉素生产，RQ=4。

从上述情况来看，在发酵早期主要是菌体生长，RQ低于1；在过渡时期，由于菌体维

持其生命活动及青霉素逐渐形成，基质葡萄糖的代谢不是仅用于生长菌体，此时 RQ 达最高，产物形成对 RQ 的影响较为明显。如果产物的还原性比基质大时，其 RQ 值就增加；反之，当产物的氧化性比基质大时，RQ 值就要减少。其偏离程度决定于每单位菌体利用基质所形成的产物量。

六、基质浓度对发酵的影响及其控制

1. 碳源的浓度对发酵的影响及控制

碳源是影响乳酸菌生长繁殖的关键，包括有机碳与无机碳两类。而在碳源中，微生物最常利用的是糖类及其衍生物，尤其是单糖（葡萄糖、果糖）、双糖（蔗糖、麦芽糖、乳糖），绝大多数微生物都能利用。在配制培养基时，常加入葡萄糖，蔗糖作为碳源。一些大分子有机物质在细胞内分解代谢，为细胞提供小分子碳架的同时还能产生能量供合成代谢，因此某些碳源还同时充当着能源。

碳源的浓度对于菌体生长和产物的合成有着明显的影响，如培养基中碳源含量超过5%，细菌的生长会因细胞脱水而开始下降。酵母或霉菌可耐受更高的葡萄糖浓度，达200g/L，这是由于它们对水的依赖性较低。碳源浓度的优化控制，通常采用经验法和发酵动力学法，即在发酵过程中采用中间补料的方法进行控制。在实际生产中，要根据不同的代谢类型来确定补糖时间、补糖量以及补糖方式等。而发酵动力学法要根据菌体的比生长速率、糖比消耗速率及产物的比生产速率等动力学参数来控制。

头孢菌素 C 生物合成途径中的一个关键酶——去乙氧头孢菌素 C 合成酶对碳分解代谢阻遏物很敏感。葡萄糖阻遏头孢菌素 C 生物合成中的 α-氨基己二酰-半胱氨酰-缬氨酸合成酶。避免分解代谢物阻遏的一种办法是使补入碳源的速率等于其消耗的速率，另一种办法是使用非阻遏性碳源，如除葡萄糖以外的其他单糖、寡糖、多糖或油等。

碳源浓度对产物形成的影响以酵母的 Crabtree 效应为典型例子，即酵母生长在高糖浓度下，即使溶解氧充足，它还会进行厌氧发酵，从葡萄糖产生乙醇。当葡萄糖浓度大于0.15g/L 时便产生乙醇。为了阻止乙醇的生成，需控制生长速度和葡萄糖浓度。在这种情况下，采用补料分批或连续培养可以避免 Crabtree 效应的出现。

培养基中的糖浓度对谷氨酸发酵有着重要影响，在一定范围内，谷氨酸产量随糖浓度的增加而增加，但糖浓度过高，由于渗透压增大，对菌体的生长和发酵不利。国内谷氨酸发酵的糖浓度为 10%～13%，产酸约为 4%～5.5%。国外一般采用保持低浓度的流加糖发酵。

在使用兽疫链球菌 H23 发酵产生透明质酸的试验中发现，初糖浓度对菌种的生产性能有很大的影响，即初糖浓度高对菌体的生长和透明质酸形成产生抑制，而发酵过程中产生的乳酸同样会抑制菌体生长和透明质酸形成；而初糖浓度较低时，透明质酸产率系数降低，发酵时间延长，生产强度偏低。综合考虑透明质酸的产量、产率系数、生产强度，分批发酵生产透明质酸采用 50g/L 左右的初糖浓度较为适宜。

在利用重组毕赤酵母高密度发酵生产水蛭素的研究中发现，甲醇一方面作为碳源构成细胞骨架，使细胞生长；另一方面还可作为能源物质用于菌体生长、维持外源蛋白的表达。提高碳源浓度可有效地增加产物表达的量，但甲醇浓度的提高会抑制细胞生长甚至导致细胞死亡。因此，利用甲醇传感器控制甲醇的流加量，同时以限制性速度混合流加甘油，可获得较高的水蛭素产量。

2. 氮源的浓度对发酵的影响及控制

氮源对于乳酸菌的生长繁殖也很重要，常用的氮源分为两类：有机氮和无机氮。在实验室和发酵工业生产中，常使用铵盐、硝酸盐、蛋白胨、鱼粉、酵母膏、牛肉膏、豆饼粉等作为微生物的氮源。微生物细胞中大多含氮，氮元素是蛋白质和核酸等的主要成分。

与碳源相似，氮源的浓度过高，会导致细胞脱水死亡，且影响传质；浓度过低，菌体营养不足，影响产物的合成。不同产物的发酵中，所需的氮的浓度也不同。例如，谷氨酸发酵需要的氮源比一般的发酵多得多。一般的发酵工业碳氮比为 100∶(0.2～2.0)，谷氨酸发酵的碳氮比为 100∶(15～21)，当碳氮比为 100∶11 以上，才开始积累谷氨酸。在谷氨酸发酵中，用于合成菌体的氮仅占总耗用氮的 3%～6%，而 30%～80% 用于合成谷氨酸。在实际生产中，采用尿素或氨水作为氮源时，由于一部分用于调节 pH，还有一些分解而溢出，往往使得实际用量很大。当培养基中糖浓度为 12.5%，总尿素用量为 3% 时，含碳量为 5%，含氮量为 1.4%，此时碳氮比为 100∶28。氨浓度对谷氨酸的产率也有影响。在菌体生长阶段，如 NH_4^+ 过量，会抑制菌体生长；在谷氨酸合成阶段，如 NH_4^+ 不足，a-酮戊二酸不能还原氨基化，而积累 α-酮戊二酸，如 NH_4^+ 过量，使谷氨酸转化为谷氨酰胺，都会影响谷氨酸的产量。在使用兽疫链球菌 H23 发酵产生透明质酸的试验中，当酵母粉的浓度为 20g/L 时，透明质酸的含量、细胞干重、细胞产率都达到最大值，残糖最低。而如继续提高酵母粉浓度，则残糖升高，细胞干重和透明质酸都逐渐下降。又如，使用光滑球拟酵母 WSH-IP12 发酵产生丙酮酸，使用蛋白胨作为氮源，当蛋白胨浓度为 15g/L 时较为适宜，若高于此值，虽细胞干重增加，但丙酮酸的产量却下降。在利用野油菜黄单胞菌 9902 菌株生产黄原胶的研究中发现，随着发酵培养基中总碳氮比的增加，产胶率呈明显的上升趋势，总碳氮比为 10∶1 时，产胶率仅为 1.80% 左右，但当总碳氮比为 25∶1 时，产胶率提高到 3.64%。随着碳氮比的继续增大，产胶率逐渐维持在 3.4% 左右的水平。

此外，为了调节菌体的生长和防止菌体衰老自溶，除了基础培养基中的氮源外，有时还需要补加氮源来控制浓度。生产上常用的方法有：第一，补加有机氮源，根据微生物的代谢情况，添加某些可调节生长代谢的有机氮源，如酵母粉、玉米浆、尿素等。例如，青霉素发酵中，后期出现糖利用缓慢、菌体浓度变稀、菌丝展不开、pH 下降的现象，补加尿素水溶液就可以改变这种情况并提高产量。第二，补加无机氮源，工业中常用的方法是补加氨水或硫酸铵，其中氨水既可作为无机氮源，又可调节 pH。在抗生素的发酵工业中，补加氨水可提高产量，如果与其他条件配合，有些抗生素的发酵单位可提高 50%。如在红霉素的发酵生产中加入氨调节 pH，并且可作为无机氮源，能提高红霉素的产率和有效组分的比例。

3. 磷酸盐的浓度对发酵的影响及控制

磷是构成蛋白质、核酸和 ATP 的必要元素，是微生物生长繁殖所必需的成分，也是合成代谢产物所必需的营养物质。在发酵过程中，微生物从培养基中摄取的磷一般以磷酸盐的形式存在。因此，在发酵工业中，磷酸盐的浓度对菌体的生长和产物的合成有一定的影响。微生物生长良好时，所允许的磷酸盐浓度为 0.32～300mmol/L，但次级代谢产物合成良好时所允许的磷酸盐最高平均浓度仅为 1mmol/L。当提高到 10mmol/L 时，可明显抑制其合成。菌体生长所允许的浓度和次级代谢产物合成所允许的浓度相差悬殊。因此，控制磷酸盐浓度对微生物次级代谢产物发酵的意义非常大。例如，杆菌肽发酵中无机磷酸盐的浓度应控制在 0.1～1mmol/L，这时可以合成杆菌肽，不受其影响。但是，如果浓度高于 1mmol/L，则杆菌肽合成明显受到抑制。但也有一些产物要求磷酸盐浓度高些，如黑曲霉 NRRL330 菌种生产 α-淀粉酶，若加入 0.2% 磷酸二氢钾则活力可比低磷酸盐提高 3 倍。还有报道用地衣芽孢杆菌生产 α-淀粉酶时，添加超过菌体生长所需的磷酸盐浓度，则能显著增加 α-淀粉酶的产量。

在磷酸盐浓度的控制方面，通常是在基础培养基中采用适当的浓度给予控制。高浓度磷酸盐对许多抗生素，如链霉素、新霉素、四环素、土霉素、金霉素、万古霉素等的合成具有阻遏和抑制作用，磷酸盐浓度太低时，菌体生长不够，也不利于抗生素合成。因此，常采用生长亚适量（对菌体生长不是最适合但又不影响生长的量）的磷酸盐浓度。磷酸盐最适浓度取决于菌种特性、培养条件、培养基组成和原料来源等因素，可结合具体条件和使用的原材料进行实验来确定。培养基中的磷含量还可能因配制方法和灭菌条件不同而有所变化，在使用时应特别小心。在发酵过程中，若发现代谢缓慢、耗糖低的情况，可适量补充磷酸盐，如在西索米星发酵中，高浓度磷酸盐会提高发酵液中淀粉水解酶活力和丙酮酸浓度、降低碱性磷酸酯酶活力，对西索米星合成产生抑制。所以，西索米星发酵生产中采用分段控制发酵液中的磷酸盐浓度，在菌体生长期控制在 3.14mmol/L 以内，在产物合成期应控制在 0.1mmol/L 以下。

总之，控制基质各成分的浓度是决定发酵是否成功的基础，必须根据生产菌的特性和产物合成的要求进行深入细致的实验研究，以取得满意的效果。

七、通气搅拌对发酵的影响及其控制

好氧性发酵罐通常设有通气和搅拌装置，以供给好氧或兼性好氧微生物氧气，满足微生物生长繁殖和代谢产物积累需要。搅拌的作用是把气泡打碎；强化流体的湍流程度，延长空气在发酵液中停留时间；使空气与发酵液充分混合，使气、液、固三相更好地接触从而改善供氧性能。

搅拌器的形式、直径大小、组数、搅拌器间距以及转速等对氧的传递速率都有不同程度的影响。搅拌器按液流形式可分为轴向式和径向式两种。轴向式包括桨式、锚式、框式和推进式的搅拌器，涡轮式搅拌器属于径向式。发酵罐的搅拌器一般采用涡轮式，它的特点是直径小、转速快、搅拌效率高、功率消耗较低，主要产生径向液流，在搅拌器的上下两面形成两个循环的翻腾，利于氧在发酵液中的溶解。

搅拌转速 n 和桨叶直径 d 对溶解氧水平和混合程度有很大影响。当功率 P 不变时，即 $n^3 d^5 =$ 常数。低转速、大叶径，或高转速、小叶径能达到同样的功率，n、d 对溶解氧有不同的影响。消耗于搅拌的功率及搅拌循环量 $Q_{搅}$ 和液流速度压头 $H_{搅}$ 的乘积成正比，即

$$P \propto H_{搅} Q_{搅}$$

在湍流状态下，$P \propto H_{搅}$，$Q_{搅} \propto nd^3$，$H_{搅} \propto n^2 d^2$。

从上式可看出，增大 d 可增加循环量 $Q_{搅}$，对液体混合有利。增大 n，对提高液流速度压头、加强湍流程度、提高溶解氧水平有利。在实践中，既要求有一定的液体速度压头，以提高溶解氧水平，又要有一定的搅拌循环量，使混合均匀，避免局部缺氧现象。因此，要根据具体情况来确定 n 和 d。一般来讲，当空气流量较小、动力消耗较小时，以小叶径、高转速为好；当空气流量较小、动力消耗较大时，d 对通气效果的影响不太大；当空气流量大、功率消耗小时，以大叶径、低转速为好；当空气流量和动力消耗都较大时，采用小叶径、高转速为好。对于黏度大、菌丝易结团的发酵液，采用大叶径、低转速、多组搅拌器较好；对于黏度小、菌体易分散均匀的发酵液，采用小叶径、高转速较好。

在固定通气量的情况下，搅拌速度对 $K_L a$ 的影响见表 6-3，随着搅拌速度的增加，溶解氧和 $K_L a$ 增加很快，但尾气中氧的含量相对稳定，二氧化碳也变化不大，OUR 也大致相同。

表 6-3　青霉素发酵中不同转速下的 $K_L a$

转速/(r/min)	溶解氧/%	c_{O_2}/%	c_{CO_2}/%	OUR/[mol/(m³·h)]	$K_L a$
160	6.3	20.21	0.50	21.0	113.8
190	30.2	20.20	0.51	21.7	147.6
220	47.6	20.19	0.52	21.7	204.2
250	56.4	20.18	0.56	21.8	245.4
280	65.0	20.20	0.57	20.0	305.7

八、泡沫对发酵的影响及其控制

(一) 泡沫的产生及其影响

发酵过程中因通气搅拌、发酵产生的 CO_2 以及发酵液中糖、蛋白质和代谢物等稳定泡沫物质的存在，使发酵液含有一定量的泡沫，这是正常现象，泡沫的存在可以增加气液接触表面，有利于氧的传递。泡沫给发酵带来的副反应有：

(1) 降低了发酵罐的装料系数；

(2) 增加了菌群的非均一性；

(3) 增加了污染杂菌的概率，发酵液溅到轴封处容易染菌；

(4) 大量起泡，若控制不及时会引起逃液，招致产物的流失；

(5) 消泡剂的加入有时会影响发酵或给提炼工序带来麻烦。

发酵液的理化性质对形成泡沫的表面现象起决定性的作用，气体在纯水中鼓泡，生成的气泡只能维持瞬间，但发酵液中的玉米浆、皂苷、糖蜜所含的蛋白质，和细胞本身都具有稳定泡沫的作用。此外，发酵液的温度、pH、基质浓度以及泡沫的表面积对泡沫的稳定性也有一定的作用。

(二) 发酵过程中泡沫的消长规律

发酵过程中泡沫的多寡与通气搅拌的剧烈程度和培养基的成分有关，玉米浆、蛋白胨、花生饼粉、黄豆饼粉、酵母粉、糖蜜等是发泡的主要因素。

随着发酵过程中蛋白酶、淀粉酶的增多及碳源、氮源的利用，起稳定泡沫作用的蛋白质的降解，发酵液黏度的降低和表面张力的上升，泡沫在减少。

在发酵后期菌体自溶，可溶性蛋白增加，又促进泡沫的上升。

(三) 泡沫的控制

泡沫的控制可分为：机械消沫和消泡剂消沫。

1. 机械消沫

机械消沫是借机械力引起剧烈振动或压力变化起消沫作用。

消沫装置可安装在罐内或罐外。罐内可在搅拌轴上方安装消沫桨，泡沫借旋风离心场作用被压碎，也可将少量消泡剂加到消沫转子上以增强消沫效果。

罐外法是将泡沫引出罐外，通过喷嘴的加速作用或离心力粉碎泡沫。

机械消沫的优点是不需引进外界物质，从而减少染菌机会，节省原材料和不增加下游处理工艺的负担。缺点是不能从根本上消除泡沫成因。

2. 消泡剂消沫

发酵工业常用的消泡剂分天然油脂类（玉米油、豆油等）、聚醚类（聚氧丙烯甘油）、高级醇类（十八醇、聚乙二醇）和硅树脂类（聚二甲基硅氧烷及其衍生物）等。

消泡剂的消泡作用取决于它在发酵液中的扩散能力。消沫剂的分散可借助于机械方法或某种分散剂，如水，将消沫剂乳化成细小液滴。

消沫作用的持久性除与消泡剂本身的性能有关外，还与加入量和时机有关。

过量消泡剂通常会影响菌的呼吸活性和物质（包括氧）透过细胞壁的运输。

九、高密度发酵及过程控制

（一）高密度发酵应用

高密度发酵是一个相对概念，不是确切的定义，指应用一定的培养技术和装置培养菌体，使与常规培养相比显著提高菌体密度，从而提高目标产物的比生产率（单位体积、单位时间内产物的产量）。菌体在一定的培养环境下所能达到的菌体浓度是固定的，高密度发酵就是通过改变菌体的生长环境，从而延长菌体的生长时间来提高菌体浓度的培养方式。与常规培养相比，高密度发酵培养在发酵过程中有明显优势。它能提高体积产率，缩小生物反应器的体积，减少生产设备投资；可以强化下游分离提取，减少废水量；可以综合提高比生产率，加速产品的商品化进程，降低生产成本，并提高产品在市场上的竞争力和占有率，因此具有重要的实践价值。

现代的高密度培养技术主要是在用基因工程菌（尤其是大肠埃希菌）生产多肽类药物的实践中逐步发展起来的。大肠埃希菌在生产各种多肽类药物中具有极其重要的地位，其产品大都是高产值的贵重药品，例如人生长激素、胰岛素、白细胞介素类和人干扰素类等。

（二）高密度发酵的策略

1. 细胞生长环境的优化策略

要提高细胞密度和生产率，首先需要对微生物生长的物理和化学环境进行优化，包括生长培养基的组成、培养物理参数（pH、温度和搅拌）及产物诱导条件。优化这些参数的目的在于保证细胞生长处于最适的环境条件之下，避免营养物过量或不足、防止产物降解以及减少有毒产物的形成。

2. 培养基组成的优化

培养基中通常含有碳（能）源、氮源，以及微营养物如维生素和微量元素等，这些营养物的浓度与比例，对实现生产重组微生物的高密度发酵是很重要的。例如，过量的 Fe^{2+} 和 $CaCO_3$ 与相对低浓度的磷酸盐可促进黄曲霉生产 L-苹果酸；链霉菌在 $60\sim80mmol/L\ CO_3^{2-}$ 存在下，其丝氨酸蛋白酶生产能力可提高 10 倍之多；在重组微生物达到高细胞密度后，限制磷酸盐浓度可使抗生素和异源白介素-1 的产率显著提高。此外还发现，限制精氨酸的浓度虽然会抑制细胞的生长，但比起精氨酸充足时细胞生长优良的情况，其重组 a-淀粉酶的产量可提高 2 倍。

培养基中复合氮源的种类对重组大肠埃希菌的高密度发酵也非常重要。一般地，当流加培养基中含有酵母膏时，重组蛋白不稳定；而当流加培养基中含有蛋白胨时，大肠埃希菌不能再利用其所产生的乙酸。将酵母膏和蛋白胨都加入流加培养基中，不但所生产的重组蛋白非常稳定，而且细胞还能再利用代谢合成的乙酸，这是一种非常有趣的代谢机制。

恒化技术可用于优化精氨酸营养缺陷型大肠埃希菌 X90 的生长培养基。使该菌株以 $0.4h^{-1}$ 的比生长速率在含精氨酸的基本培养基上生长，待培养达到稳定状态后，在恒化器内分别加入氨基酸、维生素和微量元素来考察这些物质对菌体生长和精氨酸合成的影响。结果表明，由于氨基酸生物合成途径的末端产物抑制作用，加入某些氨基酸后，细胞生长反而受到抑制。加入 NH_4Cl 后细胞量则出现了增长。而添加维生素对菌体生长基本上没有任何影响。通过计算生物量对每种基质的产率，最终可以确定高密度发酵培养基的组成，在此优化培养基上，大肠埃希菌 X90 细胞密度可达到 92g/L，同时形成 56mg/L 的胞外重组蛋白酶。

3. 特殊营养物的添加

在某些情况下，向培养基中添加一些营养物质能提高生产率。这些营养物的作用有可能是作为产物的前体，也有可能是阻止产物的降解，例如，在培养重组大肠埃希菌生产氯霉素乙酰转移酶（一种由许多芳香族氨基酸组成的蛋白质）时添加苯丙氨酸，可将酶的比活力提高大约 2 倍；在培养重组枯草芽孢杆菌生产 β-内酰胺酶的培养基中添加 60g/L 的葡萄糖和 100mmol/L 的磷酸钾能使重组蛋白的稳定性显著提高。其原因可能是由于宿主细胞产生的多种胞外蛋白酶的活性被抑制，从而防止了重组蛋白的降解。

在生长培养基中添加特殊物质有时还能以一种未知的机制提高生产率。例如，在摇瓶培养小单孢菌时添加碘化钠可使抗肿瘤抗生素 dynemicin A 的产量提高 35 倍，但在小型反应器中却无法重复这一结果。

4. 限制代谢副产物的积累

培养条件的控制对代谢副产物的形成影响甚大。在分批或流加培养中，某些营养物的浓度过高均会导致 Crabtree 效应的产生。在这种效应下，酿酒酵母会产生乙醇，大肠埃希菌则会产生过量乙酸，一旦生成乙酸，细胞生长及重组蛋白的生产均会受到抑制。大肠埃希菌形成乙酸的速度依赖于细胞的生长速度和培养基的组成。业已确证，如果在培养基中添加复合营养物（如大豆水解物），则会增加乙酸的积累量。针对如何减轻由于乙酸积累而产生的负面影响，众多研究者进行了大量工作，如利用循环发酵技术来限制乙酸在重组大肠埃希菌高密度培养中的积累。近来也有研究表明，添加某些氨基酸能减轻乙酸的抑制作用。如在培养基中添加 10mg/L 的甘氨酸能显著促进大肠埃希菌合成重组 α-淀粉酶和 β-内酰胺酶，并能刺激酶从周质向培养基中释放，但此时仍有乙酸伴随生成。

（三）高密度发酵技术

高生产率和高细胞密度发酵生物技术研究者追求的两个主要目标，一是新型生物产品的开发，另一个就是为传统的或新生生物产品，寻求更经济的生产方式。近十年来，利用遗传工程技术来生产一些重要的生物药物，是生物技术领域中迅速发展的一个重要方向。在这一研究领域，如何创造更经济、更有效的方法，来提高生产过程的经济性和产品的市场竞争力，已经成为生物技术领域的科学家们所关注的焦点问题。

利用重组 DNA 技术生产重要的生物药物，在人类文明史上具有划时代的意义。由于生产成本和生产率的高低直接影响产品的发展，重组生物药物生产过程的优化已经成为一个重要问题。它包括以下六个方面：

（1）适宜宿主的选择；

（2）重组蛋白积累位点(如可溶的胞内积累、胞内聚合积累、周质积累或胞外积累)的确定；

（3）重组基因最大表达的分子策略；

（4）细胞生长和生产环境的优化；

（5）发酵条件的优化；

（6）后处理过程的优化。

只有这六个方面都实现高生产率，整个生产过程的最优化才能实现。

（四）高密度发酵存在的问题

1. 发酵条件的改进

（1）培养基的选择　采用甘油作为碳源。

（2）建立流加式培养　营养过高抑制细胞生长，高密度发酵是以低于抑制阈的浓度开始的，营养物是在需维持高生长速率时才添加的。

（3）提高供氧能力　通入空气与氧混合气体；增加压力；发酵液中添加过氧化氢等。

2. 构建出乙酸化能力低的工程化宿主菌

通过发酵条件的改进可以减少乙酸的产生，但是难以做到精细的调控，通过切断细胞代谢网络上产生乙酸的生物合成途径，构建出产乙酸能力低的工程化宿主菌，是从根本上解决问题的途径之一。

（1）阻断乙酸产生的主要途径　基因敲除或突变产生乙酸代谢突变菌株。

（2）对碳代谢流进行分流　丙酮酸代谢有选择地向乙醇的方向进行。

（3）限制进入糖酵解途径的碳代谢流　大肠埃希菌对葡萄糖的摄取是在磷酸转移酶系统的作用下通过基因转位的方式进行的，通过基因敲除法限制葡萄糖的摄取速率。

（4）引入血红蛋白基因　提高大肠杆菌在贫氧条件下对氧的利用率。

3. 构建蛋白水解酶活力低的工程化宿主菌

对于以可溶性或分泌形式表达的目标蛋白而言，随着发酵后期各种蛋白水解酶的累积，目标蛋白会遭到蛋白水解酶的作用而被降解。

十、发酵终点的检测与控制

（一）发酵终点的判断

微生物发酵终点的判断，对提高产物的生产能力和经济效益是很重要的。

生产能力是指单位时间内单位罐体积的产物积累而言，其单位为 $g/(L \cdot h)$。生产不能只单纯追求高生产力，而不顾及产品的成本，必须把两者结合起来，既要有高产量，又要是低成本。

无论是初级代谢产物或次级代谢产物发酵，到了末期，菌体的分泌能力都要下降，使产物的生产能力下降或停止，有的生产菌在发酵末期，营养耗尽，菌体衰老而进入自溶，释放出体内的分解酶会破坏已形成的产物。

要确定一个合理的放罐时间，需要考虑下列几个因素。

1. 经济因素

发酵产物的生产能力是实际发酵时间和发酵准备时间的综合反映。实际发酵时间，需要考虑经济因素，也就是要以最低的成本获得最大生产能力的时间为最适发酵时间，但在生产速率较小（或停止）的情况下，单位体积的产物产量增长有限，如果继续延长时间，使平均生产能力下降，而动力消耗、管理费用支出，设备消耗等费用仍在增加，因而产物成本增加。所以，需要从经济学观点确定一个合理时间。

2. 产品质量因素

发酵时间长短对后续工艺和产品质量有很大的影响。如果发酵时间太短，势必有过多的尚未代谢的营养物质（如可溶性蛋白质、脂肪等）残留在发酵液中。这些物质对后处理的溶剂萃取或树脂交换等工序都不利，因为可溶性蛋白质易于在萃取中产生乳化，也影响树脂交换容量。如果发酵时间太长，菌体会自溶，释放出菌体蛋白或体内的酶，又会显著改变发酵液的性质，增加过滤工序的难度，这不仅使过滤时间延长，甚至使一些不稳定的产物的质量下降，产物中杂质含量增加。故要考虑发酵周期长短对产物提取工艺的影响。

3. 特殊因素

在个别特殊情况下，如染菌、代谢异常（糖耗缓慢等）就应根据不同情况，进行适当处理。为了能够得到尽量多的产物，应及时采取措施（如改变温度或补充营养等），并适当提前或拖后放罐时间。

合理的放罐时间是由实验来确定的，也就是要根据不同的发酵时间所得到的产物产量计算出的发酵罐的生产能力和产品成本，采用生产能力高而成本低的时间，作为放罐时间。

确定放罐的指标有：产物的产量、过滤速度、氨基氮的含量、菌丝形态、pH 值、发酵液的外观和黏度等。发酵终点的掌握，就要综合考虑这些参数来确定。

（二）菌体自溶的监测

自溶作用是细胞的自我毁灭，溶酶体将酶释放出来将自身细胞降解。在正常情况下，溶酶体的膜是十分稳定的，不会对细胞自身造成伤害。如果细胞受到严重损伤，造成溶酶体破裂，那么细胞就会在溶酶体酶的作用下被降解，如某些红细胞常会有这种情况发生。在多细胞生物的发育过程中，自溶对于形态建成具有重要作用。

（三）影响自溶的因素

（1）发酵过程中污染杂菌，可造成目的菌体死亡引起自溶。

（2）发酵过程受到噬菌体污染，造成菌体自溶。

（3）因基础料配比的问题，后期某些成分消耗殆尽，造成的菌体自溶。

（4）因通气量不足或过量，造成菌体发育异常、代谢产物积累过量等问题，造成菌体自溶。

※ 工作任务 ▶▶▶▶

工作任务 6-1　发酵条件的优化

一、工作目标

（1）掌握对已确定菌种实验室发酵工艺的方法。

（2）熟悉用正交试验优化发酵条件的方法。

（3）确定特定产物发酵的工艺参数。

（4）筛选微生物最适生长及产物形成的条件。

（5）学习采用浊度法测定发酵液菌浓度的方法。

微课：发酵过程培养基
成分配比优化
综合实验

二、材料用具

谷氨酸产生菌 BL-115，大米、淀粉水解糖液（葡萄糖含量约 30%），玉米浆，旋转式摇床，恒温培养箱，分光光度计，恒温水浴锅，天平，电炉，三角瓶，试管，移液管，pH 计，华勃呼吸器等。

三、工作过程

1. 菌种活化

（1）斜面培养基配制（马铃薯琼脂培养基）　去皮新鲜马铃薯 200g 切成小块，加水约 500mL，煮沸 30min，然后用纱布过滤，滤液加蔗糖 20g、琼脂 20g，加水定容到 1000mL，分装于试管，121℃灭菌 20min，摆成斜面备用。

（2）取斜面保藏菌种谷氨酸生产菌 BL-115 划线接种于活化斜面，32℃恒温培养24～32h。

2. 种子培养

（1）种子培养基配制　葡萄糖 25g/L，尿素 5g/L，硫酸镁 0.4g/L，磷酸氢二钾 1g/L，玉米浆 25～35g/L，硫酸亚铁 20mg/L，硫酸锰 20mg/L，pH 7.0。按 20％装液量分装于三角瓶后，于 121℃灭菌 30min 冷却备用。

（2）接一环生长良好的斜面菌种到已灭菌冷却的种子培养基中（250mL 三角瓶内接入1～2环），于 32℃、250r/min 条件下振荡培养 7～8h，至对数生长中后期。

3. 发酵

（1）发酵培养基配制　水解糖 15％，玉米浆 0.1％～0.15％，磷酸氢二钠 0.17％，尿素 4％，氯化钾 0.12％，硫酸镁 0.04％，用 NaOH（5％）溶液调 pH 至试验设计要求。按20％装液量分装于 250mL 三角瓶中，于 110℃灭菌 20min 冷却备用。

（2）以一定的接种量在发酵培养基中接入种子培养液，在一定的温度和转速下发酵35h。（pH、接种量、温度、转速见表 6-4 试验设计）。

4. 最佳工艺条件的确定

为了确定最佳工艺条件，经分析，以发酵温度、初始 pH、转速、接种量为影响菌种生长和产物形成的主要因素，采用三水平四因素 L9(3⁴) 进行正交试验，正交试验设计见表 6-4。

表 6-4　最佳工艺正交试验设计

水平	因素			
	A 温度/℃	B 初始 pH	C 转速/(r/min)	D 接种量/％
1	29	6.8	100	1
2	32	7.0	180	5
3	35	7.2	250	10

按表 6-4 的设计进行最佳工艺正交试验，试验方案及结果见表 6-5。

表 6-5　最佳工艺正交试验方案及结果

试验号	A	B	C	D	菌体生物量
1	1	1	1	1	
2	1	2	2	2	
3	1	3	3	3	
4	2	1	2	3	
5	2	2	3	1	
6	2	3	1	2	
7	3	1	3	2	
8	3	2	1	3	
9	3	3	2	1	
K_1					
K_2					
K_3					
k_1					
k_2					
k_3					
R					

5. 分析方法

（1）菌体生物量测定　采用比浊法测定菌体的生长。取发酵液稀释 20 倍后，用 721 分光光度计在 620nm 下测定吸光度（OD_{620nm}）。

（2）pH 测定　用 pH 计。

（3）谷氨酸测定　用华勃呼吸器测定发酵液中的谷氨酸含量。

四、注意事项

（1）整个实验过程必须在严格的无菌条件下进行，尽量避免感染杂菌。

（2）实验前应对菌种的扩培和发酵工艺的调控有明确的了解，并会对正交试验结果进行计算和分析。

（3）控制好种子培养的时期和取样时间。

五、考核内容与评分标准

1. 相关知识

（1）概括介绍发酵条件优化的方法。（10 分）

（2）举例说明如何进行发酵过程的调控。（10 分）

（3）叙述如何用正交试验进行发酵条件的优化。（10 分）

2. 操作技能

（1）种子扩培的操作流程。（15 分）

（2）实验室确定发酵工艺参数的操作。（20 分）

（3）发酵过程中营养条件和培养条件的筛选。（20 分）

（4）用分光光度计、酸度计等进行有关测定。（15 分）

工作任务 6-2　发酵过程的参数控制

一、工作目标

（1）掌握发酵参数对发酵过程的影响规律。

（2）熟悉发酵过程参数控制的一般方法。

二、材料用具

青霉素发酵生产仿真系统（图 6-8）。

微课：发酵过程的
参数控制

三、工作过程

1. 正常发酵（过程）

（1）进料（基质），开备料泵；

（2）开备料阀；

（3）备料后（罐重 100000kg）关备料阀；

（4）关备料泵；

（5）开搅拌器；

（6）设置搅拌转速为 200r/min；

（7）开通风阀；

（8）开排气阀；

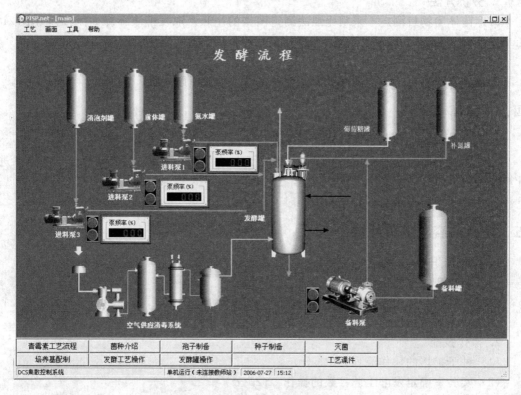

图 6-8　青霉素发酵生产仿真系统

（9）投加菌种；

（10）补糖，开补糖阀；

（11）补氮，开加硫铵阀；

（12）开冷却水，维持温度在 25℃；

（13）pH 值保持在一定范围内；

（14）前体超过 1kg/m³（扣分步骤，出现则扣分）。

2. 出料

（1）停止进空气；

（2）停搅拌；

（3）关闭所有进料，开阀出料。

3. 控制

（1）发酵过程中 pH 值低：调节 pH 值；开大氨水流量；观察 pH 值指标。

（2）发酵过程中 pH 值高：关闭进氨水；开大补糖阀；调节 pH 值。

（3）发酵过程中溶解氧低：开大进空气阀 V02；调节溶解氧大于 30%。

（4）残糖浓度低：开加糖阀补糖。

（5）发酵过程中温度高：开通冷却水进水冷却；观察温度指标。

（6）泡沫高：添加消泡剂；泡沫高度降低到 30cm。

四、注意事项

在操作过程中勿重启计算机。

五、考核内容与评分标准

规定时间内完成，由仿真系统自动打分。

※ 项目小结 ▶▶▶

PPT 课件

发酵过程控制的参数主要有温度、pH 值、溶解氧、CO_2、基质浓度、通气搅拌、菌体浓度等。发酵热就是发酵过程中所产生的净热量，即 $Q_{发酵} = Q_{生物} + Q_{搅拌} - Q_{蒸发} - Q_{显} - Q_{辐射}$。温度对发酵的影响主要是对微生物生长、基质消耗、产物合成的影响等。对于不同的菌体生长、不同的代谢产物合成应选择不同的最适温度。

在了解发酵过程中 pH 变化规律的基础上选择最适 pH，选择最适发酵 pH 的准则是获得最大比生产速率和适当的菌量。可以通过调配发酵培养基的基础配方，补加酸性或碱性物质，特别是补料的策略调控 pH。

微生物的吸氧量常用呼吸强度和微生物摄氧率两种方法来表示。溶解氧在发酵过程控制中起着重要的作用，临界溶氧浓度是微生物对溶解氧浓度的最低要求。在不同的发酵时期，溶解氧变化的规律不同。要控制好发酵液中的溶解氧浓度，需从供氧和需氧两方面着手。

发酵过程应设法控制菌体浓度在合适的范围内，主要通过接种量和培养基中培养物质的含量来控制菌体浓度。接种量是指种子液体积和培养液体积之比。一般发酵常用的接种量为 $1\% \sim 10\%$。对于通过培养基中营养物质的含量来控制菌体浓度，首先要确定培养基中各种成分的配比，其次要采用中间补料的方式进行控制。

泡沫控制采用机械消沫和消泡剂消沫。确定放罐的指标有：产物的产量、过滤速度、氨基氮的含量、菌丝形态、pH 值、发酵液的外观和黏度等。

项目思考

1. 如何选择发酵最适温度？
2. 通过生产实例说明发酵过程中如何进行温度调控？
3. 发酵过程中 pH 值为什么会发生变化？如何调控？
4. 发酵过程中为什么要补料？
5. 影响溶解氧的主要因素有哪些？如何控制？
6. 发酵过程中泡沫对发酵带来的副作用表现在哪些方面？如何在工艺中控制泡沫的形成？
7. 发酵过程中对终点的判断依据有哪些？

项目七

发酵罐的使用及放大

【知识目标】

1. 熟悉和掌握机械搅拌通风发酵罐的结构和主要部件功能。
2. 掌握发酵罐的安装、使用与保养方法。
3. 掌握发酵罐放大的理论依据和方法。

【能力目标】

1. 能正确操作实验室常用的发酵罐。
2. 能利用常用的发酵罐对微生物产品进行发酵。
3. 具备将小试结果放大的能力。
4. 具备比例换算的能力。

音频：青霉素的生产

【思政与职业素养目标】

1. 培养科学观察、独立思考、自主探究的习惯，提升获取、分析、使用信息的能力。
2. 培养安全操作的能力和灵活多样地解决问题的能力。
3. 培养敢为人先的创新精神，提升锲而不舍、坚持不懈的钻研能力。

 ※ 项目说明 ▶▶▶▶

　　发酵工业的主要设备是发酵罐，传统的发酵容器形状各异，存在很大的弊端。随着我国发酵技术行业的蓬勃发展，发酵罐日趋大型化、自动化，是现代发酵技术发展的重要里程碑。发酵罐能进行严格的灭菌，通入空气，提供良好的发酵环境；能实施搅拌、振荡等促进微生物生长的措施；能对温度、压力、空气流量实行自动控制。另外，发酵罐能实现大规模的连续生产，最大限度地利用原料和设备，获得高产量、高效率。发酵从实验室阶段到小试，到中试，直至生产阶段，发酵罐放大过程中产物的产量有差异，特别是对于需氧发酵，差异更大。如何进行发酵罐的放大呢？通过本项目的学习，掌握发酵罐的使用、保养和放大技术。

※ 基础知识 ▶▶▶

发酵罐伴随着微生物发酵工业的发展已历经约 300 年。早在 17 世纪，人们已经开始使用带有温度计和热交换器的木制容器来制备乙醇和酒。1900～1940 年出现了 200m³ 的钢质发酵罐，在面包酵母发酵中开始使用空气分布器和机械搅拌装置。1940～1960 年，第一个大规模工业生产青霉素的工厂于 1944 年 1 月 30 日在美国的 Terr Haute 投资，其发酵罐的体积是 54m³；抗生素工业的兴起引起发酵工业一场变革，机械搅拌、通风、无菌操作、纯种培养等一系列技术开始完善起来，并且出现了耐高温在线连续测定的 pH 电极和溶氧电极，开始使用计算机进行发酵过程控制。1960～1979 年机械搅拌通风发酵罐的容积增大到 80～150m³，由于大规模生产单细胞蛋白的需要而出现了压力循环型和压力喷射型发酵罐，计算机开始在发酵工业上得到广泛应用。1979 年以后，随着生物工程技术的迅猛发展，大规模细胞培养发酵罐应运而生，胰岛素、干扰素等基因工程的产品走上商品化。由于对发酵罐的严密性、运行可靠性的要求越来越高，发酵的计算机控制和自动化的实际运用已相当普遍，pH 电极、溶氧电极、溶解二氧化碳电极等在线检测在国外已相当成熟。同时现代发酵工业为了走向产业化，获取更大的经济效益，发酵罐更加趋于大型化：具体达到废水处理 2700m³，单细胞蛋白 1500m³，啤酒 320m³，柠檬酸 200m³，面包酵母 20m³，抗生素 200m³，干酪 20m³，酸乳 10m³。生物工程，尤其是基因工程的迅速发展，以及治理环境的迫切需要，使发酵罐的形状、操作原理和方法都发生了较大的变化，就连术语"发酵罐"也常被称为"生化反应器"。尽管如此，发酵工业上最常用的还是通风搅拌罐、压力循环发酵罐、带超滤膜的发酵罐等。

一、发酵罐的类型与结构

发酵罐是发酵设备中最重要、应用最广的设备，是发酵工业的心脏，是连接原料和产物的桥梁，可用于研究、分析或生产，有多种在材料、大小和形状上各异的产品。广义的发酵罐是指为一个特定生物化学过程的操作提供良好而满意的环境的容器。工业发酵中一般指用于培养微生物或细胞的封闭容器或生物反应装置。

在发酵罐的设计和加工中应注意结构严密，合理，能耐受蒸汽灭菌、有一定操作弹性、内部附件尽量减少（避免死角）、物料与能量传递性能强，并可进行一定调节，以便于清洗、减少污染，适合于多种产品的生产以及减少能量消耗等。

（一）发酵罐的类型

按微生物生长代谢需要分类，可分为好气性发酵罐和厌气性发酵罐。主要区别是前者需要通风，后者则不需要通气。

好气性发酵罐又称通风发酵罐。好气性发酵需要将空气不断通入发酵液中，以供给微生物所消耗的氧。通入发酵液中的气泡越小，气泡与液体的接触面积就越大，液体中的氧的溶解速率也越快。常用通风发酵罐有以下几种类型：机械搅拌通风发酵罐、气升式发酵罐、自吸式发酵罐、伍式发酵罐、文氏管发酵罐。

（1）机械搅拌发酵罐　机械搅拌发酵罐是指带有通风和机械搅拌装置的发酵罐。无论是用微生物作为生物催化剂，还是酶或动植物细胞作为生物催化剂的生物工程工厂都有此类设备。它占据了发酵罐总数的 70%～80%，是发酵工厂最常用类型，故又称之为通用式发酵罐。利用机械搅拌器的作用，使空气和发酵液充分混合，促进氧在发酵液中溶解，以保证供给微生物生长繁殖、发酵所需要的氧气。

一个性能优良的机械搅拌通风发酵罐必须满足以下基本要求：

① 发酵罐应具有适宜的径高比。发酵罐的高度与直径之比一般为 1.7～4，罐身越长，氧气的利用率越高。

② 发酵罐能承受一定压力。

③ 发酵罐的搅拌通风装置能使气液充分混合，以保证发酵液必需的溶解氧。

④ 发酵罐应具有足够的冷却面积。

⑤ 发酵罐内应尽量减少死角，避免藏垢积污，灭菌要彻底，避免染菌。

⑥ 搅拌器的轴封应严密，尽量避免泄漏。

（2）气升式发酵罐　此发酵罐是依靠无菌压缩空气作为液体的提升力使罐内发酵液上下翻动混合。

气升式发酵罐的特点有：

① 冷却面积小，结构简单。

② 无搅拌传动设备，节省动力约 50%，节省钢材。

③ 操作时无噪声。

④ 料液装料系数达到 80%～90%，不须加消泡剂。

⑤ 维修、操作及清洗简便，减少杂菌感染概率。

但气升式发酵罐还不能代替好气量较小的发酵罐，对于黏度较大的发酵液溶氧系数较低。

（3）自吸式发酵罐　自吸式发酵罐是一种不需要空气压缩机，带有中央吸气口的搅拌器，在搅拌过程中自动吸入空气的发酵罐。该设备的耗电量小，能保证发酵所需的空气，并能使气液分离细小、均匀地接触，吸入空气中 70%～80% 的氧被利用。发酵工业上采用了不同型式及容积的自吸式发酵罐生产葡萄糖酸钙、维生素 C、酵母、蛋白酶等，都取得了良好的效果。

（4）伍式发酵罐　伍式发酵罐的主要部件是套筒、搅拌器。其基本通气原理是搅拌时液体沿着套筒外向上升至液面，然后由套筒内返回罐底，形成循环。搅拌器是用六根弯曲的空气管子焊于圆盘上，兼作空气分配器。空气由空心轴导入经过搅拌器的空心管吹出，与被搅拌器甩出的液体相混合。伍式发酵罐的缺点是结构较复杂，清洗套筒比较困难，消耗功率较高。

（5）文氏管发酵罐　文氏管发酵罐的原理是用泵将发酵液压入文氏管中，由于文氏管收缩段中液体的流速增加，形成真空将空气吸入，并使气泡分散与液体混合，增加发酵液中的溶解氧。该设备的优点是吸氧的效率较高，气、液、固三相均匀混合，设备简单，且无需空气压缩机及搅拌器，节省动力消耗。文氏管发酵罐的缺点是气体吸入量与液体循环量之比较低，对于耗氧量较大的微生物发酵不适宜。

厌气性发酵罐又称非通风发酵罐，丙酮、丁醇、酒精、啤酒、乳酸等采用厌气性发酵罐，不需要通气。

（二）发酵罐的结构

1. 机械搅拌发酵罐

机械搅拌发酵罐又称通用式发酵罐，是工业上最常用的一种微生物反应器。这类发酵罐既具有机械搅拌又具有压缩空气分布装置，搅拌器的主要作用是打碎空气气泡，增加气液接触界面，以提高气液间的传质速率，同时也是为了使发酵液充分混合，液体中的固形物料保持悬浮状态。机械搅拌通风发酵罐是一种密封式受压设备，其主要部件包括罐身、搅拌器、轴封、消泡器、联轴器、中间轴承、空气吹泡管（或空气喷射器）、挡板、冷却装置、人孔

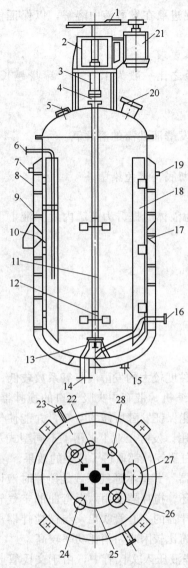

图 7-1　发酵罐的结构示意

1—三角皮带转轴；2—轴承支柱；3—联轴节；4—轴封；5—窥镜；6—取样口；7—冷却水出口；8—夹套；9—螺旋片；10—温度计；11—轴；12—搅拌器；13—底轴承；14—放料口；15—冷水进口；16—通风管；17—热电耦接口；18—挡板；19—接压力表；20—手孔；21—电动机；22—排气口；23—取样口；24—进料口；25—压力表接口；26—窥镜；27—手孔；28—补料口

以及视镜等。如图 7-1 显示的是发酵罐的结构示意。

（1）罐体　发酵罐的罐体是由圆柱体和椭圆形或碟形封头焊接而成，材料为碳钢或不锈钢，且应有一定的承压能力。小型发酵罐罐顶和罐身采用法兰连接，材料一般为不锈钢。为了便于清洗，小型发酵罐顶设有清洗用的手孔。中大型发酵罐则装设有快开人孔及清洗用的快开手孔。罐顶还装有视镜及灯镜。

在发酵罐罐顶上的接管有：进料管、补料管、排气管、接种管和压力表接管。

在罐身上的接管有冷却水进出管、进空气管、取样管、温度计管和测控仪表接口。罐体各部分的尺寸有一定的比例，罐的高度与直径之比一般为 $1.7 \sim 4$。

发酵罐通常装有两组搅拌器，两组搅拌器的间距 S 约为搅拌器直径的 3 倍。对于大型发酵罐以及液体深度 H_L 较高的，可安装三组或三组以上的搅拌器。最下面一组搅拌器通常与风管出口较接近为好，与罐底的距离 C 一般等于搅拌器直径 D，但也不宜小于 $0.8D$，否则会影响液体的循环。

最常用的发酵罐各部分的比例尺寸如图 7-2 所示。

（2）搅拌器　搅拌器的作用是使通入的空气分散成气泡并与发酵液充分混合，使氧溶解于发酵液中。一般来讲，搅拌器可分为旋桨式搅拌器和涡轮式搅拌器，如图 7-3 所示。通用式发酵罐大多采用涡轮式搅拌器，涡轮式搅拌器的叶片有平叶式、弯叶式、箭叶式三种，其作用主要是打碎气泡，加速和提高溶解氧。平叶式功率消耗较大，弯叶式较小，箭叶式又次之。为了拆装方便，大型搅拌器可做成两半型，用螺栓联成整体。搅拌器宜用不锈钢板制成。

相同半径、转速时，功率消耗依次为平叶式搅拌器大于弯叶式搅拌器，弯叶式搅拌器大于箭叶式搅拌器。在相同的搅拌功率下粉碎气泡的能力大小是平叶式搅拌器大于弯叶式搅拌器，弯叶式搅拌器大于箭叶式搅拌器。但其翻动流体的能力则与上述情况相反。即箭叶式搅拌器大于弯叶式搅拌器，弯叶式搅拌器大于平叶式搅拌器。

（3）挡板　挡板的作用一方面是防止液面中央产生漩涡，促使液体激烈翻动，提高溶解氧。另一方面是防止搅拌过程中漩涡的产生，而导致搅拌器露在料液以上，起不到搅拌作用。挡板宽度约为 $(0.1 \sim 0.12)D$。装设 $4 \sim 6$ 块挡板，可满足全挡板条件。所谓"全挡板条件"是指在一定转速下，再增加罐内附件，轴功率仍保持不变。竖立的蛇管、列管、排管也可以起挡板作用。

（4）消泡器　发酵生产中泡沫形成的原因主要有发酵液中含有蛋白质等发泡物质及由外

界引进的气流被机械地分散形成（通风、搅拌）。泡沫造成的危害主要有以下几点：降低发酵设备的利用率；增加了菌群的非均一性；增加了染菌的机会；导致产物的损失；消泡剂会给后提取工序带来困难。

　　常用的消泡方法有物理消泡法和化学消泡法。物理消泡法是靠机械力引起强烈振动或者压力变化，促使泡沫破裂。消泡器是安装在发酵罐内转动轴的上部或安装在发酵罐排气系统上的，可将泡沫打破、分离成液态和气态两相的装置。化学消泡法则是加入消泡剂，使泡沫失稳，发酵时多用豆油。

　　安装在罐内的消泡装置是安装在发酵罐内、转动轴的上部，齿面略高于液面，直径为（0.8～0.9）D。若其由搅拌轴带动，则转速不高，效果不佳。而如消泡装置为耙式消泡浆，装于搅拌轴上，齿面略高于液面，当少量泡沫上升时，转动的耙齿就可以把泡沫打碎。消泡器的长度约为罐径的 0.65 倍。如图 7-4 所示为耙式消泡器。

　　安装在罐外的消泡装置是接于罐的排气口，如旋风式消泡器。另外还有离心式消泡器、刮板式消泡器、碟片式消泡器等。离心式消泡器是一种离心式气液分离装置。离心式消泡器装于排气口上，夹带液沫的气流以切线方向进入分离器中，由于离心力的作用，液滴被甩向器壁，经回流管返回发酵罐，气体则自中间管排出。刮板式消泡器的工作原理为刮板旋转时转速为 1000～1400r/min，使泡沫产生离心力被甩向壳体四周。消泡后的液体及部分泡沫集中于壳体的下端，经回流管返回发酵罐，而被分离后的气体则通过气体出口排出。碟片式消泡器安装在发酵罐的顶部，转轴通过两个轴封与发酵罐及排气管连接。当泡沫上溢与碟片式消泡器接触时，泡沫受高速旋转离心碟的离心力作用，将破碎分离成液态及气态两相，气相通过通气孔沿空心轴向上排出，液体则被甩回发酵罐中。

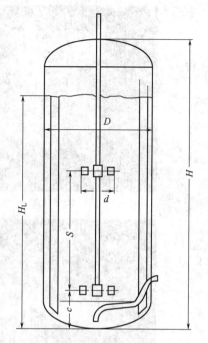

图 7-2　机械搅拌通风
发酵罐的比例尺寸

D—罐体直径；d—搅拌器直径；
S—搅拌器间距；c—下搅拌器
距底间距；H_L—浆料的液面高度

通常取值：$D=3d$；$d=\dfrac{1}{3}D$；

$$S=2d；c=d$$

系数范围：2～3；$\dfrac{1}{3}$～$\dfrac{1}{2}$；1.5～2.5；
0.8～1.0

　　（5）联轴器及轴承　用联轴器使几段搅拌轴上下形成牢固的刚性联结。为了减少震动，中型发酵罐装有底轴承，大型发酵罐装有中间轴承。

　　（6）空气分布装置　空气分布装置的作用是吹入无菌空气，使空气分布均匀。分布装置有单管及环形管等。工业上常用单管，简单实用，单次通入量较大。环形管属于多孔管式，空气分布较均匀，但喷气孔容易被堵塞。

　　（7）轴封　运动部件与静止部件之间的密封叫作轴封。如搅拌轴与罐盖或罐底之间。轴封的作用是使罐顶或罐底与轴之间的缝隙加以密封，防止泄漏和污染杂菌。常用轴封有填料轴封和端面轴封两种，目前多用端面式轴封。

　　端面式轴封又称机械轴封。密封作用是靠弹性元件（弹簧、波纹管等）的压力使垂直于轴线的动环和静环光滑表面紧密地相互贴合，并做相对转动而达到密封。动静环材料要有良好的耐磨性，摩擦系数小，导热性能好，结构紧密，且动环的硬度应比静环大。

　　填料函式轴封是由填料箱体、填料底衬套、填料压盖和压紧螺栓等零件构成，使旋转轴达到密封的效果。缺点为死角多，很难彻底灭菌，易磨损、渗漏。

(a) 平叶式　　　　　　　　　　　　(b) 弯叶式

(c) 箭叶式　　　　　　　　　　　　(d) 旋桨式

图 7-3　常用搅拌器的类型

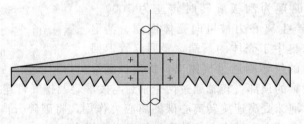

图 7-4　耙式消泡器

（8）变速装置　发酵罐常用的变速装置有三角皮带传动，圆柱或螺旋圆锥齿轮减速装置，其中以三角皮带变速传动较为简单，噪声较小，如图 7-5 所示。

（9）发酵罐的换热装置

① 夹套式换热装置　这种装置多应用于容积较小的发酵罐、种子罐；夹套的高度比静止液面高度稍高即可，无须进行冷却面积的设计。这种装置的优点是结构简单；加工容易，罐内无冷却设备，死角少，容易进行清洁灭菌工作，利于发酵。其缺点是传热壁较厚，冷却水流速低，发酵时降温效果差。

② 竖式蛇管换热装置　这种装置是竖式的蛇管分组安装于发酵罐内，有四组、六组或八组不等，根据管的直径大小而定，容积 $5m^3$ 以上的发酵罐多用这种换热装置。这种装置的优点是：冷却水在管内的流速大；传热系数高。这种冷却装置适用于冷却用水温度较低的地区，水的用量较少。但是气温高的地区，冷却用水温度较高，则发酵时降温困难，影响发酵产率，因此应采用冷冻盐水或冷冻水冷却，这样就增加了设备投资及生产成本。另外，弯曲

三角皮带变速装置

图 7-5　变速装置

位置比较容易蚀穿。

③ 竖式列管（排管）换热装置　这种装置是以列管形式分组对称装于发酵罐内。其优点是加工方便，适用于气温较高、水源充足的地区。这种装置的缺点是传热系数较蛇管低，用水量较大。

2. 气升式发酵罐

气升式发酵罐也是应用广泛的生物反应设备，分为内循环和外循环两种。其主要结构包括：罐体、上升管、空气喷嘴。它的原理是把无菌空气通过喷嘴喷射进发酵液中，通过气液混合物的湍流作用而使空气泡打碎，同时由于形成的气液混合物密度降低故向上运动，而含气率小的发酵液则下沉，形成循环流动，实现混合与溶解氧传质。其特点是结构简单、不易染菌、溶解氧效率高和耗能低等，类型如图 7-6 所示。气升式反应器不适于高黏度或含大量固体的培养液。

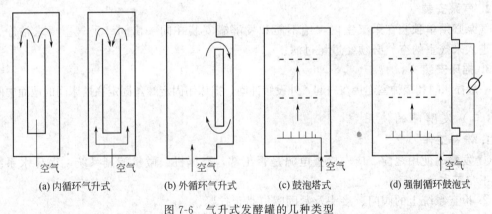

(a) 内循环气升式　　(b) 外循环气升式　　(c) 鼓泡塔式　　(d) 强制循环鼓泡式

空气　　空气　　空气　　空气　　空气

图 7-6　气升式发酵罐的几种类型

气升式发酵罐是否符合工艺要求及经济指标，应从以下几方面进行考虑：循环周期必须符合菌种发酵的需要；选用适当直径的喷嘴。具有适当直径的喷嘴才能保证气泡分割细碎，与发酵液均匀接触，增加溶氧系数。

3. 自吸式发酵罐

自吸式发酵罐是一种不需要空气压缩机，而在搅拌过程中自动吸入空气的发酵罐。它与通用发酵罐的区别是有一个特殊的搅拌器，没有通气管。缺点为罐为负压，容易染菌；转速较大，会打碎丝状菌。自吸式发酵罐的主体结构包括罐体、自吸搅拌器及导轮、轴封、换热装置、消泡器等。

自吸式发酵罐的充气原理为搅拌器由罐底向上伸入的主轴带动，叶轮旋转时叶片不断排开周围的液体使其背侧形成真空，由导气管吸入罐外空气，吸入的空气与发酵液充分混合后在叶轮末端排出，并立即通过导轮向罐壁分散，经挡板折流涌向液面，均匀分布。自吸式发酵罐有以下优点。

① 节约空气净化系统中的空气压缩机、冷却器、油水分离器、总过滤器等设备，减少厂房占地面积。

② 减少工厂发酵设备投资约 30％左右，例如应用自吸式发酵罐生产酵母，单位容积酵母的产量可高达 30～50g。

③ 设备便于自动化、连续化，降低劳动强度，可减少劳动力。

④ 酵母发酵周期短，发酵液中酵母浓度高，分离酵母后的废液量较少。

⑤ 设备结构简单，溶解氧效果高，操作方便。

二、发酵罐的安装和使用

（一）发酵设备的安装

1. 安装场地及注意事项

（1）选择合适的场地　安装发酵罐的房间必须密闭，最好设有缓冲间，必须配备上下水，电源、紫外灯等。地面最好用水磨石，墙壁顶棚必须光滑，以利于清洁。

（2）注意事项

① 由于长途运输，首先对各连接螺纹进行检查。

② 对搅拌器应作空车试运转检查，待各传动部件运转正常后，方可投产使用。

③ 蒸汽连接后，对各接头处检查，如漏气，可旋紧管接头与螺柱，直到不漏为止，方可正常投产使用。

2. 气泵安装

气泵必须单独装在采气室内，绝不能和发酵罐安装在同一房间。采气室要求洁净、干燥，进入采气室的空气必须经过粗过滤。

3. 摇床安装

一般摇床间和接种室连接在一起，外设缓冲间，摇床用固定螺丝固定在摇床间的地面中间。

（二）发酵罐的使用

1. 准备工作

① 发酵罐使用之前，应先检查电源是否正常，空压机、微机控制系统、循环水系统是否能正常工作。

② 检查系统上的阀门、接头及紧固螺钉是否拧紧。

③ 开动空压机，检查种子罐、发酵罐、过滤器、管路、阀门的气密性是否良好。

2. 空消

在投料前，对气路、料路、种子罐、发酵罐、碱罐、消泡罐等必须用蒸汽进行灭菌，消除所有死角的杂菌，保证系统处于无菌状态。

（1）空气管路的空消

① 空气管路上有三级预过滤器、冷干机和除菌过滤器。预过滤器和冷干机不能用蒸汽灭菌，因此在空气管路通蒸汽前，必须将通向预过滤器的阀门关闭，使蒸汽通过减压阀、蒸汽过滤器然后进入除菌过滤器。

② 除菌过滤器的滤芯不能承受高温高压，因此，蒸汽减压阀必须调整在 0.13MPa，不得超过 0.15MPa。

③ 空消过程中，除菌过滤器下端的排气阀应微微开启，排除冷凝水。

④ 空消时间应持续 40min 左右，当设备初次使用或长期不用后启动时，最好采用间歇空消，即第一次空消后，隔 3～5h 再空消一次，以便消除芽孢。

⑤ 经空消后的过滤器，应通气吹干，约 20～30min，然后将气路阀门关闭。

（2）种子罐、发酵罐、碱罐及消泡罐空消

① 种子罐、发酵罐、碱罐及消泡罐是将蒸汽直接通入罐内进行空消。

② 空消时，应将罐上的接种口、排气阀及料路阀门微微打开，使蒸汽通过这些阀门排出，同时保持罐压为 0.13～0.15MPa。保压方式：调节主汽路进汽阀门控制进汽量；调节排气口排气量大小或尾阀放汽量。

③ 空消时间为 30～40min，特殊情况下，可采用间歇空消。

④ 种子罐、发酵罐、碱罐及消泡罐空消前，应将夹套内的水放掉。

⑤ 结束空消时，逆着蒸汽进路关阀门，应先关近罐阀。同时准备好压缩空气，确保蒸汽一停即充入无菌压缩空气以维持空气系统及罐内的正压。

⑥ 空消结束后，应将罐内冷凝水排掉，并将排空阀门打开，防止冷却后罐内产生负压、损坏设备。

⑦ 空消时，取出溶氧电极、pH 电极，可以延长其使用寿命。

3. 进料及升温

待发酵罐温度冷却至室温，此时发酵的前期准备工作已就绪，开始准备接入物料。

（1）调大排气口排气量，至罐压掉零，开启进料口，加料。装上溶氧探头及 pH 探头。培养基在进罐之前，应先糊化，一般培养基的配方量以罐体全容积的 70% 左右计算（泡沫多的培养基为 65% 左右，泡沫少的培养基可达 75%～80%），考虑到冷凝水和接种量因素，加水量为罐体全容积的 50% 左右，加水量的多少与培养基温度和蒸汽压力等因素有关，需在实践中摸索。

（2）夹套升温　蒸汽由夹套蒸汽管路进入夹套进行升温（由表压可读出进入夹套的气压），温度可由控制面板上读出，升至 90℃，关闭夹套蒸汽。

升温目的：冷的物料和罐体中直接冲入蒸汽，极易产生大量冷凝水而使培养基中水分过大；另外，对淀粉质的物料，则直接通入蒸汽很容易使物料结球不溶，表面糊化结团，影响灭菌效果；升温还可以有利于淀粉质原料液化。

4. 实消

关闭气路入罐阀，主汽路进汽→补料口进汽（方法同空消）→罐压升至 0.12MPa（121℃），保压、保温 30min→实消结束。

5. 冷却接种及发酵

（1）冷却　打开冷却水的进排阀门，在夹套内通水冷却，当罐内压力降至 0.05MPa 时，微微开启排气阀和进气阀，进行通气搅拌，加速冷却速度，并保持罐压为 0.05MPa，直到罐温降至接种温度。

（2）接种及发酵　放大排气口出气量，至表头掉零，开启接种口，火圈接种。接种后拧紧接种口，将排气阀调小，接上玻璃转子流量计，使流量计读数在 8.0 左右，同时保持罐压为 0.06MPa。在控制系统中设定好发酵温度，保温、保压发酵。

6. 出料

① 发酵结束后，利用罐压将发酵液从出料管道排出。

② 出料结束后，应立即放水清洗发酵罐及料路管道阀门，并开动空压机，向发酵罐供气并搅拌，将管路中的发酵液冲洗干净。将发酵罐电极拆下，清洗发酵罐。

（三）发酵罐的保养与维护

（1）安置发酵罐设备的环境应整洁、干燥、通风良好，水、汽不得直接泼到设备上。

（2）发酵罐精密过滤器一般使用期限为半年。如果过滤阻力太大或失去过滤能力致影响正常生产，则需清洗或更换。建议直接更换，不作清洗，因清洗操作后不能可靠保证过滤器的性能。

（3）清洗发酵罐时，要用软毛刷进行刷洗，不要用硬器刮擦，以免损伤发酵罐的表面。

（4）发酵罐配套仪表应按规定要求保养存放。压力表、安全阀、温度仪每年应校准一次，以确保正常使用。

（5）发酵罐的电器、仪表、传感器等电气设备严禁直接与水、汽接触，以防受潮。

（6）发酵罐停止使用时应清洗、吹干。过滤器的滤芯应取出清洗、晾干，妥善保管，法兰压紧螺母应松开，防止密封圈永久变形。

（7）发酵罐的操作平台、恒温水箱等碳钢设备应定期刷油漆（一年一次），防止锈蚀。

（8）经常检查减速器油位，如润滑油不够，需及时增加。

（9）应定期更换减速器润滑油，以延长其使用寿命。

（10）如果发酵罐暂时不用，则需对发酵罐进行空消，并排尽罐内及各管道内的余水。

三、机械搅拌通风发酵罐的设计与放大

（一）发酵罐设计的基本原则

机械搅拌通风发酵罐的设计原则是该发酵罐能否适合于生产工艺的放大要求，能否获得最大的生产效率。在确定发酵罐最大生产能力时，需要考虑两方面的主要因素：①必须考虑微生物生长率和产物转化率；②必须考虑发酵罐传递性能，包括传质效率、传热效率以及混合效果。如果微生物的生长率、转化率低，则设备满足要求。还可通过进一步筛选菌株，获得高产菌株以进一步提高设备的利用率，充分发挥设备潜力。如果微生物的生长率、转化率高，菌株特性比小型罐表达效果差，则表明发酵罐最大设计能力偏低，不符合生产要求，需要进一步提高发酵罐的生产能力，对发酵罐进行合适的放大改良，以满足微生物生长的需要。提高发酵罐的最大生产能力主要就是解决放大过程中出现传递性能下降的问题，即要重点改善发酵罐的传质、传热、混合等效果。

对于高氧耗的微生物发酵工艺来讲，传质有较高的要求，因为随规模扩大，比表面积 a 下降，则体积溶氧系数 K_La 下降，即同等条件下放大后传氧效率将会下降。对于传热而言，若无合理的冷却装置，热交换性能也会受到放大的限制。因为发酵产热（Q）随发酵罐放大体积增加而增加，而热交换能力仅随发酵罐放大表面积增加而增加，所以随着发酵罐的放大，发酵产热增加超过了热交换冷却能力的增加。因此，除了筛选耐高温菌株以适应发酵放大外，改善发酵罐放大后的传热性能就显得十分重要。

（二）发酵罐设计的基本要求

由于发酵罐需要在无杂菌污染的条件下长期运转，必须保证微生物在发酵罐中正常的生长代谢，并且能最大限度地合成目的产物，所以发酵罐设计必须满足如下要求。

（1）发酵罐应具有适宜的高径比。发酵罐的高度与直径比约为 2.5～4。因为罐身长，氧的利用率相对较高。

（2）发酵罐能承受一定的压力。由于发酵罐在灭菌及正常工作时，罐内有一定的压力和

温度，因此罐体要能承受一定的压力，罐体加工制造好后，必须进行水压试验，水压试验压力应不低于工作压力的 1.5 倍。

（3）发酵罐的搅拌通气装置要能使气泡破碎并分散良好，气液混合充分，保证发酵液有充足的溶解氧，以利于好氧菌生长代谢的需要。

（4）发酵罐应具有良好的循环冷却和加热系统。微生物生长代谢过程放出大量的发酵热，过多的热量积累导致发酵液的温度升高，不利于微生物的生长。但也有些微生物需要在较高的温度下生长。为了保持发酵体系中稳定的内环境和控制发酵过程不同阶段所需的最适温度，应装有循环冷却和加热系统，以利于温度的控制。

（5）发酵罐内壁应抛光到一定精度，尽量减少死角，避免藏污积垢，要易于彻底灭菌，防止杂菌污染。

（6）搅拌器的轴封应严密，尽量避免泄漏。

（7）发酵罐传递效率高，能耗低。

（8）具有机械消泡装置，要求放料、清洗、维修等操作简便。

（9）根据发酵生产的实际要求，可以为发酵罐安装必要的温度、pH、液位、溶解氧、搅拌转速及通气流量等的传感器及补料控制装置，以提高发酵水平。

（三）发酵罐放大

1. 发酵罐放大的目的

微生物发酵产品产业化研究分为三个阶段：实验室小试阶段→中试试验→工厂化生产。各阶段的任务不同：①实验室规模主要是菌种的选育及发酵条件的优化；②中试规模主要是确定放大规律及最佳操作条件；③工厂规模则主要是通过产业化实验，评价经济效益。

通过①、②两个阶段筛选到更好的菌种，以及更有效的培养基和更合适的发酵条件，确定放大规律以便实现产业化，获得更显著的经济效益。在①、②两个阶段的研究成熟之后，就可以在工厂实现大规模生产。因此，微生物发酵能否实现产业化的重要一环就是解决设备及工艺放大问题。

发酵工程的目的和任务是实现生物技术成果走向规模化生产。具体地，就是力求在发酵过程中，保证所有规模都有最佳的外部条件，以获得最大生产能力。发酵罐的放大就是为大规模生产获得最大生产能力提供核心设备。所以，发酵罐的性能是以生产能力为评价标准，即发酵罐的放大不能影响实验室阶段和中试阶段所获得的最大生产能力的实现，也就是在放大过程中要遵守"发酵单位相似"原则。而要保持"发酵单位相似"，就必须认真考虑放大设计，使不同规模的放大设备其外部条件相似。所谓外部条件，主要包括以下两个方面：①物理条件，如传热、传质能力，混合能力、功率消耗、剪切力等；②化学条件，如基质浓度、pH、前体浓度等，易于人为控制恒定，不受规模限制。

在放大过程中，物理条件会随规模扩大而发生明显变化，必须进行科学设计，才能使放大后的设备满足工艺放大要求。

2. 放大准则

发酵罐的各种物理参数会随着发酵规模的放大而变化，并导致"发酵单位"在规模放大过程中发生相应的改变。因此，要保证规模放大过程中的"发酵单位相似"，就必须遵循一定的放大准则，即参照何种物理条件进行放大，才能使规模放大过程中的发酵单位基本相似，通常采用体积溶氧系数（K_La）相等，或单位体积功率（P/V）相等，或末端剪切力（nd）相等的原则放大。

放大过程中究竟采用以何种物理参数不变为依据，主要取决于哪种参数对放大过程中的

"发酵单位"产生影响的程度最大。

3. 放大方法

发酵罐的放大方法分为以下几种。

（1）经验放大法　它是依靠对已有装置的操作经验所建立起来的以认识为主而进行的放大方法。根据经验和实用的原则进行放大设计仍是目前主要的设计方法。

①几何相似法，即在几何相似的情况下，按照一个准则进行放大设计。如按照 $K_L a$ 相等，或 P/V 相等，或 nd 相等进行放大。主要是解决放大后生产罐的空气流量、搅拌转速和功率消耗等问题，即操作参数的放大设计。

②非几何相似法，即在不采用几何相似的情况下，采用两个甚至多个准则进行放大设计，按非几何放大，以解决传质、混合及对剪切力敏感等问题，达到放大的主要目标，即放大后的发酵单位相似。非几何相似放大通常应用于不耐剪切的发酵过程的放大，如丝状真菌发酵的放大。

（2）时间常数法　时间常数是指某一变量与其变化率之比。常用时间常数包括传质时间常数、传热时间常数、停留时间常数等。

此外，还有量纲分析法、数学模型放大法，数学模型放大法是根据有关的原理和必要的实验结果，对一实际对象用数学方程的形式加以描述，然后再用计算机进行模拟研究、设计和放大。

随着对微生物细胞代谢过程、产物合成途径中的相关酶及其基因表达的认识不断深入，人们也开始尝试一些新的放大方式。如采用基于放大前后的关键性代谢特征一致的放大方法，即发酵罐放大后微生物代谢途径的关键基因的表达以及产物合成相关的酶的活性与放大前的情况一致。

※ 工作任务 ▶▶▶

工作任务 7-1　发酵罐的使用

一、工作目标

（1）熟悉发酵罐的结构。

（2）掌握发酵罐的使用。

微课：发酵罐的使用

二、材料用具

全自动实验罐的结构，主要由不锈钢搅拌罐、空气系统、蒸汽发生装置、温度调节系统、自动流加系统、计算机显示与控制系统、连接管道与阀门等组成。

三、工作过程

1. 空气过滤器的灭菌操作

（1）灭菌前的准备

①启动蒸汽发生器　将自来水引入水处理装置进行除杂、软化处理，处理后流入贮水罐，然后开启自动控制开关，泵送入蒸汽发生器。当蒸汽发生器水位达到规定高度，开启蒸汽发生器电源开关进行加热，蒸汽压力达到 $0.2\sim0.3$ MPa 时可供使用。

② 启动冷冻机　将自来水引入冷冻机，开启冷冻机电源开关制冷。当冷水温度达到10℃时，可供空气预处理使用。

③ 启动空气压缩机　启动前，先关闭空气管路上所有阀门，然后打开空气压缩机电源开关，启动空气压缩机。当空气压缩机的压力达到 0.25MPa 左右时，依次打开管路上阀门，将空气引入冷冻机、油水分离器，经过冷却、除油水后进入贮气罐，待用。

（2）空气过滤器的灭菌、吹干以及保压。

2. 发酵罐的空消

发酵罐空消前，必须首先检查并关闭发酵罐夹套的进水阀门，然后启动计算机，按照操作程序进入到显示发酵罐温度的界面，以便观察温度变化。

空消时，先打开夹套的冷凝水排出阀，以便夹套中残留的水排出，然后从两路管道将蒸汽引入发酵罐：一路是发酵罐的通风管，另一路是发酵管的放料管。每一路进蒸汽时，都是按照"由远处到近处"依次打开各个阀门，即在一个管路中，先打开离发酵罐最远的阀门，然后顺着管路向发酵罐移动，逐个打开阀门。两路蒸汽都进入发酵罐后，适当打开所有能够排汽的阀门充分排汽，如管路上的小排气阀、取样阀、发酵罐的排气阀等，以便消除灭菌的死角。灭菌过程中，密切注意发酵罐温度以及压力的变化情况，及时调节各个进蒸汽阀门以及各个排气阀门的开度，确保灭菌温度在 (121±1)℃，维持 30min，即可达到灭菌效果。

灭菌完毕，先关闭各个小排气阀，然后按照"由近处到远处"依次关闭两路管道上各个阀门。待罐压降至 0.05MPa 左右时，关闭发酵罐的排气阀，迅速打开精过滤器后的空气阀，将无菌空气引入发酵罐，利用无菌空气压力将罐内的冷凝水从放料阀排出。最后，关闭放料阀，适当打开发酵罐的排气阀，并调节进空气阀门开度，使罐压维持在 0.1MPa 左右，保压，备用。

3. 培养基的实消

培养基实消前，关闭进空气阀门并打开发酵罐的排气阀，排出发酵罐内空气，使罐压为 0，再次检查并关闭发酵罐夹套的进水阀门、发酵罐放料阀。将事先校正好的 pH 电极、DO 电极以及消沫电极等插入发酵罐，并密封、固定好。然后，拧开接种孔的不锈钢塞，将配制好的培养基从接种孔倒入发酵罐。启动计算机，按照操作程序进入到显示温度、pH、DO、转速等参数的界面，以便观察各种参数的变化。同时，启动搅拌，调节转速为 100r/min 左右。

实消时，先打开夹套的进蒸汽阀以及冷凝水排出阀，利用夹套蒸汽间接加热，至 80℃左右，为了节约蒸汽，可关闭夹套的进蒸汽阀，但必须保留冷凝水排出阀处于打开状态。然后，按照空消的操作，从通风管和放料管两路进蒸汽直接加热培养基。实消过程中，所有能够排汽的阀门应适当打开并充分排汽，根据温度变化及时调节各个进蒸汽阀门以及各个排气阀门的开度，确保灭菌温度和灭菌时间达到灭菌要求（不同培养基灭菌要求不一样）。

灭菌完毕，先关闭各个小排气阀，然后关闭放料阀，并按照"由近处到远处"依次关闭两路管道上各个阀门。待罐压降至 0.05MPa 左右时，迅速打开精过滤器后的空气阀，将无菌空气引入发酵罐，调节进空气阀门以及发酵罐排气阀的开度，使罐压维持在 0.1MPa 左右，进行保压。最后，关闭夹套冷凝水排出阀，打开夹套进冷却水阀门以及夹套出水阀，进冷却水降温，这时，启动冷却水降温自动控制，当温度降低至设定值即自动停止进水。自始至终，搅拌转速保持为 100r/min 左右，无菌空气保压为 0.1MPa 左右，降温完毕，备用。

4. 接种操作

接种前，调节进空气阀门以及发酵罐排气阀门的开度，使罐压为 0.01~0.02MPa。用酒精棉球围绕接种孔并点燃。在酒精火焰区域内，用铁钳拧开接种孔的不锈钢塞，同时，迅速解开摇瓶种子的纱布，将种子液倒入发酵罐内。接种后，用铁钳取不锈钢塞在火焰上灼烧片刻，然后迅速盖在接种孔上并拧紧。最后，将发酵罐的进气以及排气的手动阀门开大，在计算机上设定发酵初始通气量以及罐压，通过电动阀门控制发酵通气量以及罐压，使达到控制要求。

5. 发酵过程的操作

（1）参数控制　发酵过程中在线检测参数可通过计算机显示，通气量、pH、温度、搅拌转速和罐压等许多参数，可按照控制软件的操作程序进行设定，只要调节机构在线，通过计算机控制调节机构而实现在线控制。

（2）流加控制　一般情况下，流加溶液主要有消沫剂、酸液或碱液、营养液（如碳源、氮源等）。流加前，将配制好的流加溶液装入流加瓶，用瓶盖或瓶塞密封好，用硅胶管把流加瓶和不锈钢插针连接在一起，并用纱布、牛皮纸将不锈钢插针包扎好，置于灭菌锅内灭菌。

流加时，在火焰区域内解开不锈钢插针的包扎，并将插针迅速插穿流加孔的硅胶塞，同时，将硅胶管装入蠕动泵的挤压轮中，启动蠕动泵，挤压轮转动可以将流加液压进发酵罐。通过计算机可以设定开始流加的时间、挤压轮的转速，从而可以自动流加以及自动控制流加速度。另外，计算机可以显示任何时间的流加状态，如瞬时流量以及累计流量。

（3）取样操作　发酵过程中，需定时取样进行一些理化指标的检测，如 OD 值、残糖浓度、产物浓度等。取样时，可调节罐底的三向阀门至取样位置，利用发酵罐内压力排出发酵液，用试管或烧杯接收。取样完毕，关闭三向阀门，打开与之连接的蒸汽，对取样口灭菌几分钟。

（4）放料操作　发酵结束后，先停止搅拌，然后关闭发酵罐的排气阀门，调节罐底的三向阀门至放料位置，利用发酵罐内压力排出发酵液，用容器接收发酵液。

四、注意事项

1. 发酵罐的清洗与维护

放料结束后，先关闭放料阀以及发酵罐进空气阀门，打开排气阀门排出罐内空气，使罐压为 0。然后，拆卸安装在罐上的 pH、DO 等电极以及流加孔上的不锈钢插针，并在电极插孔和流加孔拧上不锈钢塞。接着，从接种孔加入 70L 左右的清水，启动搅拌，转速为 100r/min 左右，用蒸汽加热清水至 121℃ 左右，搅拌 30min 左右，以此清洗发酵罐。清洗完毕，利用空气压力排出洗水，并用空气吹干发酵罐。

停用蒸汽时，切断蒸汽发生器的电源，通过发酵罐的各个蒸汽管道的排气阀排出残余蒸汽，直至蒸汽发生器上压力表显示为 0。停用空气时，切断空气压缩机的电源，通过空气管道的排气阀排出残余空气，直至贮气罐上压力表显示为 0。最后，关闭所有的阀门以及计算机。

2. 蒸汽发生器的维护

用于蒸汽发生器的水必须经过软化、除杂等处理，以免蒸汽发生器加热管结垢，影响产生蒸汽的能力。使用时，必须保证供水，使水位达到规定高度，否则会出现"干管"现象造成损坏。蒸汽发生器的电气控制部分必须能够正常工作，达到设置压力时能够自动切断电源。蒸汽发生器上的安全阀与压力表须定期校对，能够正常工作。每次使用后，先切断电源，排除压力后，停止供水，并将蒸汽发生器内的水排空。

五、考核内容与评定标准

1. 相关知识

（1）发酵罐的结构有哪些？（20 分）

（2）发酵罐怎样进行维护？（20分）

2. 操作技能

（1）发酵罐的空气灭菌。（20分）

（2）接种技术。（20分）

（3）补料操作。（20分）

工作任务 7-2　酵母菌的扩大培养

一、工作目标

（1）了解酵母菌生长代谢的基本规律，观察并记录酵母菌扩大培养过程及上罐发酵过程中菌种的生长变化情况。

（2）测定酵母发酵罐培养过程中还原糖、总糖、pH和酵母浓度的变化，并画出各自的变化曲线。

（3）分析测定酵母菌的生物效价及发酵活力。

二、材料用具

1. 菌种

面包酵母。

微课：微生物产品的发酵

2. 培养基

（1）酵母斜面培养基　10°P麦芽汁固体斜面，pH 5.0。

（2）酵母摇瓶种子培养基：10°P麦芽汁，pH 5.0，或葡萄糖10%，玉米浆1%，尿素0.2%，pH 5.0。

（3）酵母分批发酵培养基　玉米粉经液化、糖化，折合葡萄糖浓度为10%，玉米浆1%，硫酸铵0.4%，pH 5.5。

（4）酵母分批补料发酵培养基　补料培养基配比与分批发酵培养基相同。

3. 实验仪器、设备

25L发酵罐；一套空气除菌系统；检查无菌用的肉汤培养基和装置；摇瓶机或摇床；超净工作台；离心机；显微镜；分光光度计；500mL三角瓶；接种铲；高压灭菌锅；总糖测定用手提糖量计；pH测定用pH计等。

三、工作过程

以下介绍发酵罐培养（分批培养）。

25L发酵罐装入15L发酵培养基，冷却至30℃，将培养好的摇瓶种子接入发酵罐（接种量2%～3%）进行发酵，发酵条件为：28℃，搅拌转速400r/min，通风量1VVM。

（1）发酵罐培养基配制与灭菌　基础料发酵一般按发酵罐容积的30%配制，如1L发酵罐配300mL培养基。25L发酵罐装入15L发酵培养基，发酵罐和培养基一起放进卧式高压灭菌器中121℃灭菌20min。

（2）接种与发酵

① 接种　接种是在发酵罐顶部接种口进行。取生长良好的无杂菌污染的种子摇瓶培养液，适当降低通风量，在接种口四周缠绕上经酒精浸泡的脱脂棉，用火焰圈罩住发酵罐接种口，降低发酵罐进气压力，戴上石棉手套，迅速打开接种口，将冷却至30℃的培养好的摇瓶种子接入到发酵罐中，接种量为2%～3%，整个操作要连贯严谨。然后立即将接种口盖

子在火焰中灭菌后盖好，开无菌空气，撤火圈，开搅拌，开始培养发酵。

② 发酵　发酵条件为：28℃，搅拌转速 400r/min，通风量 1VVM。

（3）培养初始阶段应注意的事项　培养初始阶段是最易出现故障的阶段，因此在这段时间里，有必要再次确认并保证发酵罐及相关装置的正常运行。特别注意接种前后所取样品的分析，以及 pH、温度和气泡等的变化。

（4）培养中的注意点　要注意蠕动泵运转中由于硅胶管的弯曲折叠出现的阻塞现象以及水的渗漏等问题。特别需要注意在一定的阶段泡沫有可能大量生成。每次取样有必要进行检查。

（5）发酵终点的判定　正常发酵周期一般为 3 天左右，当菌体玻片染色颜色渐浅，菌体形态不清晰时，则停止发酵。

（6）培养完成时的操作　培养完成时，除取出足够量的培养液作为样品外，剩余培养液要经过灭菌处理。此时发酵罐所装的电极可一同经灭菌处理。如果培养液为无害物质，可将电极单独取出处理。

（7）过程监控　0h，取样测定总糖和还原糖；4～24h，每隔 4h 取样镜检，测定还原糖、菌体浓度。

（8）取样方法　自培养操作开始起，每 4h 取 1 次样。取样时将取样管口流出的最初 15mL 左右培养液作为废液，取随后流出的培养液 10mL 进行分析和测定。

（9）实验分析项目和方法

① 酵母镜检　观察菌体着色的深浅以及菌体的形态等。

② 酵母浓度测定　吸取 5mL 菌液，2500r/min 离心 5min，去上清液，称量菌体湿重（湿重法）。也可以在 OD_{550} 下测定吸光度，所得数值基于已制得的菌体量与吸光度之间的关系曲线，换算出菌体浓度。

③ 还原糖浓度　采用快速法测定。

④ 生物效价测定　方法同上。

⑤ 发酵活力的测定（选做）　称取 0.26g 鲜酵母，加 5g 在 30℃下保温 1h 的面粉制成面团。置于 30℃水中。测定面团从水底浮出的时间。浮起时间在 15min 内认为样品合格。

四、注意事项

（1）发酵罐内可进行清洗的任何部分都应认真清洗，否则都可能成为杂菌的滋生地。易被忽略而未能充分清洗的地方有喷嘴内部、取样管内以及罐顶等处。

（2）由于操作过程要用到水，故发酵罐线路连接一定要注意安全，要特别注意防止漏电。

（3）培养完成时，如果培养液为无害物质，最好将电极单独取出处理，以利于延长电极使用寿命。

（4）取样时应将取样管口流出的最初 15mL 左右培养液作为废液弃掉后再取。

五、考核内容与评分标准

1. 相关知识

（1）酵母的特性。（20 分）

（2）发酵的工艺参数。（20 分）

2. 操作技能

（1）培养基的配制。（20 分）

（2）酵母的接种。（20 分）

（3）发酵条件的控制。（20 分）

※ 项目小结 ▶▶▶

PPT 课件

　　通用式发酵罐是由罐身、搅拌器、轴封、消泡器、联轴器、中间轴承、空气吹泡管（或空气喷射器）、挡板、冷却装置、人孔以及视镜等组成。其中，涡轮式搅拌器的作用是使通入的空气分散成气泡并与发酵液充分混合，使氧溶解于发酵液中。挡板的作用一方面是防止液面中央产生漩涡，促使液体激烈翻动，提高溶解氧；另一方面是防止搅拌过程中漩涡的产生，而导致搅拌器露在料液以上，起不到搅拌作用。

　　发酵罐使用前期的准备工作包括检查电源、空压机、微机控制系统、循环水系统能否正常工作；空气管路的空消及种子罐、发酵罐、碱罐、消泡罐空消。待发酵罐温度冷却至室温，开始准备接入物料。关闭气路入罐阀，开始实消。冷却后进行接种，发酵结束后，利用罐压将发酵液从出料管道排出（即出料）。

　　发酵罐放大不是等比例放大，而是以相似论的方法放大。首先必须找出表征此系统的各种参数，将它们组成几个具有一定物理含义的无因次数，并建立它们间的函数式，然后用实验的方法在试验设备中求得此函数式中所包含的常数和指数，则此关系式在一定条件下便可用作为比似放大的依据。

项目思考	1. 叙述机械搅拌通风发酵罐的结构和主要部件功能。 2. 简述发酵罐的基本操作步骤及注意事项。 3. 简述发酵罐使用与维护要点。 4. 简述发酵过程接种的几种方式。 5. 培养基实罐灭菌恒温结束时，为何先向罐内通入无菌空气再向夹套通冷却水？

项目八

发酵产物的分离与精制

学习·思政育人目标

【知识目标】
1. 了解发酵产物分离提纯的一般工艺流程。
2. 了解几种常见的吸附剂作用特点。
3. 了解膜分离法的应用及膜的污染防治与清洗。

【能力目标】
1. 熟练操作发酵液固液分离的设备。
2. 掌握工业萃取的操作流程和步骤。
3. 掌握发酵产物精制的常用方法。

【思政与职业素养目标】
1. 培养科学分析和解决问题的能力。
2. 培养良好的团队协作精神与竞争意识，具有良好的与人沟通能力。
3. 培养主动探索的科学精神。

音频：离子交换树脂的发展简史

※ 项目说明 ▶▶▶▶

　　发酵产物被微生物分泌到发酵液中，或者是细胞内。发酵产物存在于多相体系中，体系组成成分复杂，产物浓度低。所以，必须利用产物和杂质物理化学性质的不同，通过一系列的工艺流程技术，达到产物的分离、纯化与精制的目的。学习本项目，掌握发酵产物提取与精制的一般工艺流程、发酵液的预处理和固液分离技术、细胞破碎与浓缩技术、发酵产物分离技术、结晶与干燥技术；实现发酵产品的分离，获得纯化的产品。

※ 基础知识 ▶▶▶▶

　　随着发酵过程的结束，人们所希望得到的发酵产品都存在于发酵液这一复杂的多相体系中。发酵工业产品类型十分丰富，包括完整的细胞、有机酸、氨基酸、有机溶剂、抗生素、酶制剂、药用蛋白质等。因此，如何将发酵产物从发酵液中分离提取出来，是最终获得商业产品的重要环节。我们把从发酵液中分离、提取、浓缩、纯化及成品化有关产品的过程称为发酵生产的下游加工过程。其所需投资和生产成本在发酵工厂生产中占有很大比例，一般都超过 50%。

一、发酵产物提取与精制的一般工艺流程

　　由许多化工单元操作组成，通常可分为发酵液预处理及固液分离、提取、精制以及成品加工四个阶段。图 8-1 显示了发酵产物分离提纯的一般工艺流程。主要有：细胞破碎、固液分离去除细胞或细胞碎片、产物的初步分离和浓缩、产物的提纯和精制以及产物的最终加工和包装等。

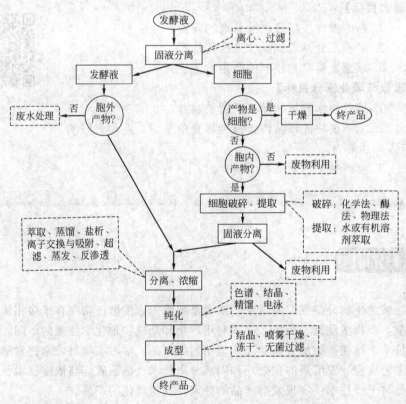

图 8-1　发酵产物分离提纯的一般工艺流程

　　下游加工过程的特点如下所述。

　　(1) 成分复杂　发酵液是含有细胞、代谢产物和剩余培养基等多组分的复杂多相体系，且常与代谢产物、营养物质等大量杂质共存于细胞内或细胞外，形成复杂的混合物，黏度通常很大，从中分离固体物质很困难。

　　(2) 产品浓度低　发酵产品在发酵液中浓度很低，有时甚至是极微量的，这样有必要对

原料也进行高度浓缩，从而使发酵产物的下游加工过程成本显著增加。

（3）失活问题　欲提取的产品的生理活性大多是在生物体内的温和条件下维持并发挥作用的，离体后通常很不稳定，当遇到高温、极端 pH、有机溶剂等外界条件变化，会分解或失活。

（4）具有一定的灵活性　由于发酵是分批操作，生物变异性大，各批发酵液质量不尽相同，这就要求下游加工有一定弹性，特别是对染菌的批号也要能够处理。

（5）发酵最后产品对于纯度和安全性要求较高　发酵产物一般用作医药、食品和化妆品，与人类生命息息相关。因此要求分离纯化过程纯度很高，同时要求去除原料液中含有的热原及有害人类健康的物质，并且防止这些物质在操作过程中从外界混入。

二、发酵液的预处理及固液分离

发酵液的预处理和菌体分离是从微生物发酵液中提取目的产物的第一个必要步骤，因为无论是胞内产物还是胞外产物，都涉及细胞的富集和固体悬浮物的分离除去，常用的固液分离方法主要是过滤和离心，包括菌体分离、细胞破碎、固体杂质的去除等步骤。如前所述，由于发酵液中组成成分复杂，目的产物的浓度较低，其中所含的各种杂质对目的产物的分离纯化能够造成很大的影响，因此在目的产物分离纯化之前必须进行发酵液的预处理。预处理的目的是改善发酵液性质，以利于固液分离，为纯化、精制做准备。

（一）发酵液的预处理

发酵液中杂质种类很多，含有大量可溶性胶状物质，主要是核酸、杂蛋白等，此外还有不溶性多糖，这些杂质不仅使发酵液黏度提高，固液分离速度受到影响，而且还会影响后面的提取操作。因此，应通过预处理尽量除去这些杂质。

1. 凝聚和絮凝技术

凝聚和絮凝技术能有效改变细胞、菌体和蛋白质等胶体粒子的分散状态，使其聚集起来，增大体积，以便于固液分离，提高固液分离速度和滤液质量。在预处理中，常用于细胞、菌体（胞外产物）、细胞碎片（胞内产物）以及蛋白质等胶体粒子的去除。

（1）凝聚作用　凝聚是在中性盐的作用下，由于胶体粒子之间的双电子层排斥电位降低，而使胶体体系变得不稳定的现象。

发酵液中的细胞、菌体或蛋白质等胶体粒子的表面一般都带有电荷，带电的原理很多，主要是吸附溶液中的离子或自身基团的电离。在生理状态 pH 下，发酵液中细胞或菌体带有负电荷，由于静电引力的作用将溶液中带相反电荷（正电荷）的粒子吸附在周围，在界面上形成双电层，这种双电层的结构使胶粒之间不易聚集而保持稳定的分散状态。双电层的电位越高，电排斥作用越强，胶体粒子的分散程度就越大，发酵液过滤就越困难。

如果在发酵液中加入具有相反电荷的电解质，就能中和胶粒的电性，使胶粒的双电层电位降低，使胶体体系不稳定，因相互碰撞而产生凝聚。此外，由于电解质离子在水中的水化作用，会破坏胶粒周围的水化层，使其能直接碰撞而聚集起来。

电解质的凝聚能力可用凝聚值——使胶粒发生凝聚作用的最小电解质浓度（mmol/L）表示。根据叔米-哈第（Schulze-Hardy）法则，反离子的价数越高，该值就越小，则凝聚能力就越强。阳离子对带负电荷的发酵液胶体粒子的凝聚能力的次序为：$Al^{3+} > Fe^{3+} > H^+ > Ca^{2+} > Mg^{2+} > K^+ > Na^+ > Li^+$，常用的絮凝电解质有：$KAl(SO_4)_2 \cdot 12H_2O$（明矾）、$AlCl_3 \cdot 6H_2O$、$FeSO_4$、$FeCl_3$、$ZnSO_4$、$MgSO_4$。

（2）絮凝作用　絮凝作用是指在某些高分子絮凝剂的作用下，在悬浮粒子之间产生架桥作用而使胶粒形成粗大的絮凝团的作用。

絮凝剂是水溶性的高分子聚合物，相对分子质量可达数万至一千万以上，它们具有长链结构，在长的链节上含有相当多的活性功能团，它们通过静电引力、范德华力或氢键的作用，强烈地吸附在胶粒表面。当一个高分子聚合物的许多链节分子分别吸附在不同颗粒表面上，产生了架桥连接，就形成了较大的絮凝团，从而产生絮凝作用。

絮凝剂包括天然的聚合物和人工合成的聚合物。天然的有机高分子絮凝剂包括多糖类物质（如壳聚糖及其衍生物）、海藻酸钠、明胶和骨胶等，它们都是从天然动植物体内提取而得，无毒，使用安全，适用于医药和食品；人工合成的有机高分子絮凝剂包括聚丙烯酰胺类衍生物、聚苯乙烯类衍生物和聚丙烯酸类等。

影响絮凝效果的因素很多，主要是絮凝剂的分子量和种类、絮凝剂的用量、溶液 pH 值、搅拌转速和时间等因素。

2. 去除杂蛋白的其他方法

（1）等电点沉淀法　蛋白质一般以胶体状态存在于发酵液中，胶体粒子的稳定性和其所带的电荷有关。与氨基酸等两性物质一样，蛋白质所带的电荷可因溶液 pH 值的不同而变化，在酸性溶液中带正电荷，在碱性溶液中带负电荷，而在某一 pH 值下净电荷为零，溶解度最小，容易产生沉淀而除去，我们将之称为等电点沉淀法。

由于蛋白质的羧基电离度比氨基大，故蛋白质的酸性常常强于碱性。因此大多数蛋白质的等电点都在酸性范围内（pH4.0～5.5）。有些蛋白质在等电点时仍有一定的溶解度，单靠等电点沉淀的方法还不能将所有杂蛋白去除，通常还要结合其他方法。

（2）变性沉淀　蛋白质从有规律的排列变成不规则结构的过程称为变性。变性蛋白质溶解度较小，最常用的蛋白质变性方法是加热。加热还能使液体黏度降低，加快过滤速度。但是热处理通常对原液质量有影响，特别是会使色素增多，该法只适用于对热较稳定的生化物质，因此加热的温度和时间必须严加选择，否则容易使其破坏。

使蛋白质变性的其他方法还有：大幅度改变 pH 值、加乙醇或丙酮等有机溶剂或表面活性剂等。加有机溶剂使蛋白质变性的方法成本高，通常只适用于处理量较少或浓缩液的场合。

（3）加各种蛋白质沉淀剂沉淀　加某些化学试剂，使蛋白质与之形成复合物沉淀，也是一种除去杂蛋白的方法。在酸性溶液中，蛋白质能与一些阴离子如三氯乙酸盐、水杨酸盐、钨酸盐、苦味酸盐、鞣酸盐、过氯酸盐等形成沉淀；在碱性溶液中，能与一些阳离子如 Ag^+、Cu^{2+}、Zn^{2+}、Fe^{3+} 和 Pb^{2+} 等形成沉淀。

（4）吸附　利用吸附作用也能有效地除去蛋白质。例如在提取四环类抗生素中，采用黄血盐和硫酸锌等协同作用，生成亚铁氰化锌钾 $K_2Zn_3[Fe(CN)_6]_2$ 的胶状沉淀，可吸附蛋白质。

3. 高价态金属离子的去除

对提取和成品质量影响较大的无机杂质主要是 Mg^{2+}、Ca^{2+}、Fe^{2+} 等高价态金属离子，预处理时应将它们除去。

（1）去除钙离子　常采用草酸钠或草酸，反应后生成的草酸钙在水中的溶解度很小，因此能将钙离子较完全地去除。生成的草酸钙还能促使杂蛋白凝固，提高滤速和滤液质量。

（2）去除镁离子　去除镁离子也可用草酸，但草酸镁的溶解度较大，故加入草酸不能除尽镁离子；还可采用磷酸盐，使其生成磷酸镁沉淀而除去。

（3）去除铁离子　要除去铁离子，可加入黄血盐，生成普鲁士蓝沉淀而除去。

（二）发酵液的固液分离

固液分离的目的包括两方面：收集胞内产物的细胞或菌体，分离除去液相；收集含生化物质的液相，分离除去固体悬浮物，如细胞、菌体、细胞碎片、蛋白质的沉淀物和它们的絮凝体等。常用的固液分离方法主要是过滤和离心。

1. 影响固液分离的因素

大多数微生物发酵液都属于非牛顿型液体，其流变特性与许多因素有关，固液分离较困难，主要取决于菌体大小和形状以及培养条件。

（1）发酵液中各种悬浮粒子越小，分离难度越大，费用越高。因此应先用预处理的各种手段来增大粒子体积，才能获得澄清的滤液。

（2）发酵液的黏度　一般固液分离的速度通常与黏度成反比。黏度越大，固液分离越困难。影响发酵液黏度的因素主要有：

① 菌体种类和浓度不同，其黏度有很大差别。

② 不同的培养基组分和用量也会影响黏度，如用黄豆饼粉、花生饼粉作氮源，用淀粉作碳源会使黏度增大。发酵液中未用完的培养基较多或发酵后期用油作消沫剂也会使过滤困难。

③ 发酵液中蛋白质、核酸大量存在，会使黏度明显增大，通常细胞破碎或细胞自溶后，胞内的蛋白质、核酸、酶等大量释放，此时发酵液黏度就会明显增大。一般来说发酵进入菌丝自溶阶段，抗生素产量才能达到高峰，为保证过滤工序的顺利进行，必须正确选择发酵终点和放罐时间。

④ 染菌的发酵液黏度也会增高。

（3）其他因素　除上述两个因素外，发酵液的 pH、温度和加热时间也会影响固液分离。

2. 设备

（1）板框压滤机　这是目前较常用的一种过滤设备，在发酵工业中广泛用于培养基制备过程中的过滤及霉菌、放线菌、酵母菌和细菌等多种发酵液的固液分离。板框压滤机的过滤面积大，能耐受较高压力差，故对不同过滤特性的发酵液适应性强，同时还具有结构简单、造价较低、动力消耗少等优点。这种设备的主要缺点是不能连续操作，设备笨重，劳动强度大，非生产的辅助时间（包括解框、卸饼、洗滤布、重新压紧板框等）长，生产效率低。自动板框过滤机是一种较新型的压滤设备，它使板框的拆装、滤渣的去除和滤布的清洗等操作都能自动进行，大大缩短了非生产的辅助时间，并减轻了劳动强度。

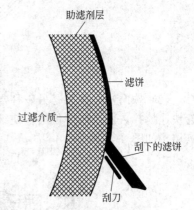

图 8-2　预铺助滤剂层的鼓式
过滤机的滤饼去除装置

（2）真空鼓式过滤机　对于大规模发酵工业生产，真空鼓式过滤机是常用的过滤设备之一。真空鼓式过滤机能连续操作，并能实现自动控制，但是压差小，主要适用于菌丝较粗的真菌发酵液的过滤。其基本原理是普通的真空吸滤。操作过程分为四个阶段：吸滤、洗涤、吸洗液、刮除固形物。而对菌体较细或黏稠的发酵液，则需在转鼓面上预铺一层 50～60mm 厚的助滤剂，在鼓面缓慢移动时，利用过滤机上的一把特殊的刮刀将滤饼连同极薄的一层助滤剂（约百分之几毫米厚）一起刮去，使过滤面积不断更新，以维持正常的过滤速度。如图 8-2 所示。

（3）离心分离机　离心分离是借助离心机旋转所产生的离心力作用，促使不同大小、不同密度的粒子分离的技术。离心分离法速度快，效率高，操作时卫生条件好，占地面积小，能自动化、连续化和程序控制，适合于大规模的分离过程，但是设备投资费用高、能耗也较高。

工业生产中，用于固液分离的低速离心机可分为两种类型：过滤式和沉降式。过滤式离心设备（即篮式离心机），转鼓壁上开有均匀密集的小孔，鼓内壁贴放过滤介质（滤布），在离心力作用下，液体透过固体层，类似于过滤。离心沉降设备的转筒或转鼓壁上没有开孔，也不需要滤布，在离心力作用下，固体沉降于筒壁或转鼓壁上，余下的即为澄清的液体。主要用于分离晶体和母液。对于发酵液，通常采用沉降式。常用的离心沉降设备有管式和碟片式离心机，它们适合于含固体量较低（10％）的场合。对于含固体量较多的发酵液，还可采用倾析式（或称螺旋式）离心机，它依靠离心力和螺旋的推进作用自动排渣，并可用于萃取。目前，过滤设备正朝着自动化、连续化、高效率的方向发展。

三、细胞破碎与浓缩技术

（一）细胞破碎技术

细胞破碎就是通过采用不同手段破坏细胞，使细胞内含物释放出来，转入液相中，以便于进行产物的分离纯化。

1. 机械法

机械法主要是利用高压、研磨或超声波等手段在细胞壁上产生剪切力达到破碎细胞的目的。机械破碎处理量大，破碎效率高，速度快，是工业规模细胞破碎的主要手段。细胞的机械破碎主要是高压匀浆、珠磨法、撞击破碎和超声波破碎等方法。

（1）高压匀浆　高压匀浆又称为高压剪切破碎，高压匀浆器是用作细胞破碎的较好设备。高压匀浆器的破碎原理是：细胞悬浮液在高压作用下从阀座与阀之间的环隙高速喷出，由于突然减压和高速冲击碰撞环上，造成细胞破碎。如图 8-3 所示为高压匀浆器结构示意。

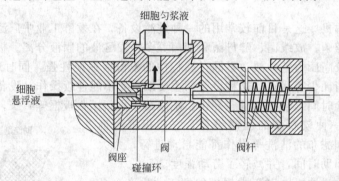

图 8-3　高压匀浆器结构示意

（2）珠磨法　珠磨是另一种常用的机械破碎细胞的方法，利用玻璃小珠与细胞悬浮液一起快速搅拌，由于研磨作用，使细胞获得破碎。在工业规模的破碎设备常采用高速珠磨机，其结构如图 8-4 所示。

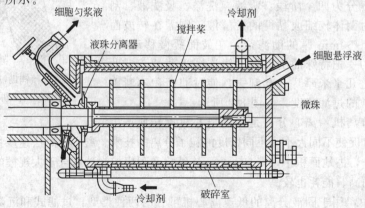

图 8-4　高速珠磨机结构示意

（3）超声波破碎 超声波破碎的机理是声频高于 15～20kHz 的超声波可以使细胞破碎。

（4）撞击破碎 利用冷冻使有弹性、难以破碎的细胞转变成刚性、易碎的球体，高速撞击撞击板，从而使冻结的细胞破碎，其结构如图 8-5 所示。

2. 物理法

（1）渗透压冲击法 渗透压冲击法是较为温和的一种物理法，适用于易于破碎

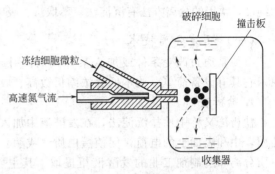

图 8-5 撞击破碎器的结构示意

的细胞，如动物细胞和革兰阴性菌。将细胞放在高渗透压的溶液中，由于渗透压的作用，细胞内的水分便向外渗出，细胞失水收缩，达到平衡后，将介质快速稀释或将细胞转入低渗的水或缓冲液中，由于渗透压的突然变化，胞外的水分迅速渗入胞内，引起细胞快速膨胀而破裂。渗透压冲击法仅对较脆弱的细胞壁或者细胞壁预先用酶处理，强度减弱时才适合。

（2）冻结-融化法 将细胞放在低温下（-15℃）冷冻，然后在室温中融化，如此反复多次，就能使细胞壁破裂。冻结-融化破裂细胞的原理在于，一方面能使细胞膜的疏水键结构破裂，从而增加细胞的亲水性能，另一方面，冷冻时胞内水结晶使细胞内外溶液浓度发生变化，引起细胞突然膨胀而破裂。对于细胞壁较薄的菌体，可采用此法，但通常破碎率较低，即使反复多次也不能提高效率。此外，还可能引起某些对冷冻敏感的蛋白质发生变性。

3. 化学法

采用化学法处理微生物细胞，可以溶解细胞或抽提胞内成分。常用酸、碱、表面活性剂和有机溶剂等化学试剂处理。

用酸处理可以使蛋白质水解成游离氨基酸，通常采用 6mol/L HCl 处理；用碱和表面活性剂处理细胞，可以溶解除去细胞壁上的脂类物质或使某些组分从细胞内渗漏出来。

有机溶剂可采用丁醇、丙酮、氯仿等，这些脂溶性有机溶剂能够溶解细胞壁的磷脂层，使细胞结构破坏，从而将胞内产物抽提出来。

化学法容易引起活性物质的失活破坏，因此根据生化物质的稳定性来选择合适的化学试剂和操作条件是非常重要的。另外，化学试剂的加入，常会给产物的纯化带来困难，并影响目的产物的纯度。

4. 酶解法

利用溶解细胞壁的酶处理菌体细胞，使细胞壁受到部分或完全破坏后，再利用渗透压冲击等方法破坏细胞膜，进一步增大胞内产物的通透性。酶解方法可以在细胞悬浮液中加入特定的酶，也可以利用菌体自溶作用。

（二）浓缩技术

浓缩过程在发酵产品提取纯化过程中都会使用。浓缩的目的是将低溶质浓度的溶液通过除去溶剂变为高溶质浓度的溶液。用于有机酸、氨基酸、酶制剂、抗生素等发酵工业产品的提取分离过程。

发酵工业中常用的浓缩方法有蒸发浓缩法、冷冻浓缩法以及吸收浓缩法等。

四、发酵产物分离技术

提取的目的是除去与目标产物理化性能有很大差异的物质，使产物浓缩，并明显提高产品

的纯度，常用的分离方法有沉淀法、萃取法、吸附法、膜分离技术和结晶与干燥技术等方法。

（一）沉淀分离技术

沉淀是通过改变条件或加入某种试剂，引起溶质的溶解度降低，生成固体凝聚物的现象。它具有设备简单、成本低、浓缩倍数高、收率高等特点。常用方法介绍如下。

1. 盐析法

盐析法又称中性盐沉淀法，在发酵液中加入高浓度中性盐能破坏蛋白质（或酶）的胶体性质，中和表面上的电荷，促使蛋白质（或酶）聚集成更大的分子团而沉淀。一般适用于蛋白质分离和酶制剂工业的发酵液粗提取。其主要优点是：无机盐不容易引起蛋白质变性失活，盐析过程中非蛋白的杂质很少被夹带沉淀下来，适用范围广，几乎所有的蛋白质和酶都能采用，设备简单，操作方便。盐析法的主要缺点是沉淀物中含有大量盐析剂，需要进行脱盐处理，才能进行后续的纯化操作。

（1）盐析原理　蛋白质（或酶）等生物大分子物质以一种亲水胶体形式存在于水溶液中，无外界影响时，呈稳定的分散状态。其主要原因是：蛋白质为两性物质，在一定的 pH 下表面显示一定的电性，由于静电排斥作用，使分子间表现为互相排斥而稳定；另外，蛋白质分子周围，水分子有序排列，在其表面上形成水化膜，水化膜层能保护蛋白质粒子，避免其因碰撞而聚集沉淀。

如果在溶液中加入一定量的中性盐，由于中性盐的亲水性比蛋白质（或酶）的亲水性大，盐离子在水中能与大量的水分子结合而发生水化，而使蛋白质脱去水化膜；同时由于中性盐的解离，中和了蛋白质（或酶）颗粒所带的电荷，颗粒间失去了相互的排斥力，在布朗运动下能够相互靠拢、聚集起来成为沉淀而析出。盐析机理如图 8-6 所示。

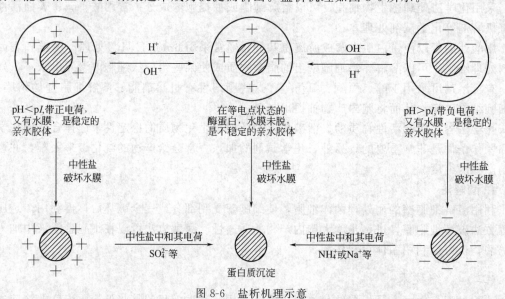

pH<pI,带正电荷，又有水膜，是稳定的亲水胶体　　在等电点状态的酶蛋白，水膜未脱，是不稳定的亲水胶体　　pH>pI,带负电荷，又有水膜，是稳定的亲水胶体

中性盐破坏水膜

中性盐中和其电荷 SO_4^{2-} 等　　蛋白质沉淀　　中性盐中和其电荷 NH_4^+ 或 Na^+ 等

图 8-6　盐析机理示意

（2）影响蛋白质盐析效果的主要因素　影响盐析作用的因素主要是盐析剂种类、盐析剂的加入量、溶液的 pH 值、温度、操作方式以及蛋白质（酶）的种类和浓度、搅拌等。

① 盐析剂的选择　在蛋白质盐析中，一般阴离子的盐析效果比阳离子好，尤其以高价态阴离子更为明显。通常可以采用的盐析剂有硫酸铵、硫酸钠、硫酸镁和磷酸钾（钠）等。但是在实际应用中，硫酸铵是最常用的一种盐析剂。主要是因为硫酸铵价格便宜、溶解度大，而且受温度影响小，具有稳定蛋白质的作用。但它在较高 pH 值溶液中容易释放氨，在

贮存过程中常会变酸，对金属具有腐蚀性。

② 盐析剂的加入量　盐析剂的用量与所沉淀的酶的种类和酶液中杂质的性质、数量有关，应以收率最高的用量为标准。具体用量需要通过对比实验和生产实践摸索才能确定。

③ 温度和 pH 值　除了盐析剂的种类外，盐析操作的温度和 pH 值是获得理想盐析沉淀的重要因素。

盐析时的温度选择要以不降低酶的活力为原则，既要考虑保持酶的稳定性，也要适当地考虑盐析效果。大多数蛋白质都在室温下进行盐析。

盐析的 pH 值选择也要以不降低酶的活力为原则。由于蛋白质在等电点时最容易沉淀，因此可选择等电点附近的 pH 值作为盐析 pH。但为了防止 pH 值对酶活力的影响，可通过试验选择在酶稳定的 pH 值范围内进行盐析。

④ 操作方式　盐析时操作方式不同，会影响所需的盐量，也会影响沉淀物颗粒的大小，盐析操作条件要温和，不能引起蛋白质变性。

2. 等电点沉淀法

利用蛋白质在 pH 值等于其等电点的溶液中溶解度下降的原理进行沉淀分离的方法称为等电点沉淀法。等电点沉淀法主要用于一些水化程度不大、在等电点时溶解度很低的两性电解质的产物中，例如抗生素、氨基酸以及疏水性的蛋白质如酪蛋白等。对于亲水性很强的生化物质，即使在等电点的 pH 值下，仍不产生沉淀，可与其他沉淀法结合起来进行。

与盐析法相比，等电点沉淀法的优点是无需后续的脱盐操作，但是，如果沉淀操作的 pH 值过低，容易引起目标蛋白质的变性。

3. 有机溶剂沉淀法

在蛋白质溶液中，加入与水互溶的有机溶剂，能显著地减少蛋白质的溶解度而发生沉淀。有机溶剂沉淀法适用于蛋白质、酶、核酸等物质的提取。

(1) 基本原理　有机溶剂沉淀的机理主要是由于加入有机溶剂后，会使水与有机溶剂混合液的介电常数减少，因而在不同蛋白质粒子表面上，具相反电性离子之间的吸引力增加，这就促使它们相互聚集，并沉淀下来。一般来说，蛋白质的相对分子量越大，有机溶剂沉淀越容易，所需加入的有机溶剂量也越少。

常用于生物大分子物质沉淀的有机溶剂有甲醇、乙醇、异丙醇和丙酮等，其中乙醇是最常用的沉淀剂。因为它无毒，适用在医药上使用。

(2) 影响有机溶剂沉淀效果的因素　影响有机溶剂沉淀的因素是多方面的，如有机溶剂的种类和用量、沉淀的温度、pH 值、时间以及溶液中的盐类等。

① 有机溶剂的种类　不同有机溶剂沉淀蛋白质的效率，受蛋白质的种类、温度、pH 值和杂质等因素所影响，选择溶剂的原则是所用的溶剂必须能与水互溶，但与产物如蛋白质等不发生反应，大致上以丙酮效果最佳，乙醇次之，甲醇更次。

② 温度　有机溶剂沉淀时，温度是重要的因素。有机溶剂存在下，大多数蛋白质的溶解度随温度降低而显著减少，因此低温下，沉淀得完全，有机溶剂用量可以减少。温度升高，变性的危险随之而增大，为了防止蛋白质变性及利于沉淀完全，应在低温下沉淀。

③ pH 值　在产物结构稳定范围内，选择溶解度最低时的 pH 值，有助于提高沉淀效果，等电点时蛋白质溶解度最低，因此有机溶剂沉淀时，溶液 pH 值应尽量在蛋白质等电点附近，但是 pH 值的控制还必须考虑蛋白质的稳定性，例如许多酶的等电点在 pH4～5，比其稳定的 pH 范围低，因此 pH 值应首先满足蛋白质稳定性的条件，不能过低。

(二) 萃取分离技术

利用溶质在互不相溶的两相之间分配系数的不同，而使溶质得到纯化或浓缩的方法称为萃取法。可用于有机酸、氨基酸、抗生素、维生素、激素和生物碱等生物小分子的分离和纯化。萃取法是一种初步分离纯化技术，萃取法根据参与溶质分配的两相状态不同分为多种，如液液萃取、液固萃取、双水相萃取和超临界萃取等。每种方法均各具特点，适用于不同种类生物产物的分离纯化。由于液液萃取比化学沉淀法分离程度高；比离子交换法选择性好，传质速度快；比蒸馏法生产能力大，能耗低，生产周期短，便于连续操作，容易实现自动化控制等，所以得到了广泛应用。这里仅介绍液液萃取。

1. 萃取的基本概念

液液萃取也称为溶剂萃取法，是使用一种溶剂将物质从另一种溶剂中提取出来的方法，这两种溶剂不能互溶或只能部分互溶，能形成便于分离的两相。

（1）萃取　在溶剂萃取中，被提取的溶液称为料液，其中欲提取的物质称为溶质，而用以进行萃取的溶剂称为萃取剂，料液与萃取剂经接触分离后，大部分溶质转移到萃取剂中，得到的溶液称为萃取液，而被萃取出溶质以后的料液称为萃余液。

（2）反萃取　在溶剂萃取分离过程中，当完成萃取操作后，为进一步纯化目标产物或便于下一步分离操作的实施，往往需要将目标产物转移到水相，这种调节水相条件，将目标产物从有机相转入水相的萃取操作称为反萃取。对于一个完整的萃取过程，常常在萃取和反萃取操作之间增加洗涤操作，洗涤操作的目的是为了除去与目标产物同时萃取到有机相中的杂质，提高反萃液中目标产物的纯度。

（3）物理萃取和化学萃取　物理萃取即溶质根据相似相溶的原理，在两相间达到分配平衡，萃取剂与溶质之间不发生化学反应。例如用乙酸乙酯萃取发酵液中的青霉素就属于物理萃取。物理萃取广泛用于石油化工和抗生素及天然植物中有效成分的提取。

化学萃取则是利用脂溶性萃取剂与溶质之间发生化学反应生成脂溶性复合分子，实现溶质向有机相的分配。萃取剂与溶质之间的化学反应包括离子交换和络合反应等。化学萃取主要用于金属的提取，也可用于氨基酸、抗生素和有机酸等生物产物的分离回收。

2. 乳化和破乳化

在溶剂萃取过程中，经常会出现一种液体分散到另一种本不相溶的液体中，称为乳化现象。乳化现象的产生将直接影响溶剂萃取操作的效果，影响收率和产品质量。因此如何防止乳化及破坏乳化也是溶剂萃取过程中的一个重要环节。

（1）离心分离　当乳化现象不是很严重时，可采用离心分离的方法。

（2）升高温度　黏度是乳浊液稳定的一个因素，温度升高，使溶液的黏度下降，从而使乳浊液破坏。对热稳定性较高的产物，可用加热的方法破坏乳化。

（3）稀释法　在乳浊液中加入连续相，降低乳浊液的浓度，来减轻乳化现象。

（4）吸附法　在乳浊液中加入吸水性物质，使水分被吸附，从而破坏乳浊液的现象。例如 $CaCO_3$ 易被水所润湿，而不能被有机溶剂所润湿，将乳浊液通过 $CaCO_3$ 层时，乳浊液中的水分则被吸附。生产上将红霉素一次丁酯抽提液通过 $CaCO_3$ 层，以除去微量水分，有利于以后的提取。

（5）转型法　就是使 W/O 型的乳浊液变为 O/W 型的乳浊液过程或者是相反的过程等。这种转型法在发酵工业产物提取过程中应用较多，加入的表面活性剂常称为去乳化剂。

3. 常用的去乳化剂

在发酵工业中常用的去乳化剂主要有以下几种。

（1）十二烷基磺酸钠　它属于阴离子表面活性剂，是一种洗涤剂，为淡黄色透明液体，易溶于水，微溶于有机溶剂，因此适于破坏 W/O 型的乳浊液，目前广泛用于红霉素的提取。因为它是酸性物质，在碱性条件下，留在水相，不随红霉素转入乙酸丁酯萃取液中，不污染产品，有利于成品质量的提高。

（2）溴代十五烷基吡啶　是一种棕褐色稠厚液体，在水中溶解度约为 6%，在有机溶剂中溶解度较小，因此适用于破坏 W/O 型的乳浊液，去乳化效果很好，使用时先溶解在热水中，用量为 0.01%～0.05%。目前广泛用于青霉素等抗生素的提取中。

表面活性剂的种类很多，如何正确选择去乳化剂很重要，主要是应用试验方法来决定。

4. 萃取方式

工业上萃取操作包括以下三个步骤。

（1）混合　料液和萃取液充分混合形成乳浊液，目的产物自料液转入萃取液中。

（2）分离　将乳浊液通过离心设备分成萃取液和萃余液。

（3）溶剂回收　从萃取液或萃余液中回收萃取剂。

这三个步骤需要一定的设备来完成，用于混合的设备有最简单的搅拌罐；也可以用管道混合器将料液和萃取剂以很高的速度在管道内混合，湍流程度很高，称为湍流萃取；或用喷射泵以涡流方式混合，称为喷射萃取。分离步骤通常利用碟片式或管道式离心机。溶剂回收采用液体蒸馏方式进行。

根据混合-分离的操作方式，可以分为单级萃取和多级萃取。多级萃取中又有错流萃取和逆流萃取两种操作流程。还可以将错流和逆流结合操作。

（三）吸附分离技术

吸附是指溶质从液相转移到固相而达到分离浓缩的现象。利用固体吸附的原理从液体中提取回收有用目的产物的方法称为吸附法。吸附操作中所使用的固体一般为多孔微粒，具有很大的比表面积，称为吸附剂。

固体吸附和发酵工程有着密切的关系，在酶、蛋白质、核苷酸、抗生素、氨基酸等产物的分离、精制中进行选择性吸附的方法应用较早；空气净化和除菌也采用吸附法；并且还常用吸附剂进行脱色、除热原、去组胺等杂质。

吸附法有下列优点：可不用或少用有机溶剂；操作简单、安全、设备简单；生产过程中 pH 值变化小，适用于稳定性较差的生化物质。其缺点是选择性差，收率不高，不能连续操作等。但随着凝胶类吸附剂、大网格聚合物吸附剂的合成和发展，克服了以往吸附法的缺点，吸附法又重新受到重视并获得应用。

1. 吸附的类型

按吸附剂与吸附物之间作用力的不同分为三类，即物理吸附、化学吸附和交换吸附。

（1）物理吸附　吸附剂和吸附物通过分子间作用力产生的吸附称为物理吸附。这是一种最常见的吸附现象。物理吸附是可逆的，即在吸附的同时，被吸附的分子由于热运动会离开固体表面。分子脱离固体表面的现象称为解吸。

物理吸附可分为单分子层吸附或多分子层吸附。由于分子力存在的普遍性，一种吸附剂可以吸附多种物质，没有严格的选择性。物理吸附与吸附剂的表面积、细孔分布和温度等因素有密切的关系。

（2）化学吸附　化学吸附是由于吸附剂与吸附物之间的电子转移，发生化学反应而产生的。反应时释放大量的热量，由于是化学反应，因此需要一定的活化能，需要在较高温度下进行。化学吸附的选择性较强，一般为单分子层吸附，吸附后较稳定，不易解吸。这种吸附与吸附剂的表面化学性质以及吸附物的化学性质直接相关。

（3）交换吸附　吸附剂表面如果为极性分子或离子组成，则它会吸引溶液中带相反电荷的离子形成双电层，这种吸附称为交换吸附。

　　影响吸附的因素主要有吸附剂的性质、吸附物的性质、溶液的 pH 值、温度以及溶液中其他溶质的影响等。

2. 几种常见的吸附剂

　　吸附剂按照化学结构的不同，可分为两类：一类为有机吸附剂，如活性炭、乳糖、淀粉、蔗糖、纤维素、聚酰胺、大网格树脂等；另一类为无机吸附剂，如白土、硅胶、氧化铝、碳酸钙、氢氧化钙等。这里仅介绍几种常用的吸附剂。

　　（1）活性炭　活性炭具有吸附能力强、分离效果好、价格低廉、来源方便等优点，但生产商家因采用不同来源或不同批号的活性炭，吸附能力常常有差异，另外，活性炭色黑质轻，污染环境。

　　活性炭的基本类型有粉末状活性炭、颗粒状活性炭和锦纶活性炭。粉末状活性炭颗粒极细，呈粉末状，其总表面积、吸附能力和吸附量都特别大，是活性炭中吸附能力最强的，但在过滤时常因其颗粒过细而影响过滤速度，过滤时常需要加压或减压，操作烦琐；颗粒性活性炭颗粒较粉末状的大，但其总表面积相应减小，吸附能力较差，不过它克服了粉末状活性炭操作烦琐的缺点；锦纶活性炭是以锦纶为黏合剂，将粉末状活性炭制成颗粒，吸附表面积介于上述两者之间，但吸附能力较前两者差。

　　活性炭是非极性吸附剂，在水溶液中吸附能力最强，在有机溶剂中较弱，其吸附顺序为：水＞乙醇＞甲醇＞乙酸乙酯＞丙酮＞氯仿；在一定条件下，对不同物质的吸附能力也不同，通常对具有极性基团（—COOH、—NH$_2$、—OH 等）的化合物吸附能力较大，对分子量大的化合物的吸附能力大于对分子量小的化合物。

　　（2）硅胶　色谱所用硅胶可用 SiO$_2$·nH$_2$O 表示，具有多孔性网状结构，硅胶分子内的水称为结构水。硅胶表面带有大量的硅羟基，有很强的亲水性，能吸附多量的水分，称为自由水。活性强弱与自由水含量高低有关，自由水多，活性低；自由水少，活性高，当含水量高达 16%～18% 时，硅胶吸附力很弱，可作为分配色谱的载体。

　　活化后的硅胶极易吸水而降低活性，一般在使用前于 110℃ 再活化 0.5～1h 后使用。

　　硅胶能吸附非极性化合物，也能吸附极性化合物，可用于芳香油、萜类、生物碱、固醇类、强心苷、酸性化合物、脂肪类、氨基酸等的吸附分离。

　　（3）氧化铝　活性氧化铝是常用的吸附剂之一，特别适用于亲脂性成分的分离，广泛地应用在醇、酚、生物碱、燃料、氨基酸、蛋白质以及维生素、抗生素等物质的分离中。它具有价廉、再生容易、活性容易控制等优点，但操作不方便，手续烦琐，处理量有限，从而限制了它在生产上的大规模使用。

　　活性氧化铝有碱性氧化铝、中性氧化铝、酸性氧化铝 3 种。碱性氧化铝常用于碳氢化合物的分离；中性氧化铝适用于酸、酮、某些苷类及在酸碱性溶液中不稳定的化合物（如酯、内酯等）的分离；酸性氧化铝适用于天然及合成酸性色素及某些醛、酸的分离。

　　氧化铝的活性与含水量有很大的关系，一定温度下除去水分可使氧化铝活化，活化的氧化铝再引入一定量的水可使活性降低。

　　（4）大网格聚合物吸附剂　某些离子交换树脂也可用作吸附剂，在这种情况下，并不发生离子交换，而是依靠树脂骨架与溶质分子之间的分子吸附。由此人们想到，将大网格离子交换树脂去其功能团，而保留其多空的骨架，其性质就可与活性炭、硅胶等吸附剂相似，称为大网格聚合物吸附剂。

　　大网格聚合物吸附剂与活性炭等经典吸附剂相比，具有选择性好、容易解吸、机械强度大、可反复使用、流体阻力小等优点。适用于吸附各种有机化合物。在发酵工业中，已经成功地用于头孢菌素、维生素 B$_2$、林可霉素等的提纯中。对不能采用离子交换法提纯的弱电解质或非离子型的物质，都可以考虑使用大网格吸附剂。只是目前利用大网格吸附剂提取法所获产品的质量仍不及溶剂法，因此应用较少。

（四）膜分离技术

膜分离是指以压力为推动力，依靠膜的选择性，将液体中的组分进行分离纯化的方法。这是人类最早应用的分离技术之一。如酿酒业中酒的过滤，从天然植物（中药）提取有效成分等。

1. 膜过滤装置组件

目前生产的膜过滤装置都是由膜组件或膜装置构成。一个膜装置由膜、固定膜的支撑物、间隔物以及收纳这些部件的容器构成。目前市售商品膜组件主要有管式、平板式、螺旋卷式和中空纤维式等四种。如图 8-7 所示为螺旋管式超滤膜组件构造。

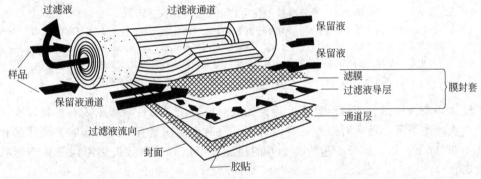

图 8-7　螺旋管式超滤膜组件构造

2. 膜分离法的应用

包括微滤（MF）、超滤（UF）、反渗透（RO）、透析（DS）等，各种膜分离法的原理和应用范围列于表 8-1。

表 8-1　各种膜分离法的原理和应用范围

膜分离法	传质推动力	分离原理	应用举例
微滤（MF）	压差（0.05～0.5MPa）	筛分	除菌、回收菌、分离病毒
超滤（UF）	压差（0.1～1.0MPa）	筛分	蛋白质、多肽和多糖的回收和浓缩
反渗透（RO）	压差（1.0～10MPa）	筛分	盐、氨基酸、糖的浓缩、淡水制造
透析（DS）	浓度差	筛分	脱盐、除变性剂

在生物产品的分离和纯化方面，膜分离法的应用大致可分为下列四个方面，如图 8-8 所示。

（1）发酵液的过滤与细胞收集　发酵液的过滤与细胞的收集是指同一操作仅从不同的角度考虑。如果所需要的目的物在液体中，则废弃菌体细胞，这时的过滤操作称为发酵液的过滤，如果所需要的产品在细胞内，或细胞本身就是目标产物，则称为细胞的收集。

（2）小分子生物产物的回收　氨基酸、抗生素、有机酸等发酵产品的相对分子质量都在2000 以下，而通常超滤膜的（MWCO）截留分子量在 10000～30000 之间，因而能透过超滤膜，而蛋白质、多肽、多糖等杂质被截留。对上述产物的后续处理有利。

（3）浓缩　经过超滤或透析后，溶液浓度会变稀，为便于后道工序的处理，常需要浓缩，为避免对热敏性产品的影响，不采用传统的蒸发方法进行浓缩，可以采用反渗透法浓缩，操作时要注意膜的消毒，避免破坏目标产品。

（4）除热原　热原是由细菌的细胞壁产生，主要成分为脂多糖类、脂蛋白等物质，相对

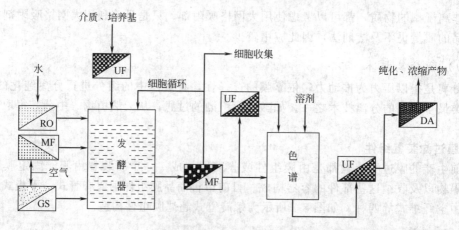

图 8-8　膜分离技术在生物化工方面的应用示意

① 用（反渗透）RO 或（超滤）UF 净化水中有害离子或胶体、大分子物质；② 用（微滤）MF
过滤空气，除去微生物；③ 用（气体分离）GS 制备富氧气体供氧；④ 用 MF 或 UF 收集细胞；
⑤ 用 UF 或 MF 过滤介质与培养基，除去微生物与大颗粒物；⑥ 用 UF 浓缩产品与脱盐
或小分子有机物；⑦ 用透析（DA）进行产品脱盐或小分子有机物

分子量较大，注入体内会使体温升高，传统的去热原方法是活性炭吸附或石棉板过滤，但是
前者会造成产率下降，后者对操作者身体有害并且对产品质量有一定的影响。当产品相对分
子量在 1000 以下，用截留分子量为 10000 的超滤膜可以有效地除去热原，并且不影响产品
的回收率。

3. 膜的污染与清洗

（1）膜污染　膜分离过程中遇到的最大问题是膜污染，即膜在使用中，尽管操作条件保
持不变，但通量仍逐渐降低的现象，称为污染。污染的原因一般认为是膜与料液中某一溶质
的相互作用，或吸附在膜上的溶质和其他溶质相互作用而引起的。膜污染是不可逆的。膜污
染不仅造成透过通量的大幅下降，而且造成目标产物的回收率下降。为保证膜分离操作高效
稳定的进行，必须对膜进行定期清洗，除去膜表面及膜孔内的污染物，经清洗后，如纯水通
量达到或接近原来水平，则可以认为污染已经消除，膜的透过性能已经恢复。

（2）膜清洗　选用清洗剂的要求为：清洗剂要具有良好的去污能力，同时又不能损害膜
的过滤性能。膜的清洗一般选用水、盐溶液、稀酸、稀碱、表面活性剂、氧化剂和酶溶液等
为清洗剂。具体采用何种清洗剂要根据膜的性质和污染物的性质而定。

五、结晶与干燥技术

（一）结晶技术

结晶是使溶质呈晶态从溶液中析出的过程。结晶是一种比较古老的物质分离纯化方法，
现在仍然普遍使用。由于只有同类分子或离子才能排列成晶体，故结晶过程具有高度选择
性，析出的晶体纯度很高，物质能否结晶主要取决于其自身的性质，此外还必须在一定的条
件下才能形成晶体。

1. 结晶形成的条件

（1）样品的纯度　一般要求结晶液的纯度达到 50％以上才能形成晶体，结晶容易形成。

（2）溶液的浓度　一般要求结晶液的浓度较高，以利于溶液中溶质分子间的相互碰撞聚
合，当浓度过高时，相应杂质的浓度及溶液黏度也增大，反而不利于结晶析出，或生成纯度
较差的粉末结晶。因此应根据工艺和具体情况确定或调整溶液的浓度，才能得到较好的

结晶。

（3）pH值 有时只差0.2个pH单位就只得到沉淀而不能形成微晶或单晶。调整pH值可使晶体长大到最适大小，也可改变晶形。结晶溶液pH值一般选择在被结晶酶的等电点附近。

（4）温度 结晶的温度通常在4℃下或室温25℃下，低温条件下，不仅溶解度低，而且不易变性，又可避免细菌繁殖。

（5）晶种 不易结晶的活性物质，需加入微量的晶种才能结晶。例如，在胰凝乳蛋白酶结晶母液中加入微量胰凝乳蛋白酶结晶可导致大量结晶的形成。

2. 重结晶

重结晶，特别是在不同溶剂中反复结晶，能使纯度提高。因为杂质和结晶物质在不同溶剂中和不同温度下的溶解度是不同的。重结晶的关键是选择合适的溶剂。通过重结晶，可使粗制品或不合格品中的杂质除去，产品的色级及纯度等获得提高，是进一步提纯精制生物产品的有效方法。

（二）干燥技术

工业上要获得固体产品如抗生素、酶制剂、味精、柠檬酸和酵母等，都需要进行干燥处理，以除去物料中的水分，使产品方便保存、运输和销售及使用。

按照热源和供热方式的不同，比较常用的干燥方法有常压干燥、减压干燥、喷雾干燥、冷冻干燥和红外线干燥等（表8-2）。干燥设备的种类繁多，主要有：厢式干燥器、真空干燥器、冷冻干燥器、管式气流干燥器、沸腾干燥器以及喷雾干燥器等。

表8-2 几种常用干燥类型的比较

干燥类型	主要特点	缺点	用途
常压干燥	古老的传统方法，常与通风、加热结合起来，成本较低、干燥量大	时间稍长、易污染	柠檬酸、某些抗生素、味精
减压干燥	利用专用设备减压加速、使被干燥物所含水分或溶剂迅速蒸发除去。时间短、温度低	专用设备减压加速	氨基酸、抗生素等
喷雾干燥	待干燥的物质先浓缩成一定浓度的液体后，经喷雾后具有极大的表面积，故能在很短时间内干燥。受热时间缩短，干燥物为粉状，不需粉碎即可应用	热利用率不高，设备投资费用大	热敏性物料如抗生素、酶制剂、氨基酸、酵母等
冷冻干燥	在低温（−60～−10℃）及高真空[0.05～0.03mmHg(1mmHg＝133.322Pa)]下，将物料或溶液中的水分直接升华的干燥方法。冻干工艺包括预冻结、升华和再干燥三个阶段。制剂具有多孔性、疏松、易溶的特点，一般含水量在1%～3%	设备投资及操作维护费用高，生产能力不太大	热敏性非常强的生物物质，如菌体、病毒、抗生素等

※ 工作任务 ▶▶▶

工作任务 8-1 离子交换法提取抗生素

一、工作目标

（1）掌握离子交换法提取抗生素的原理。

（2）掌握离子交换法提取抗生素的方法技术。

二、材料用具

1. 试剂

强酸性阳离子交换树脂（763），2mol/L HCl，2mol/L NaOH，蒸馏水，0.5mol/L NH_4Cl，0.8mol/L 氨水，土霉素发酵液。

微课：青霉素的萃取

2. 器材

玻璃离子交换柱，玻璃纤维，试管，烧杯，吸管，三角瓶，pH试纸等。

微课：离子交换树脂的使用

三、工作过程

（1）装柱　在玻璃交换柱下面用少量玻璃纤维贴底，装贴平整，不要太紧，保持一定流量，用吸管吸取 2mL 离子交换树脂于玻璃柱内，使树脂缓慢沉降，严防树脂柱内有气泡产生。调整流速约 2mL/min。

（2）在充装树脂的交换柱中加入 2mol/L NaOH 10mL，而后用蒸馏水洗柱到 pH8～9，后加入 2mol/L HCl 10mL，用蒸馏水洗柱到 pH 为 7 备用（每次加液都要使液降到树脂面，不可干柱）。

（3）加样　取 1mL 发酵液滤液加入交换柱内，加入 10mL 蒸馏水洗涤。

（4）洗脱　加入 0.5mol/L NH_4Cl 的氨水溶液洗脱树脂上的土霉素，每 10mL 收集一次。

四、注意事项

离子交换法是利用某些抗生素能解离为阳离子或阴离子的特性，使其与离子交换树脂进行交换，将抗生素暂时吸附在树脂上，然后再以适当的条件将抗生素从树脂上洗脱下来，达到浓缩提纯的目的。

交换作用：

$$n\text{R-SO}_3\text{H} + \text{Me}^{n+} \longrightarrow (\text{R-SO}_3)_n\text{Me} + n\text{H}^+$$
$$n\text{R-N(CH}_3)_3\text{OH} + \text{X}^{n-} \longrightarrow [\text{R-N(CH}_3)_3]_n\text{X} + n\text{OH}^-$$

五、考核内容与评分标准

1. 相关知识　离子交换的原理。（20分）

2. 操作技能

（1）装柱。（20分）

（2）水洗。（20分）

（3）加样。（20分）

（4）洗脱。（20分）

六、思考题

（1）装填树脂柱应注意哪些问题？

（2）每次加样或溶液要注意哪些问题？

工作任务 8-2　抗生素的结晶

一、工作目标

（1）掌握结晶的基本原理。

（2）掌握结晶的方法技术。

二、材料用具

1. 试剂

土霉素原粉，Na_2CO_3，土霉素脱色液。

2. 器材

烧杯，吸管，玻棒，pH 试纸（精密度 4.0～5.0）。

三、工作过程

（1）配制 16％ Na_2CO_3、2％重亚硫酸钠混合溶液 100mL，先加热至完全溶解，再降到 30℃，过滤待用。

（2）取脱色液 1000mL 于烧杯中，缓慢加入混合碱溶液，调 pH 为 4.4～4.6，然后加入 0.03％（w/V）晶体（土霉素湿粉）。

（3）搅拌，到 5％结晶。

（4）真空抽滤得土霉素结晶，烘干，即为成品。

四、注意事项

结晶是制备纯物质的有效方法，是溶质从溶液中析出晶体的过程，通过改变结晶温度、利用不同等电点、加成盐剂、加不同的溶剂等方法改变结晶条件形成结晶等。为了加速结晶速度还可加入晶种，实际生产中产品的结晶是这几种结晶方法的综合作用。

五、考核内容与评分标准

1. 相关知识上所述

抗生素结晶的原理。（30 分）

2. 操作技能

（1）配制重亚硫酸钠混合溶液。（20 分）

（2）混合溶液。（30 分）

（3）真空抽滤得土霉素结晶，烘干得成品。（20 分）

 项目小结 ▶▶▶

PPT 课件

发酵产物提取与精制的一般工艺流程由许多化工单元操作组成，通常可分为发酵液预处理和固液分离、提取、精制以及成品加工四个阶段。发酵液的黏度较高，影响固液分离速度，采用凝聚和絮凝、等电点沉淀、变性沉淀、加各种蛋白沉淀剂沉淀、吸附等技术对发酵液进行预处理。发酵液固液分离技术常用设备有板框压滤机、真空鼓式过滤机、离心分离机等。细胞破碎技术包括机械法、物理法、化学法、酶解法等。

发酵产物分离技术有沉淀提取分离技术法（盐析法、等电点沉淀法、有机溶剂沉淀法）、萃取分离技术、吸附分离技术、膜分离技术等。分离后的产品需要进行进一步精制，包括结晶与干燥。

项目思考

1. 简述下游加工过程的特点。
2. 发酵液的预处理及菌体分离的目的是什么？
3. Mg^{2+}、Ca^{2+}、Fe^{2+} 等高价态金属离子的去除方法有哪些？
4. 发酵液的固液分离常用设备及各自特点是什么？
5. 列表说明细胞破碎的方法及常用的设备。
6. 简述发酵产物的提取方法。
7. 在萃取中为什么会产生乳化现象？在生产中常用哪些方法来破乳化？
8. 离子交换树脂的定义及分类是什么？简述离子交换的操作步骤。
9. 简述膜分离法的应用。
10. 列表说明常用干燥方法的主要优缺点和应用范围。

项目九

典型发酵产品的生产

【知识目标】

1. 掌握酒精及其他酒类产品、氨基酸、抗生素、酸乳、酶制剂等产品生产发酵及控制原理、分离纯化的方法与工艺。

2. 理解发酵产品生产的污水生化处理技术的原理。

【能力目标】

1. 能够正确进行酒类产品、氨基酸、抗生素、酸乳、酶制剂等产品的发酵生产工艺操作。

2. 能够正确判断发酵生产过程的各种状态，正确处理生产过程中遇到的技术问题。

【思政与职业素养目标】

1. 提升职业素质和培养敬业精神，有安于一线工作的意识和素养、高度的社会责任感和服务意识，以及能吃苦耐劳、乐于奉献的创业精神。

音频：国酒大师

2. 培养由一线生产者向一线管理者、中层管理者，以及企业技术能手、实践专家发展的能力

3. 培养潜心研究的奉献精神和精益求精的工匠精神。

※ 项目说明 ▶▶▶▶

　　发酵生产工艺影响发酵产品的风味、质量和产量。不同发酵产品的生产工艺不同，通过微生物产品的发酵过程，系统掌握发酵技术，包括厌氧发酵生产过程和好氧发酵生产过程。发酵技术可以直接将生物技术转化为生产力，用于生产人类所需要的各种产品。通过本项目的学习，可掌握酒类产品、氨基酸、酱油、醋、抗生素、酶制剂等的生产工艺流程，每种产品的生产菌种、生产原辅料及其预处理、发酵过程工艺控制以及产物提取与精制等技术环节。

※ 基础知识 ▶▶▶

一、酒类生产

（一）酒精生产

工业酒精的生产方法可分为发酵法和化学合成法两大类。发酵法是利用淀粉质原料、糖质原料或亚硫酸盐纸浆废液等，在微生物的作用下生成酒精。化学合成法是以炼焦炭、裂解石油的废气为原料，经化学合成反应而制成酒精。

1. 发酵法生产酒精的淀粉质原料及辅料

生产酒精的淀粉质原料一般有：薯类、粮谷类、野生植物、农产品加工副产物等。

辅助原料是指制造糖化剂和用来补充氮源所需的原料，一般有麸皮（面粉生产过程中的一种副产品）、米糠及其他一些农产品加工的副产物，如大豆粕、花生粕等。

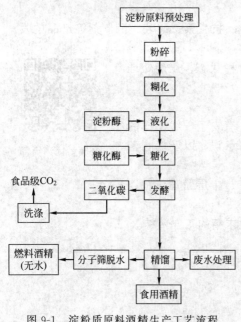

图 9-1　淀粉质原料酒精生产工艺流程

2. 淀粉质原料酒精生产工艺流程

用淀粉质原料生产酒精时，投产前必须先把块状或粒状的原料，磨碎成粉末状态后，经过高压蒸煮和糖化作用，然后再进行发酵，最后经蒸馏得到成品酒精（图 9-1）。

（1）原料预处理及粉碎

① 预处理　为了避免损坏生产设备，在生产前，必须先将原料去除石块、铁钉等杂质，对于一些带壳的原料，如高粱、大麦，在粉碎前还要先把皮壳破碎，除去皮壳。

② 粉碎　因为谷物或薯类原料的淀粉都是植物体内的储备物质，常以颗粒状态储备于细胞之中，受着植物组织与细胞壁的保护，既不能溶于水，也不易和淀粉水解酶接触。把原料进行粉碎后成为粉末原料，增加原料受热面积，有利于淀粉颗粒的吸水膨胀、糊化，提高热处理效率，缩短热处理时间。粉末状原料加水混合后容易流动输送。

原料粉碎的方法可分为干粉碎和湿粉碎两种。

（2）原料的蒸煮（即糊化）　薯类、谷类、野生植物等淀粉质原料，吸水后在高温高压条件下进行蒸煮，使植物组织和细胞彻底破裂，原料内含的淀粉颗粒，由于吸水膨胀而破坏，使淀粉由颗粒变成溶解状态的糊液，目的是使它易受淀粉酶的作用，把淀粉水解成可发酵性糖。同时通过高温高压蒸煮后，对原料进行灭菌处理。

蒸煮设备通常采用锥形蒸煮锅（图 9-2），蒸煮方式有间歇蒸煮和连续蒸煮两种。用淀粉质原料生产酒精的工厂，大多采用连续蒸煮工艺，包括锅式连续蒸煮（图 9-3）、管式连续蒸煮（图 9-4）和柱式连续蒸煮（图 9-5）等。

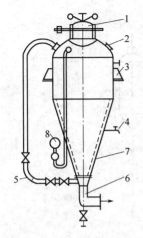

图 9-2 锥形蒸煮锅结构示意
1—加料口；2—排汽阀；
3—锅耳；4—取样器；
5—加热蒸汽管；6—排
醪管；7—衬套；8—压力表

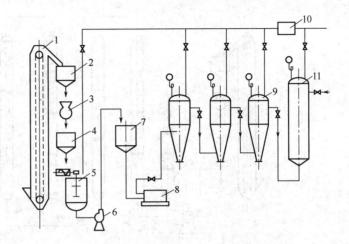

图 9-3 锅式连续蒸煮工艺示意
1—斗式提升机；2—贮斗；3—锤式粉碎机；4—贮料斗；
5—混合桶；6—输送料泵；7—加热承转桶；8—往复泵；
9—蒸煮锅；10—贮汽桶；11—后熟器

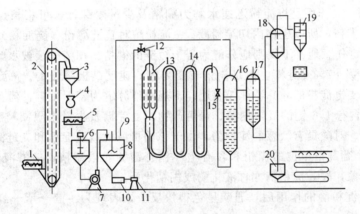

图 9-4 管式连续蒸煮工艺示意
1—输送机；2—斗式提升机；3—贮料斗；4—锤式粉碎机；5—螺旋输送机；6—粉
浆罐；7—泵；8—预热锅；9—进料控制阀；10—过滤器；11—泥浆泵；12—单向阀；
13—三套管加热器；14—蒸煮管道；15—压力控制阀；16—后熟器；17—蒸汽分离器；
18—真空冷凝器；19—蒸汽冷凝器；20—糖化锅

（3）液化、糖化 因酒精酵母不含淀粉酶，所以它不能直接利用淀粉进行酒精发酵。因此，在利用淀粉质原料生产酒精时，必须把淀粉转化成可发酵性糖（即糖化），才能被酵母利用来进行酒精发酵。所用的催化剂称为糖化剂。酒精厂采用的糖化剂主要有发芽的谷物、酒曲和酶制剂三种。此外，亦有用无机酸作为糖化的催化剂，即所谓酸糖化法，由于该法生产设备需要耐酸材料，而且糖的回收率较酶化法低 10％左右，因此酒精生产很少使用。

酒精生产中制曲所用的糖化菌有一定的要求，如要含有一定的 α-淀粉酶，活性强的糖化酶和适当的蛋白酶，以及菌种特性不易退化，容易培养制曲等。一般来说，曲霉菌能基本满足这些要求。在酒精与白酒生产中曾使用过的糖化菌主要有曲霉属的米曲霉（*ASP. oeryze*）、黄曲霉（*ASP. fLavus*）、乌沙米曲霉（*ASP. usamii*）、甘薯曲霉（*ASP. batatae*）、黑曲霉（*ASP. niger*）等。其中黑曲霉及乌沙米曲霉用得最广。

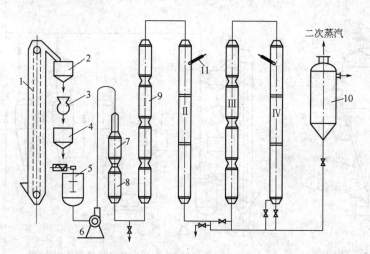

图 9-5　柱式连续蒸煮工艺示意

1—斗式提升机；2—贮料斗；3—锤式粉碎机；4—贮料斗；5—混合桶；
6—离心泵；7—加热器；8—缓冲器；9—蒸煮柱；10—后熟器；11—温度计

淀粉酶有以下几种。

① α-淀粉酶　其作用是将淀粉迅速水解为糊精及少量麦芽糖，可将长链淀粉从内部分裂成若干短链的糊精，所以也称内切淀粉酶。α-淀粉酶对直链淀粉（链淀粉）的作用是将淀粉分子的 α-1,4-键任意地、不规则地分解为若干短链的糊精，糊精继续被水解，最后反应产物为 13％葡萄糖及 87％麦芽糖，但是糊精转变为糖的速度是极缓慢的。α-淀粉酶对支链淀粉的作用，是将支链淀粉的 α-1,4-键任意地、不规则地分解为若干短链，但不能分解其中的1,6-键而遗留下含有 1,6-键的极限糊精，最后产物为麦芽糖及少量界限糊精和葡萄糖。α-淀粉酶是一种耐热、对酸具有敏感的淀粉酶，由于该酶可以使直链淀粉和支链淀粉迅速分裂而形成含有 4～7 个葡萄糖单位的糊精和含有 1,6-糖苷键的界限糊精，使醪液黏度迅速下降，即所谓的液化现象，故 α-淀粉酶亦称液化酶或糊精化酶。

淀粉受到 α-淀粉酶的作用后，遇碘呈色很快反应，表现为：蓝→紫→红→浅红→不显色（即碘原色）。

② 葡萄糖淀粉酶（又称糖化酶）　作用于淀粉的 1,4-键结合，能从葡萄糖键的非还原性末端起将葡萄糖单位一个一个地切断，因为是从链的一端逐渐地一个个地切断为葡萄糖，所以称为外切淀粉酶。对支链淀粉的作用也是从非还原性末端一个个地切断为葡萄糖，虽然它较慢切断 1,6-键，但是切割分支点时，可以绕过 1,6-键而将 1,4-键分解。糖化酶作用于淀粉时，还原糖的增加比 α-淀粉酶快，但是碘色消失得慢，淀粉的黏度也不像 α-淀粉酶那样迅速下降。

③ 异淀粉酶　只能水解支链淀粉中构成分支点的 α-1,6-糖苷键。

④ β-淀粉酶　从非还原性末端逐次以麦芽糖为单位切断 α-1,4-葡聚糖链。对于像直链淀粉那样没有分支的底物能完全分解得到麦芽糖和少量的葡萄糖。作用于支链淀粉或葡聚糖时，切断至 α-1,6-键的前面反应就停止了，因此生成分子量比较大的极限糊精。

糖化的主要设备是糖化锅（图 9-6），锅中装有涡轮式、旋桨式或平桨式搅拌器，由轴中心至搅拌器边缘的长度应为糖化锅直径的 15％～18％，其旋转方向与冷却水在蛇管中水流的方向相反。在糖化锅内沿周壁边装有几排用铜管或钢管制成的蛇管式冷却器。

糖化终点可通过碘液试验、测定外观糖度、酸度及还原糖量等方法综合进行判定。

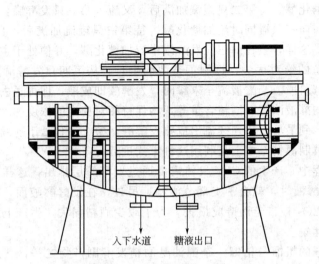

图 9-6　糖化锅结构示意

（4）发酵　淀粉质原料经过蒸煮，使淀粉呈溶解状态，又经过曲霉糖化酶的作用，部分生成可发酵性糖，在酵母菌的作用下，将糖分转变为酒精和 CO_2，同时生成其他副产物。

发酵设备主要是酒精发酵罐，有开放式、半密闭式和密闭式三种。大多数采用密闭式发酵罐（图 9-7），罐内装冷却蛇管，蛇管数量一般取每立方米发酵醪使用不少于 $0.25m^2$ 的冷却面积。也有采用在罐顶用淋水管或淋水围板使水沿罐壁流下，达到冷却发酵醪的目的。对于容积较大的发酵罐，这两种冷却形式可同时采用。

酒精发酵工艺分为间歇式、半连续式和连续式三种。间歇式发酵法就是指全部发酵过程始终在一个发酵罐中进行。半连续发酵是指在主发酵阶段采用连续发酵，而后发酵则采用间歇发酵的方式。连续发酵法常用 9～10 个发酵罐串联在一起，组成一组发酵系统（图 9-8）。各罐连接也是由前一罐上部经连通管流至下一罐底部。投产时，先将酒母接入第一只罐，然后在保持主发酵状态下流加糖化醪，满罐后，流入第二罐。在保持两罐均处于主发酵状态下，与

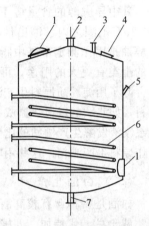

图 9-7　密闭式发酵罐结构示意
1—人孔；2—CO_2 排出管；3—进醪管；4—视镜；5—温度计；6—冷却蛇管；7—排醪管

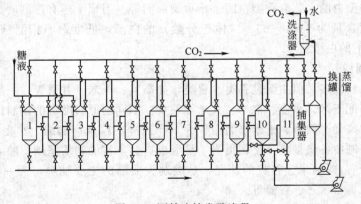

图 9-8　酒精连续发酵流程

第一只罐同时流加糖化醪。待第二只罐流加满后，又流入第三只发酵罐，又在保持三只罐均处于主发酵状态下，向三只罐同时流加糖化醪。待第三只罐流加满后，自然流入第四只罐，这样一直流至末罐。这样，只在前三只发酵罐中流加糖化醪，并使处于主发酵状态，从而保证了酵母菌生长繁殖的绝对优势，抑制了杂菌的生长。从第四只发酵罐起，不再流加糖化醪，使之处于后发酵阶段。当醪液流至末罐时，发酵醪即成熟，即可送去蒸馏。发酵过程从前到后，各罐之间的醪液浓度、酒精含量等，均保持相对稳定的浓度梯度。从前面三只发酵罐连续流加糖化醪，到最后一罐连续流出成熟发酵醪，整个过程处于连续状态。目前，我国淀粉质原料连续发酵制酒精基本上是利用这种方式进行。

在酒精发酵过程中，产生的 CO_2 气体需要通过发酵醪层排出，这样就会被酒精蒸气所饱和。在 CO_2 逸出醪液时，就会带走部分酒精。另外，在发酵醪液面，由于蒸发作用，也会使酒精分伴随着 CO_2 被带走而造成损失。为了减少酒精损失，生产上常采用泡罩式或填料式塔来进行酒精捕集。

（5）发酵成熟醪的粗馏与精馏　杂醇油是酒精发酵副产物之一，其产量为酒精产量的 $0.5\%\sim0.7\%$，是一种由淡黄色到红褐色的透明液体，其主要成分为异戊醇、异丁醇、丙醇等。其中异戊醇的含量应不低于 45%。当蒸馏时，杂醇油开始沸腾的温度不应低于 $87℃$，在 $120℃$ 范围之内，馏出量不应超过总容量的 50%。在 $15℃$ 时，相对密度为 $0.830\sim0.835$。杂醇油是用作测定牛乳中脂肪的一种试剂，也可用作选矿时的浮选剂。杂醇油中所含的高级醇的酯类有更大的用途，可以制造油漆与香精，又可以作为一种溶剂使用。

除了用淀粉质原料生产酒精外，根据各国资源不同，酒精工业的生产原料还可用非淀粉质原料，如北欧的瑞典、挪威、芬兰三国，因为森林面积大，造纸工业发达，所以采用亚硫酸盐纸浆废液发酵生产酒精的比例很大；南美巴西与古巴等是盛产甘蔗糖的国家，则全部用甘蔗糖蜜作原料生产酒精。这些用非淀粉质原料发酵生产酒精的工艺也各有特点，在此不一一赘述。

（二）白酒生产

白酒是一种含有较高酒精浓度的无色透明的饮料酒，因能点燃而又名烧酒。白酒与白兰地、威士忌、伏特加、朗姆酒、金酒并列为世界六大蒸馏酒之一。但白酒所用的制曲和制酒的原料、微生物体系以及各种制曲工艺，平行或单行复式发酵等多种发酵形式和蒸馏、勾兑等操作的复杂性，是其他蒸馏酒所无法比拟的。

根据饮料酒分类国家标准 GB/T 17240—2008，白酒产品按使用糖化发酵剂种类分为大曲酒、小曲酒、麸曲酒、混曲酒等；按生产工艺分为固态法白酒、液态法白酒、串香白酒、固液法白酒；按香型分类又可分为浓香型白酒、酱香型白酒、清香型白酒、米香型白酒、凤香型白酒、豉香型白酒、芝麻香型白酒、特香型白酒等。习惯上还有按酒度高低分类的，高度白酒指酒精度含量为 $41\%\sim65\%$（体积分数）的白酒，低度白酒指酒精度含量为 40%（体积分数）以下的白酒。

1. 原料及辅料

白酒酿造原料颇多，但主要是谷类、薯类，如高粱、玉米、甘薯等，一般优质原料为高粱为主，适当搭配玉米、小麦、糯米、大米等粮食。不同的原料酿造的白酒风味各异，所以酿酒行业素有"高粱产酒香、玉米产酒甜、大米产酒净、糯米产酒绵、小麦产酒糙"一说。多种原料酿造使酒中各微量成分比例得当，是形成口感丰富的物质基础。酿酒辅料主要有稻壳（稻皮、谷壳），即稻米、谷粒的外壳，是酿制大曲酒的主要辅料，为一种优良添加剂，此外还有高粱壳、玉米芯、谷糠等。

水在酿酒生产过程中是一种很重要的物质，对酿造用水的选择，也正如对食品用水的要求一样，应做到水质纯净，卫生，没有异臭异味。并对工艺过程的糖化与发酵没有阻碍的成分，对酒的口味没有不良影响的物质。"名酒需有佳泉"，说明水质的好坏与酒的质量关系密切。

2. 白酒酿造工艺流程

白酒是中国传统蒸馏酒，工艺独特，历史悠久。不同品种的白酒其酿造工艺差异较大。现以大曲酒酿造的续渣法为例介绍其大致工艺流程（图9-9）。

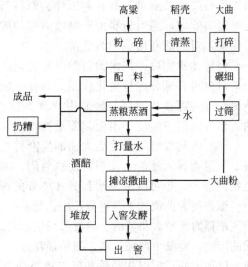

图9-9 续渣法大曲酒酿造工艺流程

（1）大曲制作 酒曲即为酿酒过程中需要使用的糖化剂或糖化发酵剂。高温大曲制曲原料全系小麦（图9-10），原料粉碎前加5%～10%水拌匀，润料3～4h后，用粉碎机粉碎，使麦皮挤成薄片、麦心破成细粉。选择质量好的老曲作曲母接入。人工踩曲是用一个长37cm、宽24cm、厚7.5cm的曲模进行的。将已拌和好的原料，装入曲模内进行踩踏（图9-11）。也有用制曲机压块成型，要求松紧适宜，表面光滑整齐。曲块制成后移入培养室内，按三横三竖排列堆放，便于空气流通。曲块排堆好后，用稻草覆盖进行保温，并向曲坯堆上的盖草喷洒清洁凉水。封闭门窗，进行保温培养。培养过程要进行多次翻曲，翻曲就是将原来摆放的位置进行上下内外互相对调，使温度均匀一致。曲坯进房培养40～45天后已成熟干燥，即可拆曲出室。出室的每块成曲重5.5～6kg（图9-12）。一般要求贮存3～4个月，即可用于酿酒生产。

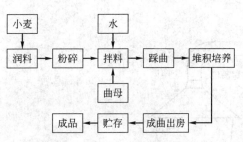

图9-10 高温大曲生产工艺流程

图9-11 人工踏制大曲

图9-12 成品大曲

大曲酒酿造一般多采用清渣法和续渣法两种生产工艺，大部分属于续渣法。所谓续渣法就是原料投入生产后，不是把淀粉利用完再投新料，而是新料与淀粉没有利用完的醅子混合进行连续多次发酵，一般新料经过三次发酵以后才能成为扔糟。

（2）配料 粉碎了的生原料称之为"渣"，将原料单独进行蒸煮称之为"清蒸"。配料是将窖中发酵成熟的酒醅与新投的原料、辅料和水等材料按一定比例混合均匀。

（3）蒸粮蒸酒（糊化、蒸馏同时进行） 将配好的原料装入甑内进行蒸馏糊化，由于蒸酒蒸料同时进行，可以把粮食本身含有的特殊香味物质带入大曲酒中，对酒起到一定助香作用。原料经过多轮次发酵，有利于料醅香味成分的积聚，能给以大曲酒积累更多香味的前驱物质，对浓香型大曲酒生产提高产品质量创造有利条件。原料与酒醅混合配料，可以减少酒醅水分，增加疏松，提高蒸馏效率，同时新料由于吸收酒醅的酸，能加速糊化。此外，混蒸配料可以减少填充料的用量，对热能利用也较为经济。

（4）加水加曲　加水的目的是补充料醅中的水分，使霉菌和酵母所产生的酶能以水为媒介，对淀粉和糖分进行生化作用，并让生成的酒精溶解于水，及时均匀地分散开来，减少酒精对酵母的毒害和抑制。料醅中的营养物质也要通过水溶解后，才能被霉菌和酵母吸收利用。水分对调节酸度、温度起着重要作用。

（5）入窖发酵　浓香型大曲酒生产普遍采用泥池发酵，一般要求长与宽之比为 2∶1 左右。发酵物料入池后，随即将池顶封闭。酒精发酵是厌氧发酵，封池可以防止空气和外界微生物的侵入，也可减少酒精和芳香成分的挥发损失。封池有的采用黄泥，有的采用塑料布。

浓香型大曲酒的主要组分乙酸乙酯的生成是极为复杂和缓慢的，发酵周期过短是生产不出香气浓郁的优质大曲酒的。但发酵周期过长，酒醅生成有益成分的同时，亦伴随着很多有害物质的产生，酒醅中产酸过高，酒损耗过大，对出酒率有很大影响，并对后续生产影响也大，故发酵周期的长短应从质量和经济效益两方面来考虑。一般浓香型优质大曲酒的生产周期以45～60 天为宜；短期发酵的普通大曲酒为 15 天左右，这样既能保证质量又不影响出率。

（6）蒸馏与蒸煮　大曲酒一般是固态蒸馏，传统蒸馏设备是甑桶（图 9-13）。续渣法混蒸操作生产大曲酒，原料的蒸煮和酒的蒸馏是在同一种设备中同时进行的，但在原料蒸煮与酒的蒸馏过程中，二者的物质变化过程和进行的目的却不相同。在蒸馏（煮）过程中，前期为初馏段，甑内酒精分高，而温度较低（一般在 85～95℃），这时糊化作用并不显著。后期流酒尾时，甑内温度逐渐升高，此时蒸煮效果明显，要适当加大火力，追尽余酒。结束之前火力要更大些，以促进糊化作用彻底，并将一部分杂质排出。

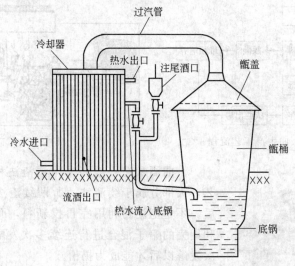

图 9-13　固态蒸馏甑桶结构示意

白酒的蒸馏也可采用液态蒸馏方法，一般所用设备为蒸馏釜（图 9-14）。

（7）贮存与老熟　新蒸馏出来的酒只能算半成品，含有硫化氢、硫醇、醛类等刺激性强的挥发性物质，具辛辣味和冲味，饮后感到燥而不醇和，必须经过一定时间的贮存，让其自然挥发才能作为成品。经过贮存的酒，它的香气和味道都比新酒有明显的醇厚感，酒的燥辣

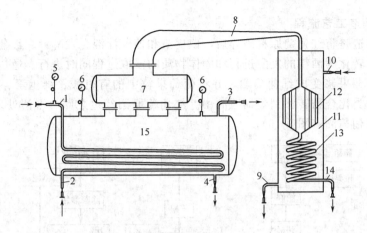

图 9-14　卧式蒸馏釜设备结构示意

1—2in 蒸汽入口及间接加热管；2—废气及冷凝水排出口；3—5in 发酵成熟酒醅入口管；4—酒精
排出口；5—间接蒸汽管蒸汽压力表；6—蒸馏釜的压力表；7—气鼓；8—气筒；9—冷水入口；
10—热水排出口；11—水箱；12—双管冷却器；13—蛇形冷却器；14—接成品酒口；15—蒸馏釜
1in=0.0254m

味明显减少，酒味柔和，香味增加，酒体变得协调。此贮存过程在白酒生产工艺上称为白酒的"老熟"或"陈酿"。名酒规定贮存期一般为三年。而一般大曲酒亦应贮存半年以上，这样对提高酒的质量是有一定好处的。

贮存容器一般有陶质容器（如陶坛）、血料容器（如酒海）、水泥池和金属容器等。

（8）勾兑与调味　白酒的勾兑与调味就是按不同比例，把不同批次、不同层次、不同特色的酒掺兑、调配，平衡酒体，使之形成（保持）一定风格、质量稳定、符合标准的成品酒或半成品酒的一项专门技术。其区别是勾兑在先，调味在后；勾兑各组分用量大，调味酒用量小。勾兑是"画龙"，即粗调，调味则是"点睛"，即微调。勾兑后的酒称为调味用的基础酒，再用具有独特风味的调味酒调味后才算定型。它是白酒生产工艺中的一个重要环节，对于稳定和提高曲酒质量以及提高名优酒率均有明显的作用。业内素有"生香靠发酵，提香靠蒸馏，成型靠勾兑"一说。

（三）葡萄酒生产

根据国家标准 GB 15037—2006，葡萄酒是以新鲜葡萄或葡萄汁为原料，经全部或部分发酵酿制而成的、含有一定酒精度的发酵酒。葡萄酒的品种繁多，根据 GB/T 17204—2008 饮料酒分类和 GB/T 15037—2006 葡萄酒分类，葡萄酒产品按酒的颜色分为白葡萄酒、红葡萄酒、桃红葡萄酒；按酒中二氧化碳含量分为平静葡萄酒（20℃下酒内 $CO_2 < 0.05MPa$）、起泡葡萄酒（20℃时 CO_2 的压力 $\geqslant 0.35MPa$）、加气起泡葡萄酒（指 CO_2 全部或部分由人工充填，20℃时 CO_2 的压力 $\geqslant 0.35MPa$）；按含糖量分为干葡萄酒（含糖量 $\leqslant 4.0g/L$）、半干葡萄酒（含糖量在 $4.1 \sim 12.0g/L$）、半甜葡萄酒（含糖量在 $12.1 \sim 45.0g/L$）、甜葡萄酒（含糖量 $> 45.0g/L$）；按酿造方法分为天然葡萄酒、特种葡萄酒、葡萄蒸馏酒等。

1. 原料

酿造葡萄酒所用的原料——葡萄科（Vitaceae）葡萄属（*Vitis*），有 70 多个种，我国约有 35 个种。酿酒葡萄含糖量约为 15%～22%，含酸量 6.0～12g/L，对酿制红葡萄酒的品种则要求色泽浓艳、含糖量高的葡萄品种，含糖量高达 22%～36%，含酸量 4.0～7.0g/L，香味浓。葡萄酒的酿造重点在于选择优质的原料，素有"三分工艺，七分原料"之说。

2. 葡萄酒酿造工艺流程

红葡萄酒酿造是将红葡萄原料破碎后，使皮渣和葡萄汁混合发酵。在红葡萄酒的发酵过程中，将葡萄糖转化为酒精的发酵过程和固体物质的浸取过程同时进行。通过红葡萄酒的发酵过程，将红葡萄果浆变成红葡萄酒，并将葡萄果粒中的有机酸、维生素、微量元素及单宁、色素等多酚类化合物转移到葡萄原酒中。红葡萄原酒经过贮藏、澄清处理和稳定处理，即成为精美的红葡萄酒（图9-15）。

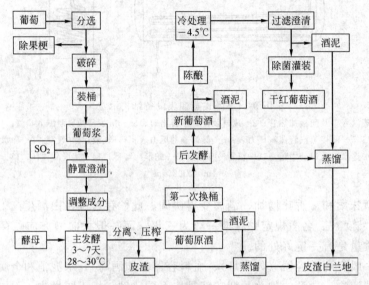

图 9-15　红葡萄酒酿造工艺流程

白葡萄酒酿造除了所用原料的葡萄品种不同以外，其前加工工艺与红葡萄酒也有不同。白葡萄经破碎（压榨）或果汁分离，果汁单独进行发酵。也就是说白葡萄酒压榨在发酵前，而红葡萄酒压榨在发酵后（图9-16）。

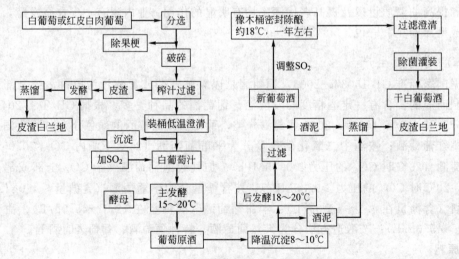

图 9-16　白葡萄酒酿造工艺流程

（1）除梗及破碎　不论酿制红葡萄酒或白葡萄酒，都需先将葡萄除梗及破碎。红酒的颜色和口味结构主要来自葡萄皮中的红色素和单宁等，所以，必须先破皮让葡萄汁液能和皮接触，以释出这些多酚类物质。葡萄梗的单宁较强劲，通常要除去。酿造白葡萄酒时破碎后立即压榨，迅速使果汁与皮渣分离。红葡萄则直接榨汁，带皮发酵，主发酵结束后再进行皮渣分离。

葡萄破碎要求为：每粒葡萄都要破碎；籽粒不能压破，梗不能压碎，皮不能压扁；破碎过程中，葡萄及汁不得与铁铜等金属接触。

（2）SO_2 的添加　在进行葡萄破碎时或破碎后，要按葡萄重量加入 0.005％～0.006％ 的 SO_2（酿造白葡萄酒时 SO_2 的添加量要适当减少）。可以 6％～8％亚硫酸水溶液的形式加入，也可直接通入 SO_2 气体，或者添加固体焦亚硫酸钾（$K_2S_2O_5$）。加入的 SO_2 一定要均匀。SO_2 具有杀菌、澄清、抗氧化、增酸、可溶解果皮中色素和无机盐等成分以及除醛等作用，它对防止杂菌和野生酵母的繁殖，保证葡萄酒酵母菌的纯种发酵极为重要。

（3）葡萄汁的成分调整

糖分调整：添加白砂糖或添加浓缩葡萄汁，用于弥补葡萄糖度大多数低于 20％ 的缺陷。大致上每生成 1％酒精需在葡萄汁中加入 20g 蔗糖。

酸度调整：包括降酸或补酸，调整到 6.0g/L，pH3.3～3.5，一般通过添加酒石酸和柠檬酸，添加亚硫酸，以及添加未成熟的葡萄压榨汁来提高酸度。

颜色调整：一般采用热浸渍法，以加快色素的浸出，也可添加果胶酶，或将深色葡萄与浅色葡萄按比例混合破碎等方法。

（4）主发酵　调整好的葡萄浆由活塞泵或转子泵输送到发酵容器。装入到发酵罐容积的 80％，要精确计量。装罐结束后，进行一次开放式倒罐（100％），并利用倒罐的机会，加入果胶分解酶、活性干酵母、优质单宁。也可用橡木素（即橡木粉）代替优质单宁。

红葡萄酒主发酵阶段主要是酵母菌进行酒精发酵、浸提色素及芳香物质的过程。发酵设备为发酵池或发酵罐

红葡萄酒的发酵容器多种多样。现在国内外普遍采用不锈钢发酵罐，也有用碳钢罐，都必须进行防腐涂料处理（图 9-17）。或者用水泥池子（图 9-18），也须经过防腐涂料处理。传统的生产方法是在橡木桶内进行发酵的。红葡萄酒的发酵容器可大可小，根据生产规模来决定。小的发酵容器是几吨或十几吨，大型的发酵容器每个几十吨或一百多吨。

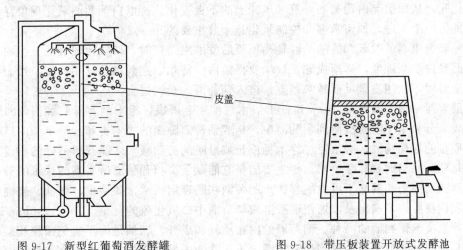

皮盖

图 9-17　新型红葡萄酒发酵罐　　　　　图 9-18　带压板装置开放式发酵池

红葡萄酒的发酵温度应控制在 20～30℃，发酵温度不应超过 30℃（白葡萄酒主发酵温度一般在 16～22℃为宜）。主发酵是"翻江倒海"的急剧发酵，葡萄酒发酵时要产生大量热量，特别是大型的发酵容器，必须有降温条件，才能把发酵温度控制在工艺要求的范围内。红葡萄酒的主发酵过程一般是 6～7 天，白葡萄酒为 15 天左右。

（5）后发酵　当发酵汁含残糖达到 5g/L 以下时，即主发酵结束，酿造红葡萄酒这时需

进行皮渣分离。分离出来的自流汁，其中的酵母菌还将继续进行酒精发酵，使其残糖进一步降低。此时还应该单独存放和管理。自流汁控干后，立即对皮渣进行压榨，压榨汁也应单独存放和管理。皮渣可直接蒸馏白兰地或葡萄酒精。

压榨设备为连续压榨机（图 9-19），此外还有转筐式压榨机、气囊压榨机等。

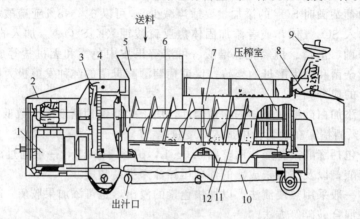

图 9-19　JLY450 型连续压榨机
1—变速器；2—电机；3—拨动机构；4—棘轮；5—进料；
6—螺旋输送器；7—静态瓣；8—出渣压板；9—出料
调节装置；10—集汁槽；11—筛网；12—挡汁板

后发酵阶段的主要作用是：残糖继续发酵；澄清作用，产生酒泥（即酵母自溶↓＋果肉↓＋果渣↓）；陈酿作用（进行醇、酸酯化反应）及降酸作用。经过 30 天左右的后发酵，当检测红葡萄原酒中不存在苹果酸，则说明该发酵过程已经结束。

白葡萄酒酿造工艺更注重防氧化，因为白葡萄酒中含有多种酚类化合物，在与空气接触时，很容易被氧化，生成棕色聚合物，使白葡萄酒的颜色变深，酒的新鲜感减少，甚至造成酒的氧化味，从而引起白葡萄酒外观和风味上的不良变化。所以白葡萄酒氧化现象存在于生产过程的每一个工序，如何掌握和控制氧化是十分重要的。

（6）葡萄原酒的贮藏和陈酿　红葡萄原酒后发酵刚结束时，口味比较酸涩、生硬，为新酒。新酒经过贮藏陈酿，逐渐成熟，口味变得柔协、舒顺，达到最佳饮用质量。然而再延长贮藏陈酿时间，饮用质量反而越来越差，进入葡萄酒的衰老过程。

贮酒容器一般为橡木桶（oak barrel）、水泥池或金属罐。橡木桶容器贮藏葡萄酒时，橡木的芳香成分和单宁物质浸溶到葡萄酒中，构成葡萄酒陈酿的橡木香和醇厚丰满的口味。要酿造高质量的红葡萄酒，必须经过橡木桶或长或短时间的贮藏，才能获得最好的质量。橡木桶不仅是葡萄原酒贮藏陈酿容器，更主要的是它能赋予高档葡萄酒所必需的橡木的芳香和口味，是酿造高档葡萄酒必不可少的容器。葡萄酒在贮存期间常常要换桶、满桶。换桶可使过量的挥发性物质挥发逸出及添加亚硫酸溶液调节酒中二氧化硫的含量（100～150mg/L）。换桶的次数取决于葡萄酒的品种、葡萄酒的内在质量和成分。满桶是为了避免菌膜及醋酸菌的生长，必须随时使贮酒桶内的葡萄酒装满，不让它的表面与空气接触，亦称添桶。

葡萄酒的贮存期要合理，并非贮存期越长越好。一般白葡萄原酒 1～3 年，干白葡萄酒 6～10 个月，红葡萄酒 2～4 年，有些特色酒更易长时间贮存，一般为 5～10 年。瓶贮期因酒的品种不同、酒质要求不同而异，最少 4～6 个月。某些高档名贵葡萄酒瓶贮时间可达 1～2 年。

（7）原酒的澄清　葡萄酒从原料葡萄中带来了蛋白质、树胶及部分单宁、色素等物质，使葡萄酒具有胶体溶液的性质，这些物质是葡萄酒中的不稳定因素，需加以清除。工艺上一般采用下胶净化（澄清剂为明胶、鱼胶、蛋清、干酪素及皂土等）。此外，还可采用机械方法（过滤和离心设备）来大规模处理葡萄汁、葡萄酒，进行离心澄清。

（8）葡萄酒的稳定性处理　葡萄酒中的色泽主要来自葡萄及木桶中的呈色物质，葡萄酒的色泽变化受多种因素影响，如 pH 作用、亚硫酸作用、金属离子作用、氧化还原作用等。为了使装瓶的葡萄酒在尽量长的时间里不发生混浊和沉淀，保持澄清和色素稳定，需要通过合理的工艺处理。通常采取热处理或冷处理工艺。

其他品种的葡萄酒，如冰葡萄酒、香槟酒、味美思、白兰地等，其酿造工艺各具特色，在此不一一赘述。

（四）啤酒生产

据 GB/T 17204—2008 饮料酒分类，啤酒是以大麦芽、水为主要原料，加少量的啤酒花（或酒花制品），经酵母发酵酿制而成的、含有二氧化碳、起泡的、低酒精度的发酵酒（包括无醇啤酒）。啤酒具有丰富的泡沫、酒花香和爽口苦味，营养丰富，风味独特，因此又有"液体面包"之誉。

根据生产啤酒所用的酵母类型不同分为上面发酵啤酒和下面发酵啤酒；按啤酒色泽分淡色啤酒、浓色啤酒和黑色啤酒；按灭菌（除菌）处理方式分为熟啤酒、鲜啤酒、（纯）生啤酒；按原麦汁浓度不同可分为低浓度啤酒（原麦汁浓度为 2.5%～8%）、中浓度啤酒（原麦汁浓度为 9%～12%）、高浓度啤酒（原麦汁浓度 14%～20%）。

此外，按特殊风味等其他方式分类，如：干啤酒、无醇（低醇）啤酒、稀释啤酒、冰啤酒、小麦啤酒、混浊啤酒、果蔬类啤酒等。

1. 啤酒酿造的原辅料及处理

（1）酿造大麦（麦芽）　大麦是酿造啤酒的主要原料，按大麦籽粒在麦穗上断面分配形态，可分为二棱大麦和多棱大麦（图 9-20）。酿造啤酒一般都用二棱大麦。

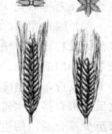

图 9-20　大麦麦穗

大麦主要的化学成分有淀粉、蛋白质、半纤维素、麦胶物质和多酚类物质，另外，还含水分 11%～12% 以及无机盐、类脂等（表 9-1）。

表 9-1　大麦的化学成分及主要作用

化学成分	淀粉	半纤维素和麦胶	蛋白质	多酚类物质
含量	60%以上	10%	11%	0.2%
存在部位	胚乳细胞内	胚乳细胞壁	酶类、谷蛋白、球蛋白等	谷皮
主要作用	水解产生葡萄糖、麦芽糖、糊精等	其 β-葡聚糖成分使啤酒混浊	其 β-球蛋白成分使啤酒混浊	抑制发芽，具有涩味

新收获的大麦含水量高，有休眠期，发芽率低，需经一段时间的后熟才能使用，一般为 6～8 周，才能达到应有的发芽率。

（2）啤酒花和酒花制品

① 啤酒花　又称蛇麻花，如图 9-21。用于啤酒酿造者为成熟的雌花。

酒花的化学组成中，对啤酒酿造有特殊意义的三大成分为酒花精油、苦味物质和多酚物质。啤酒的酒花香气是由酒花精油和苦味物质的挥发组分降解后共同形成的。酒花的主要化学成分及作用见表 9-2。

在啤酒酿造中，酒花具有增香、防腐、澄清及提高啤酒泡沫起泡性和泡持性等作用。

图 9-21　生长的啤酒花

图 9-22　颗粒啤酒花

表 9-2　酒花的主要化学成分及作用

主要成分	作用
苦味物质(酒花树脂)(α-酸,异 α-酸,β-酸等)	苦味,防腐力(α-酸是衡量酒花质量的重要指标)
酒花精油(组分 200 种以上)	香气(开瓶香)重要来源,易挥发、氧化
多酚物质(单宁、非单宁等多种化合物)	煮沸时与蛋白质形成热凝固物沉淀麦汁冷却时形成冷凝固物沉淀贮酒时与蛋白质形成混浊、涩味,产生色泽物质

② 酒花制品　酒花采摘以后,为了贮藏、使用的方便采取一定工艺加工成酒花制品,主要有压缩啤酒花、颗粒啤酒花(图 9-22)和酒花浸膏。

(3) 酿造用水　啤酒生产用水主要包括加工用水、锅炉用水、洗涤及冷却用水。加工用水包括投料用水、洗糟用水、啤酒稀释用水等直接参与啤酒酿造,是啤酒的重要原料之一,关系到啤酒的风味、质量以及消费者的健康,在习惯上称为酿造用水。酿造用水大都直接参与工艺反应,又是啤酒的主要成分。在麦汁制备和发酵过程中,许多物理变化、酶反应、生化反应都直接与水质有关。因此,酿造用水的水质是决定啤酒质量的重要因素之一。一般要求至少符合我国的生活饮用水卫生标准。

(4) 辅料　使用辅助原料可以降低啤酒生产成本;降低麦汁总氮,提高啤酒稳定性;调整麦汁组分,提高啤酒某些特性。辅助原料的选择可根据各地区的资源和价格,选用富含淀粉的谷类作物(如大麦、小麦、玉米、大米、高粱等)、糖类或糖浆等,辅助原料的使用和配比根据不同国家的习惯和所酿造啤酒的种类、级别等因素来确定。一般啤酒的酿造过程中,辅助原料的量控制在 10%～50% 之间。

2. 啤酒酿造工艺流程

啤酒生产过程包括四个阶段,如图 9-23 所示。

图 9-23　啤酒生产过程示意

(1) 麦芽制造　把酿造大麦在一定条件下加工成啤酒酿造用麦芽的过程称为麦芽制造,简称制麦。

麦芽制造工艺流程为：原大麦→预处理→浸麦→发芽→干燥→后处理→成品麦芽。

大麦发芽是一生理生化变化过程，通过发芽，可使大麦中的酶系得到活化，使酶的种类和活力都明显增加（表9-3）。随着酶系统的形成，麦粒的部分淀粉、蛋白质和半纤维素等大分子物质得到分解，使麦粒达到一定的溶解度，以满足糖化时的需要。所以，水解酶的形成是大麦转变成麦芽的关键所在。

表 9-3　发芽前后大麦的主要酶类比较

项目	α-淀粉酶	β-淀粉酶	蛋白酶	半纤维素酶类
原大麦	不含	活性低	量少、活性低	有
麦芽	酶量明显增加	活性明显增加	酶量、活性明显增加	活性增强

注：麦芽糖化力是以β-淀粉酶为主的酶活性为代表。

（2）麦芽汁制备　麦芽汁的制备流程如图9-24所示。

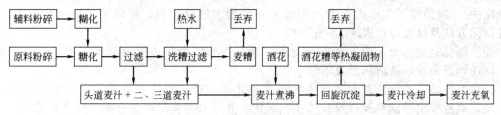

图 9-24　麦芽汁的制备流程示意

① 粉碎　麦芽的粉碎要求是：皮壳破而不碎，胚乳适当地细，并注意提高粗细粉粒的均匀性。麦芽的皮壳在麦汁过滤时作为自然滤层，不能粉碎过细，应尽量保持完整。若粉碎过细，滤层压得太紧，会增加过滤阻力，使过滤困难；另外，皮壳中的有害物质如多酚、苦味物质等容易溶出，会加深啤酒色度使苦味粗糙。

麦芽粉碎方法一般分为干法粉碎、湿法粉碎、回潮粉碎和连续浸渍湿式粉碎四种。

啤酒厂粉碎麦芽和大米大都是用辊式粉碎机，常用的有对辊式、四辊式、五辊式和六辊式等。例如四辊式粉碎机，由两对辊筒和一组筛子所组成，如图9-25所示。原料经第一对

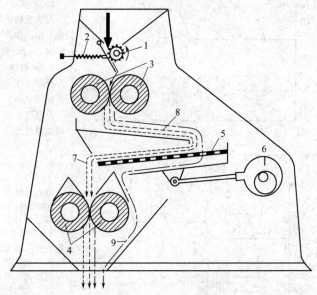

图 9-25　四辊式粉碎机

1—分配辊；2—进料调节；3—预磨辊；4—麦皮辊；5—振动筛；6—偏心驱
动装置；7—带有粗粒的麦皮；8—预磨粉碎物；9—细粉

辊筒粉碎后，由筛选装置分离出皮壳排出，粉粒再进入第二对辊筒粉碎。

② 糖化　糖化过程是啤酒生产中的重要环节。

糖化是指利用麦芽本身所含有的各种水解类酶（或外加酶制剂），以及水和热力作用，将麦芽和辅助原料中的不溶性高分子物质（淀粉、蛋白质、半纤维素、植酸盐等）分解成可溶性的低分子物质（如糖类、糊精、氨基酸、肽类等），从而获得含有一定量可发酵性糖、酵母营养物质和啤酒风味物质的麦汁。溶解于水的各种干物质称为"浸出物"，制得的澄清溶液称为麦芽汁或者麦汁。将麦芽和非发芽谷物原料的不溶性固形物降解转化成可溶性的、并有一定组成比例的浸出物，所采用的工艺方法和工艺条件称为糖化方法。

糖化方法分为煮出糖化法和浸出糖化法，原先啤酒酿造都是只用麦芽为原料，均采用以上两种方法。当采用不发芽谷物（如玉米、大米、玉米淀粉等）进行糖化时需先对添加的辅料进行预处理——糊化、液化（即对辅料醪进行酶分解和煮出），此时采用复式糖化法（双醪糖化法）。我国啤酒生产大多数使用非发芽谷物为辅助原料，所以复式糖化法运用较多。各种糖化方法及操作详见表9-4~表9-6。

传统糖化是利用麦芽中的酶类进行的，现在一般在糖化中补充使用外加酶。可节省麦芽，增加辅料用量，从而降低成本。

糖化设备是指麦汁制造设备，主要包括糊化锅和糖化锅两个容器，用来处理不同的醪液。糊化锅主要用于辅料投料及其糊化与液化，并可对糊化醪和部分糖化醪进行煮沸。锅体为圆柱形，上部和底部为球形，内装搅拌器，锅底有加热装置，外加保温层。糖化锅用于麦芽粉碎物投料、部分醪液及混合醪液的糖化。锅身为柱体，带有保温层。锅顶为球体，上部有排汽筒。锅内装有搅拌器，以便使醪液充分混合均匀。

表 9-4　全麦芽煮出糖化法及糖化曲线

糖化方法	糖化曲线	糖化操作
一次煮出糖化法		投料：50~55℃； 蛋白质休止：50~55℃保温 30min； 100℃煮出（1 次）：取出部分浓醪（约 1/3）送至糊化锅，加热至 70℃，保温糖化至碘反应基本完全，再升温至 100℃煮沸 20min，剩余稀醪继续保温糖化； 并醪：将糊化锅的浓醪倒回糖化锅。并醪后温度 65~70℃，保温糖化至碘反应完全； 升温至 75~78℃，保温 10min，泵入过滤槽过滤
二次煮出糖化法		投料：加入 50~55℃ 的热水，加水比 1：4 蛋白质休止：50~55℃保温 20min； 100℃煮出（2 次）：第一次取出部分浓醪（约 1/3）送至糊化锅，升温至 70℃，保温至碘反应完全，煮沸 20min，剩余稀醪继续保温糖化； 第一次并醪：并醪后温度 62~65℃，保温糖化至碘反应基本完全； 第二次取出部分浓醪（约 1/3）送至糊化锅，剩余稀醪继续保温糖化； 第二次并醪：并醪后温度 75~78℃； 糖化终了：静置 10min 后泵入过滤槽

续表

糖化方法	糖化曲线	糖化操作
三次煮出糖化法	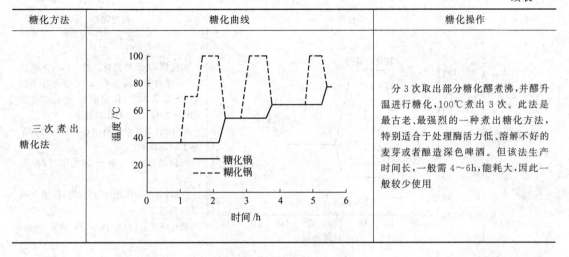	分3次取出部分糖化醪煮沸,并醪升温进行糖化,100℃煮出3次。此法是最古老、最强烈的一种煮出糖化方法,特别适合于处理酶活力低、溶解不好的麦芽或者酿造深色啤酒。但该法生产时间长,一般需4~6h,能耗大,因此一般较少使用

表9-5　全麦芽浸出糖化法及糖化曲线

糖化方法	糖化曲线	糖化操作
浸出糖化法		投料:温度35~37℃,保温20min; 　蛋白质休止:升温至50℃,保温60min; 　第一段糖化:升温至62℃,保温至碘反应完全,蛋白质和β-葡聚糖也较好地分解; 　第二段糖化:升温至72℃,保温20min,糖化休止,α-淀粉酶作用,提高麦汁收率; 　糖化终了:升温至76~78℃,保温10min,泵入过滤槽过滤

表9-6　复式糖化法及糖化曲线

糖化方法	糖化曲线	糖化操作
复式一次煮出糖化法	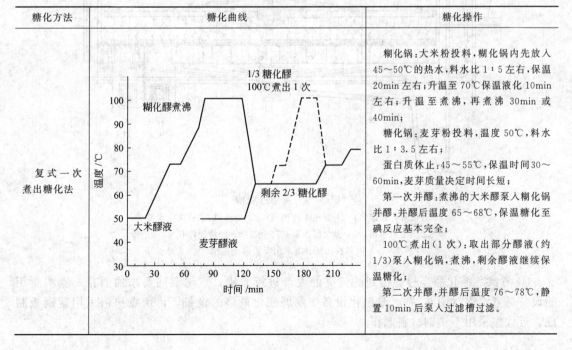	糊化锅:大米粉投料,糊化锅内先放入45~50℃的热水,料水比1:5左右,保温20min左右;升温至70℃保温液化10min左右;升温至煮沸,再煮沸30min或40min; 　糖化锅:麦芽粉投料,温度50℃,料水比1:3.5左右; 　蛋白质休止:45~55℃,保温时间30~60min,麦芽质量决定时间长短; 　第一次并醪:煮沸的大米醪泵入糊化锅并醪,并醪后温度65~68℃,保温糖化至碘反应基本完全; 　100℃煮出(1次):取出部分醪液(约1/3)泵入糊化锅,煮沸,剩余醪液继续保温糖化; 　第二次并醪:并醪后温度76~78℃,静置10min后泵入过滤槽过滤。

续表

糖化方法	糖化曲线	糖化操作
复式浸出糖化法	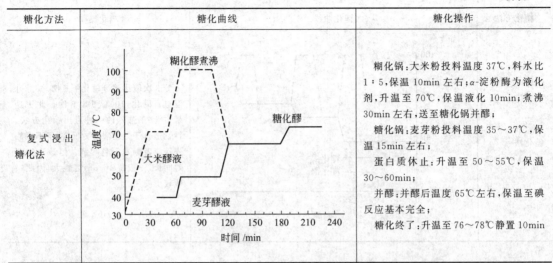	糊化锅:大米粉投料温度37℃,料水比1:5,保温10min左右;α-淀粉酶为液化剂,升温至70℃,保温液化10min;煮沸30min左右,送至糖化锅并醪; 糖化锅:麦芽粉投料温度35~37℃,保温15min左右; 蛋白质休止:升温至50~55℃,保温30~60min; 并醪:并醪后温度65℃左右,保温至碘反应基本完全; 糖化终了:升温至76~78℃静置10min

③ 过滤　糖化过程结束时,必须要在最短的时间内把麦汁和麦糟分离,也就是把溶于水的浸出物和残留的皮壳、高分子蛋白质、纤维素、脂肪等分离,分离过程称为麦汁的过滤。麦汁过滤方法大致可分为三种:过滤槽法、快速渗出槽法和压滤机法。过滤槽的原理是通过重力过滤将糖化醪液中不溶组分沉降积聚在筛板上,形成自然过滤层(称为麦糟层),麦汁依靠重力通过麦糟层而得到麦汁。过滤槽的主要结构如图9-26所示。

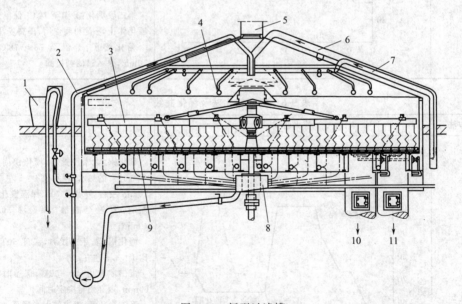

图 9-26　新型过滤槽

1—过滤操作控制台;2—混浊麦汁回流;3—耕糟机;4—洗涤水喷嘴;
5—二次蒸汽引出;6—糖化醪入口;7—水;8—滤清麦汁收集;9—排
槽刮板;10—废水出口;11—麦糟

④ 煮沸　糖化醪经过滤得到的清亮的麦汁进行煮沸,煮沸期间要添加酒花。煮沸所用的设备是煮沸锅(图9-27),是糖化设备中发展变化最多的设备。传统煮沸锅采用紫铜板制成,近代多采用不锈钢材料制作。

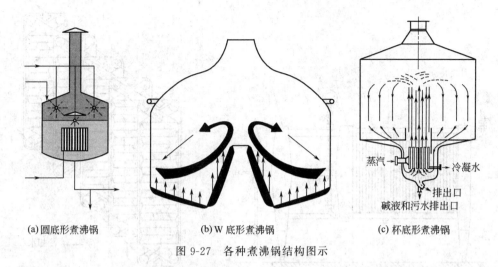

(a)圆底形煮沸锅　　　　　(b)W底形煮沸锅　　　　　(c)杯底形煮沸锅

图 9-27　各种煮沸锅结构图示

一般情况下，煮沸时间控制在 90min 内。煮沸温度越高，煮沸强度就越大，越有利于蛋白质的变性凝固，同时可缩短煮沸时间，降低啤酒色泽，改善口味。在煮沸过程中一般分批次（3～4 次）添加酒花，目前国内热麦汁酒花添加量为 0.6～1.3kg/m³ 热麦汁。

⑤ 回旋沉淀　回旋麦汁沉淀是为了分离麦汁煮沸时产生的热凝固物。热凝固物的分离设备目前 80%～90% 的啤酒厂采用回旋沉淀槽（图 9-28）。热麦汁沿槽壁以切线方向泵入槽内，在槽内形成回旋运动产生离心力，由于在槽内运动，在离心力的反作用力的作用下，热凝固物迅速下沉至槽底中心，形成较密实的锥形沉淀物。分离结束后，麦汁从槽边麦汁出口排出，热凝固物则从罐底出口排除。

⑥ 冷却　将回旋沉淀后的麦汁冷却到发酵温度，这一过程使用的设备是薄板冷却器，如图 9-29 所示。麦汁和冷却水从薄板冷却器的两端进入，在同一块板的两侧逆向流动。薄板上的波纹使麦汁和冷媒在板上形成湍流，大大提高了传热效率。冷却板可并联、串联或组合使用，调节麦汁和冷却水的流量。在薄板冷却器内，麦汁和冷媒在各自通道内流动交换后，从相反的方向流出。麦汁和冷却水在薄板两侧交替流动，进行热交换。

（3）啤酒发酵

① 添加酵母和充氧　酵母是兼性微生物，有氧条件下进行生长繁殖，无氧条件下进行酒精发酵。酵母需要繁殖到一定数量才能进入发酵阶段，因此需将麦汁通风充氧，含氧量控制在 7～10mg/L，过高会使酵母繁殖过量，发酵副产物增加，过低酵母繁殖数量不足，降低发酵速度，通

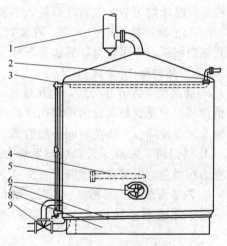

图 9-28　回旋沉淀槽

1—排汽筒；2—槽盖；3—冷凝水排出管；4—CIP清洗；5—照明；6—观察窗；7—槽壁夹套；8—隔热层；9—槽底

入的空气应先进行无菌处理，否则会污染发酵罐。同时要准确控制酵母添加量，如果添加量太小，则酵母增长缓慢，对抑制杂菌不利；添加量过大，酵母易衰老、自溶等，添加量应控制在 0.7% 左右。

② 发酵　传统的下面发酵，分主发酵和后发酵两个阶段。主发酵一般在密闭或敞口的

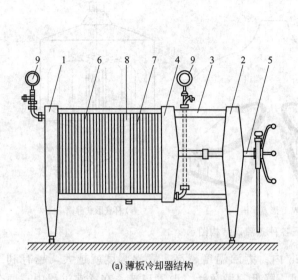 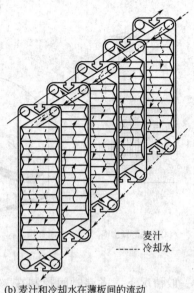

(a) 薄板冷却器结构　　　　　　　　(b) 麦汁和冷却水在薄板间的流动

图 9-29　薄板冷却器

1—后支架；2—前支架；3—横杠；4—压紧板；5—压紧螺杆；6—第一段冷却；

7—第二段冷却；8—分界板；9—温度表

主发酵池（槽）中进行，后发酵在密闭的卧式发酵罐内进行。

根据发酵液表面现象的不同，可以将整个主发酵过程分为五个阶段。

a. 酵母繁殖期　麦汁添加酵母 8～16h 后，液面出现 CO_2 气泡，逐渐形成白色、乳脂状泡沫。酵母繁殖 20h 左右，即转入主发酵池。

b. 起泡期　换池 4～5h 后，在麦汁表面逐渐出现更多的泡沫，由四周渐渐涌向中间，外观洁白细腻，厚而紧密，形如菜花状。此时发酵液温度每天上升 0.5～0.8℃，耗糖 0.3～0.5oP，维持时间 1～2 天。

c. 高泡期　发酵 3 天后，泡沫增高，形成卷曲状隆起，高达 25～30cm，并因酒花树脂和蛋白质单宁复合物沉淀的析出而逐渐转变为黄棕色，此时为发酵旺盛期，热量大量释放，需要及时缓慢降温。维持时间一般为 2～3 天，每天降糖 1.5°P 左右。

d. 落泡期　发酵 5 天以后，发酵力逐渐减弱，CO_2 气泡减少，泡沫回缩，泡沫由黄棕色变为棕褐色。发酵液温度每天下降 0.5℃，每日耗糖 0.5～0.8P，一般维持 2 天左右。

e. 泡盖形成期　发酵 7～8 天，酵母大部分沉淀，泡沫回缩，形成一层褐色苦味的泡盖，集中在液面。耗糖 0.2～0.5°P/天，控制降温 ±0.5℃/天，发酵结束时品温应在 4～5.5℃。

在发酵过程中，温度的控制十分关键。根据菌种特性，采用低温发酵、高温还原。既有利于保持酵母的优良性状，又减少了有害副产物的生成，确保酒体口味纯净爽口。

我国自 20 世纪 70 年代中期，开始采用室外圆柱体锥形底发酵罐发酵法（简称锥形罐发酵法），目前国内啤酒生产几乎全部采用此发酵法。圆柱露天锥形发酵罐基本结构如图 9-30 所示。

（4）成品啤酒　啤酒发酵结束后，将贮酒罐内的成熟啤酒通过机械过滤或离心，除去啤酒中不能自然沉降的、对啤酒品质有不利影响的少量酵母、蛋白质等大分子物质以及细菌等，使啤酒澄清，有光泽，口味纯正，改善啤酒的生物和非生物稳定性。

① 过滤　一般用硅藻土过滤法。硅藻土的主要化学成分是二氧化硅，表面积很大，具有极大的吸附和渗透能力，是一种惰性的助滤剂或清洁剂。微孔膜过滤法是现代发展的新方法。微孔薄膜是用生物和化学稳定性很强的合成纤维和塑料制成的多孔膜。该方法多用于精滤生产无菌鲜啤酒（即纯生啤酒），先经过离心机或硅藻土过滤机粗滤，再经过膜滤除菌。

② 包装和灭菌　将过滤好的啤酒从清酒罐中分别灌装入洁净的瓶、罐或桶中，立即封盖，进行生物稳定处理、贴标、装箱为成品啤酒。

瓶装熟啤酒应进行巴氏杀菌，小厂用吊笼式杀菌槽，大厂用隧道式喷淋杀菌机。瓶装纯生啤酒则是经过过滤除菌后进行无菌包装。

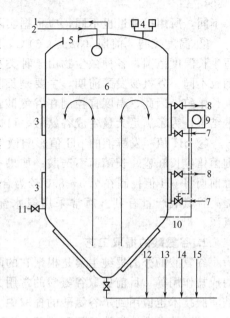

图 9-30　圆柱露天锥形发酵罐示意
1—二氧化碳排出；2—洗涤器；3—冷却夹套；4—加压或真空装置；5—人孔；6—发酵液面；7—冷冻剂进口；8—冷冻剂出口；9—温度控制记录器；10—温度计；11—取样口；12—麦汁管路；13—嫩啤酒管路；14—酵母排出；15—洗涤剂管路；

二、氨基酸生产

（一）谷氨酸生产

生产氨基酸的方法有二十多种，其中发酵法和酶法生产已成为氨基酸生产的主要方法。在各种氨基酸的生产中，谷氨酸的生产规模以及产量最大。20 世纪 60 年代，微生物直接利用糖类发酵生产谷氨酸就获得了成功并投入工业化生产。谷氨酸除用于制造味精外，还可以用来治疗神经衰弱以及配制营养注射剂等。

谷氨酸生产工艺流程如图 9-31 所示。

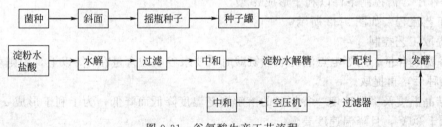

图 9-31　谷氨酸生产工艺流程

1. 谷氨酸发酵机制及工艺控制

（1）谷氨酸生物合成途径　谷氨酸的生物合成途径大致是：葡萄糖经糖酵解（EMP 途径）和己糖磷酸支路（HMP 途径）生成丙酮酸，再氧化成乙酰辅酶 A，然后进入三羧酸循环，再通过乙醛酸循环、CO_2 固定作用，生成 α-酮戊二酸，α-酮戊二酸在谷氨酸脱氢酶的催化及有 NH_4^+ 存在的条件下，生成谷氨酸。

谷氨酸生产菌需要生长因子——生物素，当生物素缺乏时，菌种生长十分缓慢；当生物素过量时，则转为乳酸发酵。因此，一般将生物素控制在亚适量条件下，才能得到高产量的谷氨酸。

（2）谷氨酸发酵工艺控制

① 接种量　一般为 0.6%～1.7%。发酵培养基成分不同，谷氨酸菌种种类、性质、种

龄不同，所用接种量也不同，应根据实际情况和实验情况具体确定。

② 温度控制　前期（32±0.6）℃，后期可提高到34～37℃。不同的微生物都各有其最适生长温度范围，各种微生物由于种类不同，所具有的酶系及其性质不同，所要求的温度范围也不同。谷氨酸发酵前期，主要是长菌阶段，如果温度过高，菌种易衰老，严重影响菌体生长繁殖。因此，温度宜控制在谷氨酸最适生长温度32℃左右。在发酵后期，菌体生长基本结束，为了满足大量生成谷氨酸，可适当提高温度，宜控制在34～37℃。

③ pH 值　发酵液的 pH 值影响微生物的生长和代谢途径。发酵前期如果 pH 值偏低，则菌体生长旺盛，长菌而不产酸；如果 pH 值偏高，则菌体生长缓慢，发酵时间延长。在发酵前期将 pH 值控制在 7.5～8.0 较为合适，而在发酵中、后期将 pH 值控制在 7.0～7.6 对提高谷氨酸产量有利。通常采用氨水流加法或尿素流加法调节 pH 值，这样能同时添加氮源。

2. 谷氨酸的提取工艺

谷氨酸的分离提纯主要是根据它的两性电解质性质、溶解度和吸附剂的作用以及谷氨酸的成盐作用等，目前提取谷氨酸的常用方法有等电点法、离子交换法、锌盐法等。近些年，纳滤膜技术也应用到了谷氨酸的提取中。

（1）等电点法提取谷氨酸　等电点法是提取谷氨酸方法中最简单的一种，它具有操作简便、设备简单等优点，是目前谷氨酸生产中经常采用的方法。

① 原理　谷氨酸分子中含有两个酸性羧基和一个碱性氨基。在酸性条件下，即 pH<3.22 时，α-羟基的电离受抑制，谷氨酸主要以阳离子形式存在，带正电荷；当 pH>3.22 时，谷氨酸主要以阴离子形式存在，带负电荷；当 pH3.22 时（即等电点 pI），谷氨酸净电荷为零，是电中性，而此时其溶解度最小，会从溶液中析出，通过过滤、离心等可提取出谷氨酸。

谷氨酸晶体有两种，分别是 α-型和 β-型。前者的晶轴长短接近，晶体粗壮，颗粒大，易沉淀分离，是理想晶体；后者晶轴长短不一，针状或鳞片状，晶粒微细，不易沉淀析出，所以在操作中，需控制条件以利于形成 α-型。

② 工艺流程　如图 9-32 所示。

③ 提取工艺控制

a. 谷氨酸含量　用等电点法提取谷氨酸时，要求谷氨酸含量在 4% 以上，否则可以先浓缩或加晶种后，再提取。

b. 结晶温度及降温速度　谷氨酸的溶解度随温度降低而降低，为了利于形成 α-型晶体，温度要低于 30℃，且降温速度要慢。

c. 加酸　加酸主要是为了调节溶液 pH 至等电点，在操作时前期加酸稍快，中期晶核形成前要缓，后期加酸要慢，直至降至等电点。

d. 投晶种与育晶　加入一定量晶种，有利于提高谷氨酸收率。通常谷氨酸含量在 5%、pH4.0～4.5 时，加入晶种；谷氨酸含量在 3.5%～4.0%、pH3.5～4.0 时投放晶种，投放量约为发酵液的 0.2%～0.3%。

e. 搅拌　在结晶过程中，搅拌有利于晶体的长大，但也不宜过强，否则会使晶体破碎，一般以 20～30r/min 为宜。

f. 离心分离　谷氨酸发酵液经等电搅拌后，静置 4～6h，谷氨酸晶体大多沉淀在设备底部，上清液（母液）再回收利用，而底部的固形物通过离心的方法得到谷氨酸粗品。

（2）其他方法

① 离子交换法　用强酸型阳离子交换树脂（732#）氢型吸附谷氨酸形成阳离子后，再

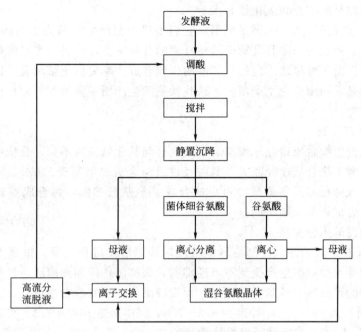

图 9-32 等电点法提取谷氨酸工艺流程

用 60℃、4％的 NaOH 洗脱，收集相应流分，再加盐酸结晶。

② 锌盐法 利用谷氨酸锌在水溶液中的溶解度低的原理，将发酵液中的谷氨酸一次性进行回收。

(二) 赖氨酸生产

赖氨酸是一种必需氨基酸，它在动物体内不能合成，需靠外界添加植物纤维以满足新陈代谢的需要。它可以促进儿童发育，增强体质，若缺乏会导致蛋白质缺乏症，但在植物蛋白中赖氨酸含量普遍较低，如能补充适量 L-赖氨酸，则可大大提高蛋白质的利用率，因此 L-赖氨酸已被广泛应用于食品强化剂、饲料添加剂、医疗保健及滋补饮料等方面，是一个具有广泛市场的氨基酸产品。赖氨酸生产工艺流程如图 9-33 所示。

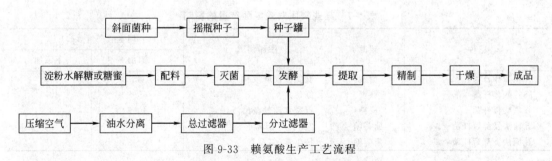

图 9-33 赖氨酸生产工艺流程

因为游离的赖氨酸容易吸收空气中的二氧化碳，制得赖氨酸晶体比较困难，所以一般的工业赖氨酸产品以赖氨酸盐酸盐形式生产。

1. 赖氨酸的生产源及菌种

赖氨酸生产培养基的碳源种类丰富，一般是玉米、山芋等淀粉原料经水解后制得，另外也可以糖蜜作为碳源，碳源浓度不宜过高，否则对菌体生长不利，氨基酸的转化率降低。赖氨酸是二氨基碱性氨基酸，所以在它发酵时，添加的氮源相对于其他氨基酸要多。赖氨酸发酵中常用的氮源是硫酸铵和氯化铵。

赖氨酸生产菌有两大类：一类是细菌，它们多以谷氨酸生产菌为出发菌通过诱变制得，比如谷氨酸杆菌、黄色短杆菌和乳糖发酵短杆菌的各种突变株；另一类是酵母菌，如假丝酵母、隐球酵母等。由于酵母菌体内的赖氨酸的生物合成产率要低于细菌类，因此，目前的赖氨酸发酵生产都是采用细菌为生产菌种。这些赖氨酸生产菌主要为谷氨酸棒杆菌、北京棒杆菌、黄色短杆菌等。

2. 赖氨酸生产工艺

（1）赖氨酸的生物合成途径　赖氨酸合成途径与其他氨基酸不同，且依微生物的种类而异。细菌的赖氨酸生物合成途径需天冬氨酸经过反应合成二氨基庚二酸，进而合成赖氨酸；酵母的赖氨酸合成途径需天冬氨酸经过反应合成 α-氨基己二酸，再合成赖氨酸。而且不同的细菌中，生物合成调节机制不同。

（2）赖氨酸发酵工艺控制

① 赖氨酸发酵工艺条件　控制溶解氧浓度对赖氨酸发酵很重要，供氧不足，将导致乳酸积累，并可能导致赖氨酸生产受到不可逆抑制，该抑制作用和细胞膜透性有关，因为供氧不足使细胞体内的赖氨酸和磷脂含量增加，而发酵液中，赖氨酸含量很低。发酵时，前期温度为 32℃，中后期为 34℃。pH 控制在 6.5～7.5，其中最适 pH 为 7.0，可以通过补加尿素或氨水来控制其 pH 值。二级种子培养接种量为 2.5%，培养 48h，如此逐级扩大。

② 培养基中苏氨酸、蛋氨酸的控制　赖氨酸生产菌都是高丝氨酸缺陷型，苏氨酸和蛋氨酸是赖氨酸生产菌的生长因子，在发酵过程中，如果培养基中两者含量丰富，就会只长菌，而不产或少产赖氨酸，所以在发酵时，将苏氨酸和蛋氨酸控制在亚适量，以提高赖氨酸产量。

③ 发酵中的生物素控制　赖氨酸生产菌多由谷氨酸生产菌诱变而来，都是生物素缺陷型，若培养基中限量添加生物素，会导致发酵转向谷氨酸方向，大量积累谷氨酸。如果培养基中添加过量生物素，会使细胞内合成的谷氨酸对谷氨酸脱氢酶产生抑制作用，则抑制谷氨酸合成，从而转向天冬氨酸，大量积累天冬氨酸。

④ 发酵时物质的添加　在赖氨酸发酵过程中，添加某些物质可以提高赖氨酸的产量，如表 9-7 所示。

表 9-7　某些物质对赖氨酸产量的影响

菌种	碳源	添加物质	赖氨酸产量/(g/L)	
			添加	不添加
谷氨酸棒杆菌	糖蜜	胱氨酸发酵液	35	40
谷氨酸棒杆菌	糖蜜	红霉素	55.8	40.1
谷氨酸棒杆菌	蔗糖	青霉素菌丝浸出液	40.5	36.2
乳糖法发酵短杆菌	葡萄糖	20mg/L 铜离子	46	35
乳糖法发酵短杆菌	葡萄糖	抗生素（氯霉素）	30～33	18

三、酱油和醋生产

（一）酱油生产

酱油是一种常用的咸鲜调味品，又称"清酱"或"酱汁"。它是以富含蛋白质的豆类和富含淀粉的谷类及其副产品为主要原料，在微生物酶的催化作用下分解成熟，并经浸滤提取的调味汁液。酱油营养成分丰富，我国生产的酿造酱油每 100mL 中含可溶性蛋白质、多肽、氨基酸达 7.5～10g，含糖分 2g 以上；此外，还含有较丰富的维生素、磷脂、有机酸以及钙、磷、铁等无机盐。研究表明，酱油中还含有许多生理活性物质，且有抗氧化、抗菌、降血压、促进胃液分泌、增强食欲、促进消化及其他多种保健功能，是人们日常生活中深受欢迎的调味品之一。

1. 酱油酿造原辅料

酿造酱油所需要的原料有基本原料（如蛋白质原料、淀粉质原料、食盐和水等）和辅助原料（如增色剂、助鲜剂、防腐剂等）。蛋白质原料和淀粉质原料应具有蛋白质含量较高、碳水化合物适量、利于制曲和发酵、无霉变、无异味、资源丰富、价格低廉等特点。

2. 种曲制备

种曲即酱油发酵时所用的种子，它是生产所需要的菌种，如米曲霉、油曲霉、黑曲霉等，经培养而得到的含有大量孢子的曲种。生产上不仅要求孢子多、发芽快、发芽率高，而且必须纯度高。种曲的优劣直接影响酱油的质量、酱油杂菌含量、发酵速度、蛋白质和淀粉的水解程度等，因此种曲制备必须十分严格。

种曲制备的流程概要归纳为：

菌种 → 斜面试管培养 → 三角瓶培养 → 种曲（扩大曲）

（1）酱油酿造中的主要微生物　酱油具有独特的风味，其风味的来源是在酿造过程中由微生物引起的一系列生化反应而形成的。对原料发酵成熟的快慢、成品颜色的浓淡以及味道的鲜美有直接关系的微生物是米曲霉和酱油曲霉，对酱油风味有直接关系的微生物是酵母菌和乳酸菌。目前国内主要应用的菌种是米曲霉，也有共用黑曲霉和甘薯曲霉的。

米曲霉生长的最适温度是 32～35℃，低于 28℃ 或高于 40℃ 生长缓慢，42℃ 以上停止生长，酶的积累与培养温度和培养时间有关。米曲霉具有较强的蛋白质分解能力和淀粉糖化能力的酶系，能把原料中的蛋白质和淀粉等水解成氨基酸和糖分。生产酱油的米曲霉有沪酿 3.042 米曲霉、渝 3.811 米曲霉、961-2 米曲霉、沪酿 UE328 米曲霉、沪酿 UE330 米曲霉等。目前生产实践中应用最多的是沪酿 3.042 米曲霉，约占 98% 以上。

（2）种曲制备　种曲是酱油大曲的种子，米曲霉要求孢子数每克 60 亿个以上（干基），发芽率在 90% 以上，而且纯度高，细菌数不超过 10^7 个/g。

种曲室是培养种曲的场所，要求密闭性能和保温、保湿性能好，便于消毒灭菌，使种曲有一个既卫生又符合生长繁殖所需要的环境。种曲室的大小为 5m×4m×3m，四周为水泥墙，上为圆弧形房顶，以防止冷凝水下滴影响种曲的质量。种曲室需具备门、窗、天窗，并有调温、调湿设施和排气装置。

其他主要设备有：蒸料锅、接种混合桶、振荡筛及扬料器等。

培养用具有：木盘（45cm×40cm×5cm）或竹圆（直径 90cm 左右）以及铝盘（50cm×85cm×4cm）。

① 种曲制备工艺流程　以沪酿 3.042 米曲霉种曲制造过程为例，其种曲制备工艺流程如图 9-34 所示。

② 灭菌　种曲制造必须尽量防止杂菌污染，因此曲室及一切工具使用前均需经消毒灭菌。

曲室灭菌一般 1m³ 用硫黄 25g 或甲醛 10mL，甲醛对酵母菌及细菌有较强的杀伤力。硫黄对霉菌有较好的杀菌效果，二者交替使用，效果更为显著。其他用具可用蒸汽灭菌，或 75% 酒精擦洗，也可用 0.2% 甲醛水溶液擦洗灭菌。

③ 原料处理　制造种曲所用原料及配比各厂不一致，目前一般采用的配比有两种，配

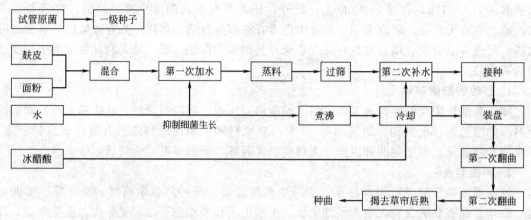

图 9-34　米曲霉种曲制备工艺流程

方如下：

a. 麸皮 80g、面粉 20g、水 70mL

b. 麸皮 85g、豆饼 15g、水 90mL

原料混合后过 3.5 目筛一次，堆积润水。常压蒸料时间约为 2h，加压蒸料，需 100kPa（表压）维持 30～60min，第一次补水 40％～50％；第二次补水 30％～49％。加入冰醋酸减少杂菌污染。出锅后摊冷，水分含量为 50％～54％。

④ 接种　接种温度夏天为 38℃左右，冬天 42℃左右，接种量为每 250mL 瓶一级种子可供原料 2.5kg 使用，接种后迅速拌匀。

⑤ 培养

场所：种曲室，密闭性好，便于彻底灭菌，保温、保湿性能好。

用具：木盘、竹匾、铝盘。

室内温度：28～30℃。

翻曲：第一次翻曲，培养 16h 左右，第二次翻曲，培养 20～22h，培养时间共 50h 左右。

3. 种曲制备工艺流程

制曲是种曲在酱油曲料上扩大培养的过程，也是酱油酿造的关键性技术环节。制曲过程的实质就是创造曲霉菌适宜的生长条件，促使曲霉充分发育繁殖，分泌酱油酿造需要的各种酶类，这些酶类包括蛋白酶、淀粉酶、氧化酶、脂肪酶、纤维素酶、果胶酶、转氨酶等。曲子的好坏不仅决定着酱油的质量，而且还影响原料的利用率。

制曲前，首先要选择原料，给以适当的配比，并经过合理的处理。然后在蒸熟原料中混合种曲，使米曲霉充分发育繁殖，同时分泌出大量的酶。现以选用豆粕及麸皮作为原料，其制曲工艺流程如图 9-35 所示。

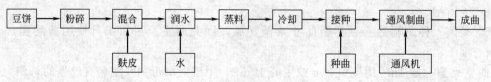

图 9-35　制曲工艺流程

4. 发酵

将成曲拌入多量盐水，成为浓稠的半流动状态的混合物，如将成曲拌入少量盐水，成为不流动状态的混合物，则称酱醅。将酱醅装入发酵容器内，采用保温或者不保温方式，利用曲中的酶和微生物的发酵作用，将酱醅中的物料分解、转化，形成酱油独有的色、香、味、体成分，这一过程就是酱油生产中的发酵。发酵方法及操作的好坏直接影响到成品酱油的质量和原料利用率。

目前普遍采用的方法为固态低盐发酵法，由于采用该工艺酿造的酱油质量稳定，色泽深，风味较好，操作管理简便，劳动强度小，原料利用率高，发酵周期较短，已为国内大、中、小型酿造厂普遍采用。

固态低盐发酵工艺是利用酱醅中食盐含量在 10% 以下对酶活力的抑制作用影响不大，在固态无盐发酵基础上发展起来的一种酱油生产工艺，其工艺流程如图 9-36 所示。

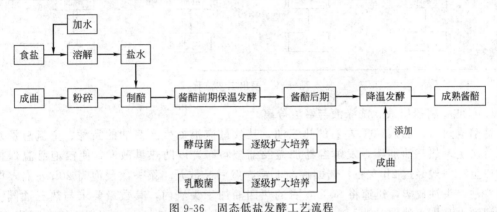

图 9-36　固态低盐发酵工艺流程

固态低盐发酵法分前期水解阶段和后期发酵阶段。前期主要是使原料中的蛋白质依靠微生物的蛋白酶和肽酶的催化作用，水解生成氨基酸；淀粉则依靠淀粉酶的作用水解成糖分。因为酱油酿造以蛋白质原料为主，所以首先要考虑蛋白质的水解作用，发酵前期温度采用蛋白酶和肽酶作用的最适温度 42～45℃，一般需要 10 天左右，水解已基本完成。后期为发酵阶段，需要在固态酱醅上补加适量浓食盐水，使之成为含盐量高的稀酱醅，同时要求酱醅温度迅速下降至 30～35℃，让耐盐酵母菌和乳酸菌进行协同作用，逐渐产生酱油香气，直至成熟，后期发酵阶段所需时间为 20 天左右，整个发酵周期为 1 个月。

酵母菌、乳酸菌逐级扩大培养的步骤为：斜面试管原菌→100mL 小三角瓶→1000mL 大三角瓶→10L 卡氏罐→100L 种子罐→1000L 发酵罐

固态低盐发酵法也有不足之处，其发酵周期比固态无盐发酵长，要增加多个发酵容器；酱油香气不及晒露发酵、稀醅发酵和固稀发酵工艺。

5. 提取及加热、配制

酱醅成熟后，经过浸泡和过滤，将有效成分从酱醅中分离出来，酱油制作中常将发酵设备作为提取设备使用，从酱醅中淋出的头油称生酱油，还需经过加热及配制等工序才能成为各个等级的酱油成品。

(1) 浸出　浸出是在酱醅成熟后，利用浸泡和过滤的方法，将有效成分从酱醅中分离出来的过程。它是固态发酵酿造酱油工艺中必不可少的提取酱油的操作步骤。

① 浸出工艺流程　如图 9-37 所示。

② 工艺操作　浸出法包括三个主要过程：

a. 浸取　将酱醅所含的可溶性成分浸出到提取液中，使之成为酱油的半成品。

b. 洗涤　浸出后还残留在酱醅颗粒表面及颗粒与颗粒之间所夹带的浸出液以水洗涤加以回收。

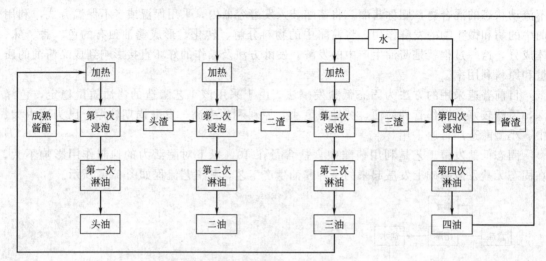

图 9-37　浸出工艺流程

c. 过滤　将浸出液、洗涤液与酱渣分离。

酱醅成熟后，加入 80℃ 左右的热三油，其数量应根据生产酱油的品种、全氮总量及出品率等决定。热三油加毕，发酵容器加盖及铺塑料布，以防热量散发，使浸泡品温保持在 60℃ 以上。一般经过 2h 左右，酱醅逐渐上浮，然后又散开。第一次浸泡需 20h 左右，即可滤出头油，头油放毕，迅速将 80℃ 左右的热四油加于头渣内，其数量要求与热三油同。第二次浸泡 10h 即可滤取二油。头油及二油用作配制成品。二渣加入 80℃ 以上清水浸泡 2h 左右滤取三油，三渣直接加入清水浸泡后滤取四油，两次清水的数量控制在滤出的三油和四油可供回套头油、二油之用。三油及四油应及时杀菌并循环使用，最后取出滤渣。

（2）加热　生酱油一般要求加热到 80℃，但也随产品质量高低而稍有变动，比如高档的优质酱油为保持其特有酱香，加热温度应降至 70～75℃，但低档酱油往往需要提高加热温度到 85～90℃。

加热的主要目的是杀灭酱油中的微生物，防止生霉，延长贮存时间，同时经过加热作用，可使酱油香气变得醇和圆熟，增加酯、酚等香味成分，并使部分小分子合成大分子，改善口感，加热还可以增加酱油的色泽。此外，加热后部分高分子蛋白质发生絮状沉淀，可以带动悬浮物及其他杂质一起下沉，达到澄清酱油的目的。刚淋出的酱油温度较高，应趁热进行加热灭菌，以节约能耗。

（3）配制　给酱油加入添加剂和把不同批次质量有差异的酱油适当拼配，调制出不同品种规格酱油的操作称为配制。通过配制可以使成品酱油的各项理化指标符合标准。配制得当，可以稳定质量、降低成本、节约原料、提高出品率。

配制前，先要分析化验灭菌后酱油中有关成分的含量，然后以需要配制品种所要求的理化指标为依据，对照衡量是否需要调配，以及要调配哪些指标等。市售酱油应按部颁标准进行调配。

（二）醋生产

食醋是以淀粉质为原料，经过淀粉糖化、酒精发酵、醋酸发酵三个主要过程及后熟陈酿而酿制成的一种酸、甜、咸、鲜诸味协调的酸性调味品。

我国生产的食醋风味独特，在世界上独树一帜，有些产品行销国内外市场，颇受欢迎，如山西老陈醋、镇江香醋、四川保宁麦醋、福建永春红曲醋、北京熏醋、浙江玫瑰醋、上海米醋等，都是享有盛名的佳品。

1. 醋生产的工艺原理

食醋酿造需要经过糖化、酒精发酵、醋酸发酵以及后熟与陈酿等过程。在每个过程中都是由各类微生物所产生的酶引起一系列生物化学作用，如下式所示：

$$淀粉 \xrightarrow[\text{淀粉酶}]{\text{曲霉菌}} 葡萄糖 \xrightarrow[\text{酒化酶}]{\text{酵母菌}} 乙醇 \xrightarrow[\text{脱氢酶}]{\text{醋酸菌}} 乙酸$$

2. 糖化发酵

酿制食醋的第一个工艺过程是淀粉糖化，即将淀粉转变成可发酵性糖。糖化所用的催化剂称为糖化剂。食醋生产采用的糖化剂有两大类型：一类是采用固态方法培养的固体糖化曲，有大曲、小曲、麸曲、红曲、麦曲等；另一类是采用液体方法培养的液体曲。

（1）大曲的制作　　大曲是我国古老的曲种之一，采用大麦（或小麦）和豌豆为原料，因其形状似砖又称砖曲或块曲。大曲是利用原料、辅料和周围空气中以及工具上的微生物自然繁殖而成，其组成十分复杂，常有数十种菌栖息在一起。其中有的是有益的，有的是有害的。由于菌类多，代谢产物也种类繁多，赋予成品食醋丰富的风味。

大曲主要是对酶的利用，对成曲之后霉菌的死活没有多大关系，但也保留少量活的细菌和酵母。生产时非常强调用陈曲，一般要求存放半年以上。

① 大曲中的主要微生物群　　大曲中的微生物以霉菌占绝大多数，酵母与细菌比较少。霉菌中以毛霉、根霉、念珠霉为主，曲霉比较少。差不多所有的大曲都含梨头霉，其次是念珠霉，而酵母占末位。自然发酵的大曲中，有用的根霉、毛霉、曲霉占绝对优势。

② 大曲生产工艺流程　　如图 9-38 所示。

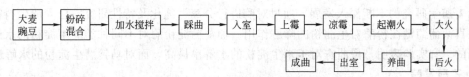

图 9-38　大曲生产工艺流程

（2）液体曲的制作　　液体曲是将曲霉培养在液体基质中，通入无菌空气，使它生长繁殖和产酶，这种含有曲霉菌体和酶的培养液称为液体曲。这种培养方法又称为深层通风培养。

液体制曲是一种先进的制曲方法，节约了粮食，生产过程实现了自动化，而且是在无菌状态下进行生产，保证了曲子的质量。

液体曲生产工艺流程如图 9-39 所示。

（3）糖化工艺

① 高温糖化法　　高温糖化法也叫酶法液化法，是以 α-淀粉酶制剂对原料进行液化，再用液体曲或固体曲进行糖化的方法。由于液化和糖化都在高温下进行，所以叫高温糖化法。这种方法具有糖化速度快、淀粉利用率高等优点，广泛用于液体深层制醋和回流法制醋等新工艺。

② 传统工艺法　　传统的制醋方法，无论是蒸料或煮料，其糖化工艺的共同特点是：

a. 不进行人工培养糖化菌，而是依靠自然菌种进行糖化，因此酶系复杂、糖化产物繁多，为各种食醋提供独特风味。

b. 糖化过程中液化和糖化两个阶段并无明显区分。

c. 糖化和发酵同时进行，有的工艺甚至进行糖化、酒精发酵、醋酸发酵三边发酵。

d. 糖化过程中产酸较多，原料利用率低。

e. 糖化时间一般为 5～7 天。

③ 生料糖化法　　生料糖化法是指生淀粉不用经过蒸煮而直接进行糖化的方法。这一新

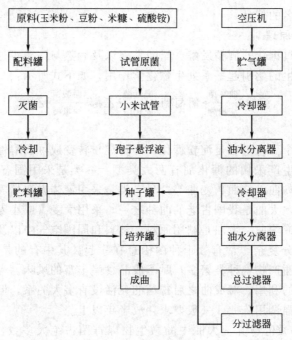

图 9-39 液体曲生产工艺流程

工艺的实现，能节约能源，从而降低酿醋的生产成本。此法陆续在山西、北京、天津等地推广，目前这一工艺还在不断发展和完善中。

随着酶学研究的不断深入发展，通过对酶进行分离、纯化及特性研究，已弄清生料糖化的实质是真菌葡萄糖淀粉酶对生淀粉的降解作用。葡萄糖淀粉酶对不同种类的生淀粉的水解效果是不同的。有实验表明，黑曲霉对玉米生淀粉的水解率最高，而对马铃薯生淀粉的水解最差。

3. 乙醇发酵

（1）酵母制备　酵母制备流程如图 9-40 所示。

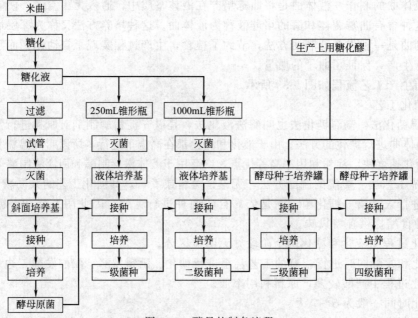

图 9-40 酵母的制备流程

（2）乙醇发酵工艺

① 液态法　将糖化醪冷却到 27～30℃后，接入 10％酒母（按醪汁）混合均匀后，控制品温 30～33℃，经 60～70h 发酵，即成熟。有的厂家采用分次添加法，此法一般适用于糖化罐容量小而发酵罐容量大的工厂。生产操作时，先打入发酵缸容积 1/3 左右的糖化醪，接入 10％酒母进行发酵，再隔 2～3h 后，加入第二次糖化醪，再隔 2～3h 后加第三次糖化醪，如此，直至加到发酵罐容积的 90％为止。但要求加满时间最好不超过 8h，如拖延时间太长会降低淀粉产酒率。酒精发酵的成熟指标为：a. 酒精含量 6％左右（主料加水比 1∶6）；b. 外观糖度 0.5°Bx 以下；c. 残糖 0.3％以下；d. 总酸 0.6％以下。

② 固态法　固态发酵生产的特点是采用比较低的温度，让糖化作用和酒精发酵作用同时进行，即采用边糖化边发酵工艺。淀粉酿成酒必须经过糖化与发酵过程。固态酒精发酵，开始发酵比较缓慢，发酵时间要适当延长。由于高粱、大米颗粒组织紧密，糖化较为困难，更由于采用固态发酵，淀粉不容易被充分利用，故残余淀粉较多，淀粉出酒率比液态法低。但该方法的最大优点是固态醪具有较多的气-固、液-固界面，它与液态发酵有所不同。如以曲汁为基础，添加玻璃丝为界面剂以形成无极性的固液界面，进行酒精发酵对比试验，其结果是酸、酯都有所增加，酒精含量略为降低，说明固态发酵香气风味较好。

4. 醋酸发酵

酿制食醋的第三个工艺过程是醋酸发酵，即利用醋酸菌把乙醇氧化成醋酸。老法制醋的醋酸菌，完全是依靠空气中、填充料及麸曲上自然附着的醋酸菌，因此发酵缓慢，生产周期较长，一般出醋率较低，产品质量不稳定。而新法酿醋是使用人工培养的优良醋酸菌，并控制其生长和发酵条件，使食醋生产周期缩短，出醋率提高，产品质量渐趋稳定。

我国食醋生产工艺，以醋酸发酵的方式为分类依据。如醋酸发酵在固态下进行的，叫固态发酵法；醋酸发酵在液态下进行的，叫液态发酵法。

（1）固态法酿醋工艺　固态发酵酿造的食醋，有著名的山西老陈醋、镇江香醋、保宁麸醋等。此外，还有仿照这些名醋工艺酿造的一般陈醋、米醋、麸醋，如酶法液化自然通风回流法制醋、生料制醋等。固体发酵法酿醋，一般以粮食为主料，以麸皮、谷糠、稻壳为填充料，以大曲、麸曲为发酵剂，经糖化、酒精发酵、醋酸发酵而得成品醋。生产周期最短为一个月左右，最长的一年以上。成品总酸最低为 4％，最高达 11％以上。

（2）液态法酿醋工艺　液态发酵酿造的食醋，有著名的福建红曲老醋、江浙玫瑰醋、糖醋、白醋、深层发酵醋、液体回流醋等。一部分以米为原料，一部分以糖、酒为原料，前者以野生微生物为发酵剂，后者以人工培养纯种。主要工艺特征：醋酸发酵在液态条件下进行。生产周期：静置表面发酵法最短的为 20～30 天，最长的 3 年；全面发酵法（深层发酵法）最短为 1～2 天。成品总酸最低为 2.5％，最高达 8％～9％甚至以上。

（3）固定化细胞连续发酵工艺　早在 1930 年，德国应用榉木刨花为载体，将固定醋酸菌细胞置于大木槽内，发酵液通过回旋喷洒器淋浇于载体上，利用固定于刨花上的活醋酸菌进行醋酸发酵，食醋自槽的假底下流出。

速酿槽所用器具有高 1.5～8m（一般为 2.5m）、直径 1～3m（一般为 2m）、下部略为膨大的圆筒形槽。距槽底 25cm 处设一假底。假底及真底的槽壁穿 6～12 个通气孔（直径为 1cm）。假底上装有榉木卷或其他多孔性材料。槽的最上部设有回转喷洒器，使发酵酒液均匀撒布于槽内。

速酿槽装好充填物（载体）后，保持室温 25～30℃，每日注入旺盛醋酸种子液数次，使载体表面长满醋酸菌，然后注入酒精发酵液，进行醋酸发酵。据调查，固定化醋酸菌细胞使用几年其活力不减弱。

四、抗生素生产

抗生素就是由微生物（细菌、真菌、放线菌）或高等动植物在生命活动过程中产生的在低浓度下能选择性地抑制其他生物机能的化学物质。临床常用的抗生素有从微生物培养液中提取的，也有用化学方法合成或半合成的化合物。

抗生素的种类繁多，性质复杂，用途广泛。所以对抗生素的分类从实际出发一般以生物来源、作用对象、作用性质、作用机制、应用范围、获得途径、合成途径、化学结构等八个方面进行分类。以下从化学结构分类上进行简单介绍。

抗生素的化学结构决定了其理化性质、作用机制以及疗效。因此根据抗生素的化学结构，就能将各种抗生素区分开来。根据现在的习惯性分类方法，将抗生素分为以下六类。

1. β-内酰胺类抗生素

这类抗生素是指化学结构中具有 β-内酰胺环的一大类抗生素，包括临床最常用的青霉素与头孢菌素，以及新发展的头霉素类、硫霉素类、单环 β-内酰胺类等 β-内酰胺类抗生素。此类抗生素具有杀菌活性强、毒性低、适应证广及临床疗效好的优点。这类抗生素的化学结构，特别是侧链的改变形成了许多不同抗菌谱和抗菌作用以及各种临床药理学特性的抗生素。

2. 氨基糖苷类抗生素

这类抗生素是指化学结构中既含有氨基糖苷，也含有氨基环醇结构。包括链霉素、新霉素、卡那霉素、庆大霉素、春雷霉素和有效霉素等。此类抗生素具有抑制核糖体的功能。

3. 大环内酯类抗生素

这类抗生素是指化学结构中都含有一个大环内酯的配糖体，以苷键和 1～3 个分子的糖相连。包括有红霉素、麦迪霉素、乙酰螺旋霉素、吉他霉素等。

4. 四环类抗生素

这类抗生素以四并苯为母体，包括有金霉素、土霉素、四环素等。

5. 多烯类抗生素

这类抗生素是指化学结构中含有大环内酯，且内酯中有共轭双键，包括有两性霉素 B、制霉菌素、球红霉素等。

6. 多肽类抗生素

这类抗生素是由细菌，特别是产生孢子的杆菌产生，是由多种氨基酸经肽键缩合成线状、环状或带侧链的环状多肽类化合物。例如多黏菌素、放线菌素、杆菌肽等。

（一）抗生素生产的一般进程和要求

抗生素的生产主要采用微生物发酵法，包括发酵和提取两部分，在生产设备和培养基都经过充分灭菌后，通入无菌空气进行纯种培养，最终通过提取精制，制备出抗生素。

抗生素的生产工艺流程如图 9-41 所示。

图 9-41　抗生素的生产工艺流程

1. 菌种

从自然界土壤等，均能获得产生抗生素的微生物，经过分离、选育和纯化后即称为菌种。菌种可用冷冻干燥法制备后，以超低温，即在液氮冰箱（－196～－190℃）内保存。所谓冷冻干燥是用脱脂牛奶或葡萄糖液等和孢子混在一起，经真空冷冻、升华干燥后，在真空下保存。如条件不足时，可以沿用沙土管在0℃冰箱内保存的老方法，但如需长期保存时则不宜用此法。一般生产用菌株经多次移植往往会发生变异而退化，故必须经常进行菌种选育和纯化以提高其生产能力。一个优良的生产菌种应该具有以下的特点：①生长繁殖快，发酵能力强；②培养条件粗放，发酵过程易于控制；③合成的代谢副产物少，生产抗生素的质量好。

2. 孢子制备

生产用的菌株要经过纯化和生产能力的检验，若符合规定，才能用来制备种子。制备孢子时，将保藏的处于休眠状态的孢子，通过严格的无菌过程，将其接种到灭菌过的固体斜面培养基上，在一定温度下培养5～7天或7天以上，这样培养出来的孢子数量还是有限的。为获得更多数量的孢子以供生产需要，可进一步用茄形瓶在固体培养基（如小米、大米、玉米粒或麸皮）上扩大培养。

3. 种子制备

种子制备的目的是使孢子发芽、繁殖以获得足够数量的菌丝，并接种到发酵罐中。种子制备可用摇瓶培养后再接入种子罐进行逐级扩大培养，或直接将孢子接入种子罐后逐级放大培养。种子扩大培养级数的多少，决定于菌种的性质、生产规模的大小和生产工艺的特点。扩大培养级数通常为二级。摇瓶培养是在三角瓶内装入一定数量的液体培养基，灭菌后以无菌操作接入孢子，放在摇床上恒温培养。在种子罐中培养时，在接种前有关设备和培养基都必须经过灭菌。接种材料为孢子悬浮液或来自摇瓶的菌丝，以微孔差压法或打开接种口在火焰保护下接种，接种量视需要而定。如用菌丝，接种量一般相当于$0.1\%\sim2\%$，从一级种子罐接入二级种子罐，接种量一般为$5\%\sim20\%$，培养温度一般在25～30℃。如菌种系细菌，则在32～37℃培养。在罐内培养过程中，需要搅拌和通入无菌空气。控制罐温、罐压，并定时取样做无菌试验，观察菌丝形态，测定种子液中的发酵单位和进行生化分析等，并观察无杂菌情况。种子质量如合格方可移种到发酵罐中。

4. 发酵

发酵的目的是使微生物分泌大量的抗生素。发酵设备及培养基经过严格的灭菌后，接入种子，接种量为10%，发酵周期为5天，在发酵过程中不断地通入无菌空气并搅拌，维持一定的罐温和罐压，并定时采样进行生化分析、镜检，测定菌体浓度、残糖量、抗生素含量等。

5. 提取与精制

发酵结束后，对发酵液进行过滤和预处理，分离菌丝、去除杂质，去除高价无机离子和蛋白质，有利于以后的提取。针对生产抗生素的性质来选择抗生素的具体提取、精制方法。

6. 成品包装

在成品包装之前要根据药典的要求对产品进行分析检验，包括效价检定、毒性试验、无菌试验、热原质试验、水分测定等。检验合格的产品进行包装。

（二）青霉素生产

青霉素是人类发明的第一种抗生素，也是全球销量最大的抗生素之一。青霉素是一种高效、低毒、临床应用广泛的重要抗生素。它的研制成功大大增强了人类抵抗细菌性感染的能力，带动了抗生素家族的诞生。青霉素发酵的生产工艺如图9-42所示。

1. 菌种

青霉是产生青霉素的重要菌种，广泛分布于空气、土壤和各种物体上，常生长在腐烂的柑橘皮上呈青绿色。目前已发现有几百种，其中产黄青霉、点青霉等都能大量产生青霉素。

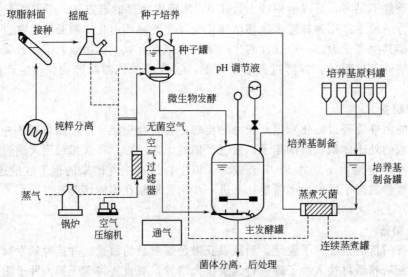

图 9-42　青霉素发酵生产工艺

2. 种子制备

种子制备是指孢子接入种子罐后，在罐中繁殖成大量菌丝的过程。其目的是使孢子发芽、繁殖和获得足够数量的菌丝，以便接种到发酵罐中。种子制备所使用的培养基及其他工艺条件，都要有利于孢子发芽和菌丝繁殖。

3. 发酵

青霉素属于 β-内酰胺类抗生素，其 β-内酰胺环极易被破坏而失效，所以不可以进行高压灭菌，否则将导致其完全失效。一般制备青霉素是采用无菌操作法、冷冻干燥技术制备的。青霉素发酵中通常采用分批补料操作法，以维持一定的适宜浓度。青霉素发酵的最适温度由于所选用的菌株不同而稍有差别，但一般认为应在 25℃左右。温度过高将明显降低发酵产率，同时增加葡萄糖的维持消耗，降低葡萄糖至青霉素的转化率。发酵前期 60h 内维持 pH6.8～7.2，以后稳定在 pH6.7 左右。在发酵过程中要对泡沫进行控制。在发酵过程中产生大量泡沫，可以用天然油脂，如豆油、玉米油等或用化学合成消泡剂来消泡，应当控制其用量并要少量多次加入，尤其在发酵前期不宜多用，否则会影响菌体的呼吸代谢。

4. 发酵液预处理

发酵液中的杂质如高价无机离子（Fe^{2+}、Ca^{2+}、Mg^{2+}）和蛋白质在离子交换的过程中对提炼影响很大，不利于树脂对抗生素的吸收。除去高价离子可使用草酸或磷酸。如加入草酸则会与钙离子生成草酸钙并促使蛋白质凝固以提高发酵滤液的质量。如加入磷酸（或磷酸盐），既能降低钙离子浓度，也利于去除镁离子。加入黄血盐及硫酸锌，则前者有利于去除铁离子，后者有利于凝固蛋白质。此外，两者还有协同作用，它们所产生的复盐对蛋白质有吸附作用。

5. 提取及精炼

一般工业上多采用溶剂萃取法从发酵液中提取青霉素。利用抗生素在不同的 pH 条件下以不同的化学状态（游离态、碱或盐）存在时，在水及与水互不相溶的溶剂中溶解度不同的特性，使抗生素从一种液相（如发酵滤液）转移到另一种液相（如有机溶剂）中去，以达到浓缩和提纯的目的。青霉素的精制常用结晶法来制备高纯度的产品。

由于青霉素的性质不稳定，整个提取和精制过程必须保持低温、快速、清洁和稳定的

pH 范围，以避免青霉素分解，导致效价降低。

五、酸乳生产

酸乳是指以牛乳为原料，添加适量的砂糖，经巴氏杀菌后冷却，再加入纯乳酸菌发酵剂经保温发酵而制得的凝乳状产品，成品中必须含有大量相应的活菌。按酸乳成品的组织状态不同，酸乳有凝固型酸乳和搅拌型酸乳等。

（一）生产酸乳的微生物

乳酸菌是发酵生产酸乳的主要微生物。乳酸菌是一类能使可发酵性碳水化合物转化成乳酸的细菌统称，这是一群相当庞杂的细菌，目前至少可分为 18 个属，共有 200 多种。除极少数外，其中绝大部分都是人体内必不可少的且具有重要生理功能的菌群，其广泛存在于人体肠道中。发酵酸乳常用的菌种为乳杆菌属（如保加利亚乳杆菌、嗜酸乳杆菌）、链球菌属（嗜热链球菌、乳酸链球菌、乳脂链球菌）和双歧杆菌属，均为无芽孢、革兰染色阳性细菌。如图 9-43 所示。

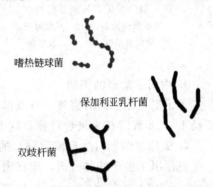

图 9-43 各种乳酸菌形态

1. 保加利亚乳杆菌

保加利亚乳杆菌无运动性，两端钝圆，细杆状，成单或成链（嗜酸乳杆菌是细杆菌），易变形；一般最适生长温度为 40～43℃，最低生长温度为 22℃，最高生长温度为 52.5℃。

2. 嗜热链球菌

链球菌属微需氧菌群，过氧化氢阴性，是化学有机营养菌，能发酵乳糖生产乳酸，在发酵乳生产中常用的链球菌主要有乳链球菌、乳链球菌丁二酮亚种、棉子糖链球菌、嗜热链球菌等。

嗜热链球菌细胞呈卵圆形，直径 0.7～0.9μm，成对或形成长链，无运动性，培养基和培养温度可影响其形态。最适生长温度为 40～45℃，最低生长温度为 20℃，最高生长温度为 50℃，这些特点可以与乳链球菌区别开来。杀菌温度下不能生长。

嗜热链球菌对生长抑制物，特别是抗生素非常敏感，每毫升乳中有 0.01IU 青霉素即不生长，所以通常用嗜热链球菌来检测乳品中是否含有抗生素。

嗜热链球菌不发酵麦芽糖，这一点和乳链球菌不同。

发酵酸乳的传统构成菌是由保加利亚乳杆菌和嗜热链球菌构成的。二者具有共生的特性，即将两种微生物混合培养比分别单独培养时生长得好，这种现象称为共生。因此生产上将这两种菌种按 1∶1 比例接种发酵。

3. 其他构成菌

根据目的不同可以追加不同的其他乳酸菌，如酸乳杆菌、双歧杆菌等。双歧杆菌是 1899 年国外学者从母乳营养儿的粪便中分离出的一种厌氧的革兰阳性杆菌，末端常常分叉，故名双歧杆菌。双歧杆菌不形成芽孢，无运动性，专性厌氧，最适生长温度 37～41℃，最适发酵温度 35～40℃，最低生长温度 25～28℃，最高生长温度 43～45℃；起始生长 pH 值为 6.7～7.0，在 pH 值为 4.5～5.0 以下或 pH 值为 8.0～8.5 以上的环境中都不生长。

（二）发酵剂的制备

发酵剂是一种能够促进乳的酸化过程，含有高浓度乳酸菌的特定微生物培养物。其主要作用是分解乳糖产生乳酸；产生挥发性的物质，如丁二酮、乙醛等，从而使酸乳具有典型的

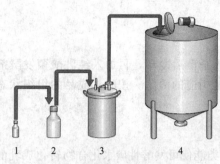

图 9-44 发酵剂的制备流程图
1—乳酸菌纯培养物；2—母发酵剂；
3—中间发酵剂；4—工作发酵剂

风味；具有一定的降解脂肪、蛋白质的作用，从而使酸乳更利于消化吸收；酸化过程抑制了致病菌的生长。发酵剂的制备流程如图 9-44 所示。

1. 菌种的复活及保存

将乳酸菌纯培养物（商业菌株）接种在脱脂乳、乳清、肉汤等液态培养基中使其繁殖。现多用升华法制成冷冻干燥粉末或浓缩冷冻干燥来保存菌种，供生产单位使用。

2. 母发酵剂的调制

生产单位或使用者购买乳酸菌纯培养物后，用脱脂乳或其他培养基将其溶解活化，继代培养来扩大制备的发酵剂，并为生产发酵剂做基础。

3. 中间发酵剂的调制

为了工业化生产的需要，母发酵剂的量还不足以满足生产工作发酵剂的要求，因此还需要经 1～2 步逐级扩大培养过程，这个中间过程的发酵剂为中间发酵剂。

4. 工作发酵剂（生产发酵剂）的制备

直接用于生产的发酵剂，应在密闭容器内或易于清洗的不锈钢容器内进行生产发酵剂的制备。

菌种的选择对发酵剂的质量起着重要作用，应根据生产目的不同选择适当的菌种。选择发酵剂应从以下几方面考虑：产酸能力和后酸化作用；滋气味和芳香味的产生；黏性物质的产生；蛋白质的水解性。

（三）酸乳的生产

1. 凝固型酸乳生产工艺流程

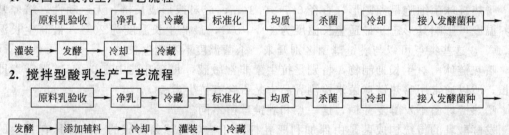

原料乳验收 → 净乳 → 冷藏 → 标准化 → 均质 → 杀菌 → 冷却 → 接入发酵菌种 →

灌装 → 发酵 → 冷却 → 冷藏

2. 搅拌型酸乳生产工艺流程

原料乳验收 → 净乳 → 冷藏 → 标准化 → 均质 → 杀菌 → 冷却 → 接入发酵菌种 →

发酵 → 添加辅料 → 冷却 → 灌装 → 冷藏

3. 酸乳生产工艺环节操作

（1）原辅料验收及调配　生产酸乳的原料乳必须是高质量的，要求酸度在 18°T 以下，杂菌数不高于 50 万 cfu/mL，总干物质含量不得低于 11.5%。不得使用病畜乳如乳房炎乳和残留抗生素、杀菌剂、防腐剂的牛乳。

辅料有奶粉、稳定剂、糖及果料等。

脱脂乳粉（全脂奶粉）要求质量高，无抗生素、防腐剂，一般添加量为 1%～1.5%。

稳定剂一般有明胶、果胶、琼脂、变性淀粉、CMC 及复合型稳定剂，其添加量应控制在 0.1%～0.5%左右。

糖及果料：一般用蔗糖或葡萄糖作为甜味剂，其添加量一般以 6.5%～8%为宜。果料的种类很多，如果酱，其含糖量一般在 50%左右。

（2）调配乳的预处理

① 均质 均质是以机械方式使乳脂肪球充分分散的操作过程,所采用的压力一般在20～25MPa之内。高压均质机以高压往复泵为动力传递及物料输送机构,将物料输送至均质阀部分。物料在通过工作阀的过程中,在高压下产生强烈的剪切、撞击和空穴作用,从而使液态物质或以液体为载体的固体颗粒得到超微细化(图9-45)。牛乳经过均质处理,乳脂肪被充分分散,酸乳不会发生脂肪上浮现象,酸乳的硬度和黏度都有所提高(图9-46),而且酸乳口感细腻,更易被消化吸收。

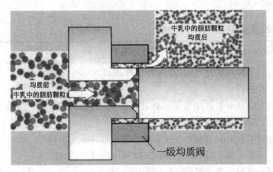

图9-45 高压均质机工作原理

图9-46 均质前后的牛乳样品
A为均质前,B为均质后

② 热处理 原料奶经过90～95℃并保持5min的热处理效果最好。

(3) 接种 一般生产发酵剂,其产酸活力均在0.7%～1.0%之间,此时接种量应为2%～4%。如果活力低于0.6%时,则不应用于生产。制作酸乳常用的发酵剂为嗜热链球菌和保加利亚乳杆菌的混合菌种。如生产短保质期普通酸乳,发酵剂中球菌和杆菌的比例应调整为1:1或2:1。生产保质期为14～21天的普通酸乳时,球菌和杆菌的比例应调整为5:1;对于制作果料酸乳而言,两种菌的比例可以调整到10:1,此时保加利亚乳杆菌的产香性能并不重要,这类酸乳的香味主要来自添加的水果。

(4) 凝固型酸乳的加工工艺要点

① 灌装 可根据市场需要选择玻璃瓶或塑料杯。在装瓶前需对玻璃瓶进行蒸汽灭菌。一次性塑料杯可直接使用(视其情况而定)。

② 发酵 用保加利亚乳杆菌与嗜热链球菌的混合发酵剂时,温度保持在41～42℃,培养时间2.5～4.0h(2%～4%的接种量)。一般发酵终点可依据如下条件来判断:滴定酸度达到80oT以上;pH值低于4.6;表面有少量水痕;倾斜酸乳瓶或杯,奶变黏稠。

③ 冷却 发酵好的凝固酸乳,应立即移入0～4℃的冷库中。在冷藏期间,酸度仍会有所上升,同时风味成分双乙酰含量会增加。因此,发酵凝固后须在0～4℃贮藏24h再出售,通常把该贮藏过程称为后成熟,一般最大冷藏期为7～14天。

(5) 搅拌酸乳加工工艺要点 搅拌型酸乳在加工工艺上具有以下特点:处理的原料乳接种了发酵剂之后,先在发酵罐中发酵至凝乳,再降温搅拌破乳、冷却,制成软酸乳或液体酸乳。破乳是一个物理过程,最常用的方法是机械搅拌或手工搅拌,机械搅拌采用宽叶轮搅拌机。

① 发酵 典型的搅拌型酸乳生产的培养时间为2.5～3h,42～43℃。产品的温度应在30min内从42～43℃冷却至15～22℃;冷冻和冻干菌种直接加入酸乳培养罐时培养时间在43℃,4～6h(考虑到其迟滞期较长)。发酵终点的判断是发酵一定时间后进行抽样观察,打开瓶盖,观察酸乳的凝乳情况。若已基本凝乳,马上测定酸度,酸度达到60～70°T以上,

则可终止发酵。但酸度的高低还取决于当地消费者的喜好。发酵时间的确定还应考虑冷却和后熟的过程，在此过程中，酸乳的酸度还会继续上升。

② 凝块的冷却 在培养的最后阶段，已达到所需的酸度时（pH4.2～4.5），酸乳必须迅速降温至15～22℃，冷却是在具有特殊板片的板式热交换器中进行的。

③ 调味 冷却到15～22℃以后，准备包装。果料和香料可在酸乳从缓冲罐到包装机的输送过程中加入。果料应尽可能均匀一致，并可以加不超过0.15%的果胶作为增稠剂。

（6）酸乳常见的质量缺陷 如表9-8所示。

表9-8 酸乳常见的质量缺陷及原因分析

质量缺陷	外观现象	原因分析
砂化	酸乳出现粒状组织	发酵温度过高；发酵剂的接种量过大（＞3%）；杀菌升温的时间过长
风味不佳	无芳香味；酸甜度不适，有异臭	保加利亚乳杆菌和嗜热乳杆菌的比例不适当；生产过程中污染了杂菌等
表面有霉菌生长	表面出现霉菌斑点	酸乳贮藏时间过长或温度过高时
口感差	口感粗糙，有砂状感	生产酸乳时，采用了高酸度的乳或劣质的乳粉
乳清析出	表面出现透明液体	原料乳的干物质含量过低；生产过程中震动引起，或是运输途中道路太差引起；蛋白质凝固变性不够，是由于缺钙引起
发酵不良	没有酸乳柔嫩、细滑、清香的口感	原料乳中含有抗生素和磺胺类药物，以及病毒感染

六、单细胞蛋白生产

单细胞蛋白也称为微生物蛋白，它是指生产蛋白质的生物大都是单细胞或丝状微生物个体，并不是复杂的多细胞生物。微生物菌体利用许多工农业废料及石油废料进行生产繁殖从而进一步制取大量的蛋白质。单细胞蛋白不是一种纯蛋白质，而是由蛋白质、脂肪、碳水化合物、核酸及含氮化合物、微生物和无机化合物等混合物组成的细胞质团。

单细胞蛋白可以补充人和动物对蛋白质的需求。单细胞蛋白可以作为食品添加剂，改善食品的口味；在动物饲养上，单细胞蛋白具有风味温和、容易保存并且蛋白质含量丰富，可以替代传统的蛋白质添加剂，例如豆粉、鱼粉等。现在单细胞蛋白的应用十分广泛，利用微生物生产单细胞蛋白具有广阔的市场前景。

（一）生产单细胞蛋白的微生物

目前生产单细胞蛋白的微生物主要是细菌、酵母菌、真菌和藻类这4大类群。这些微生物要具备以下条件：①微生物必须是非致病和非产毒的；②培养条件要求简单；③微生物生长繁殖迅速。

1. 细菌

细菌含蛋白质的量占其干重的70%，用于生产单细胞蛋白的细菌包括光合细菌和氢细菌。它们的原料主要是植物性纤维和石油衍生物（甲醇、乙醇等）。目前研究较多的细菌为红色光合细菌和自养产碱杆菌。

2. 酵母菌

酵母菌是应用最为广泛的一类微生物，蛋白质含量占其干重的60%，几乎所有的氨基酸，特别是赖氨酸、亮氨酸、苯丙氨酸等必需氨基酸的含量高。常用的酵母菌有假丝酵母和啤酒酵母，其中假丝酵母能够同化六碳糖和五碳糖，能耐高浓度二氧化碳，菌体中蛋白质含量高，并含有大量的微生物及微量元素。

3. 真菌

真菌中主要是霉菌为生产单细胞蛋白的主力军，蛋白质含量占其干重的30％。目前应用较为广泛的有曲霉和青霉，主要原料是糖蜜、酒糟、纤维类农副产品的下脚料等。例如某些真菌能够生长在木头和稻草等含有木质素的材料上，并生长出可以使用的蘑菇。

4. 藻类

藻类是一类分布广泛、蛋白质含量很高的光合水生生物，它们只需要二氧化碳作为碳源，以阳光为能源进行光合作用，就可以进行生长繁殖了。目前世界研究开发较多的是螺旋藻。1974年联合国世界粮食会议上将螺旋藻确定为重要蛋白源。研究表明，1g螺旋藻含的营养相当于1000g新鲜蔬菜。

（二）单细胞蛋白生产

单细胞蛋白的生产大致可以概括为培养基的配置与灭菌、菌种的扩大培养与接种、发酵培养、菌体的收集及干燥处理，最终制备出单细胞蛋白成品。其工艺流程如图9-47所示。

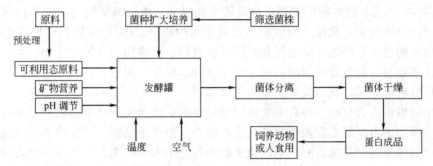

图9-47　单细胞蛋白生产工艺流程

单细胞蛋白的生产常规方法包括液态微生物发酵法和固态微生物发酵法。

液态微生物发酵法是20世纪40年代由Elmer L. Gaden，Jr提出来的。液态微生物发酵法可以根据菌种的需要控制不同的发酵条件，具有产量大、便于控制、机械化程度高、适合工业化大生产的特点。例如在高密度发酵中，可以采用分批补料、重复补料等发酵方式，保持发酵液中一定的溶解氧量从而使菌体生长旺盛。液态发酵的生产规模和产量都已大大超过了固体发酵。

固态微生物发酵法是指微生物在几乎没有游离水的固态湿培养基中的发酵过程。固态湿培养基的含水量为30％～70％。固态发酵法具有对发酵物质利用完全、易于干燥、耗能低以及回收率高的优点。

实际生产中，究竟选择哪种发酵法来进行单细胞蛋白的生产，要根据所需要的菌种、原料、设备及相关产品的性质要求来确定具体的发酵工艺。

以下简单的介绍以工农业废弃物为原料生产单细胞蛋白。

在工农业生产过程中，有些废弃物如稻秸、糖蜜、淀粉废水、啤酒糟等是可以回收并利用的。这些废料数量巨大，会给环境产生较大的污染。所以，利用这些废弃物来生产单细胞蛋白是一举两得的事情，既减少污染，又可以得到单细胞蛋白（表9-9）。

例如淀粉废水是食品工业中污染最严重的废水之一，利用该废水培养微生物生产单细胞蛋白不仅产量高，而且氨基酸含量也比较高。研究发现，用玉米淀粉黄浆水培养白地霉生产饲料的蛋白质含量与饲料酵母接近。豆制品是我国著名的发酵食品之一，很受消费者喜爱，其废水中含有大量的可溶性蛋白和还原性糖等天然有机物，是培养和生产单细胞蛋白的理想原料。

表 9-9　用工农业废弃物生产单细胞蛋白的优点

序号	优　点
1	工农业废弃物价格便宜,能够保证原料的供应
2	减少环境污染
3	废料转化为蛋白质和能源
4	利用工农业废弃物为原料,能避免使用类似于石油废料为原料带来的安全问题
5	解决需要大量依赖进口蛋白质的难题

单细胞蛋白作为食品或动物饲料,其安全性很重要。生产用菌株不能是病原菌,不能产生毒素;在培养及产品处理中要求无污染、无溶剂残留;最终产品应无病菌、无活细胞、无原料和溶剂残留。最终产品还必须先用动物进行短期急性毒理检测,再接着使用两年或更长时间,对啮齿类和非啮齿类动物进行精密详尽的慢性毒理研究。

七、酶制剂生产

20 世纪 40 年代,微生物酶制剂工业迅速发展起来。现在酶制剂的生产是以深层发酵为主,以半固体发酵为辅,菌株产酶的能力也有很大的提高。60～70 年代发展起来的固定化酶和固定化细胞技术使酶可反复使用和连续反应进行,其应用的范围也更加扩大。目前,除食品、轻纺工业外,微生物酶制剂还用于日用化学、化工、制药、饲料、造纸、建材、生物化学、临床分析等方面,成为发酵工业的重要部门。

酶是生物组织内含有的一种有催化作用的特殊的生物大分子(蛋白质或 RNA),它广泛地存在于动植物的组织器官和微生物的代谢产物中,但含量极低;从生物组织中提取出这种蛋白质并加以精致的产品既为酶制剂。微生物因为易于大量培养、且菌体的倍增时间比动植物细胞快得多,因此,微生物是酶商业化生产的最佳来源,而微生物酶制剂的发展建立了酶制剂工业。

微生物酶制剂的生产方法主要分为固体发酵法和液体发酵法两大类。流程如图 9-48所示。

(一)主要酶制剂产品

生产酶制剂的微生物有丝状真菌、酵母、细菌 3 大类群不同酶制剂的来源如表 9-10 所示。几种主要工业酶的菌种和使用情况如下所述。

表 9-10　几种工业常用酶类的来源及用途

酶名	来源	主要用途
α-淀粉酶	枯草杆菌、米曲霉、黑曲霉	淀粉液化,制造糊精、葡萄糖、饴糖、果葡糖浆
β-淀粉酶	麦芽、巨大芽孢杆菌、多黏芽孢杆菌	制造麦芽糖、啤酒酿造
糖化酶	根霉、黑曲霉、红曲霉、内孢霉	淀粉糖化、制造葡萄糖、果葡糖
葡萄糖异构酶	放线菌、细菌	制造果葡糖浆、果糖
蛋白酶	胰脏、木瓜、枯草杆菌、霉菌	啤酒澄清,水解蛋白质、多肽、氨基酸
果胶酶	霉菌	果汁、果酒的澄清
葡萄糖氧化酶	黑曲霉、青霉	蛋白质加工、食品保鲜

1. 淀粉酶类

淀粉酶属于水解酶类,是水解淀粉和糖原的酶类总称。淀粉酶水解淀粉生成糊状麦芽低聚糖和麦芽糖。以芽孢杆菌属的枯草芽孢杆菌和地衣芽孢杆菌深层发酵生产为主,后者产生耐高温酶。另外也用曲霉属和根霉属的菌株深层和半固体发酵生产,适用于食品加工。淀粉酶主要用于制糖、纺织品退浆、发酵原料处理和食品加工等。葡糖淀粉酶能将淀粉水解成葡

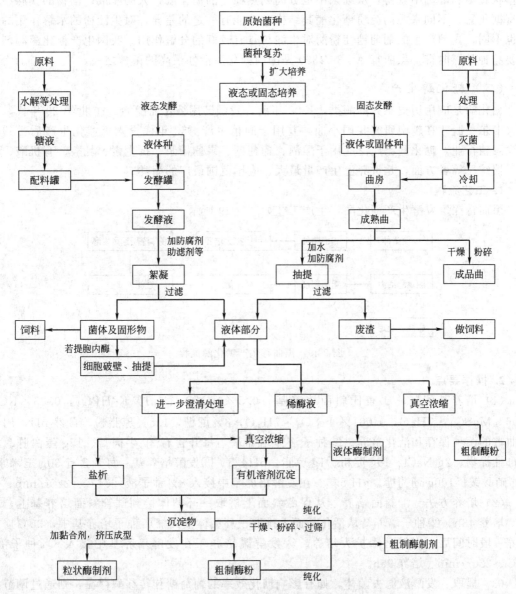

图 9-48　酶制剂的固体发酵法和液体发酵法流程

萄糖，现在几乎全由黑曲霉深层发酵生产，用于制糖、酒精生产以及发酵原料处理等。

2. 蛋白酶类

蛋白酶类使用菌种和生产品种最多。用地衣芽孢杆菌、短小芽孢杆菌和枯草芽孢杆菌以深层发酵生产细菌蛋白酶；用链霉菌、曲霉深层发酵生产中性蛋白酶和曲霉酸性蛋白酶，用于皮革脱毛、毛皮软化、制药、食品工业；用毛霉属的一些菌进行半固体发酵生产凝乳酶，在制造干酪中取代原来从牛犊胃中提取的凝乳酶。

3. 糖化酶

糖化酶又名糖化型淀粉酶或淀粉葡萄糖苷酶。其系统名称为淀粉 α-1,4-葡聚糖水解酶。糖化酶是一种胞外外切酶，但其专一性低，主要是从淀粉链的非还原性末端切开 α-1,4-键。

糖化酶在微生物中的分布很广，在工业中应用的糖化酶主要是从黑曲霉、米曲霉、根霉等丝状真菌和酵母中获得,从细菌中也分离到热稳定的糖化酶,人的唾液、动物的胰腺中也含有糖化酶。不同来源的淀粉糖化酶其结构和功能有一定的差异,对生淀粉的水解作用的活力也不同,真菌产生的葡萄糖淀粉酶对生淀粉具有较好的分解作用。我国生产糖化酶制剂的主要菌种是黑曲霉。黑曲霉 AS 3. 4309 是国内糖化酶活性最高的菌株之一。

（二）糖化酶生产

糖化酶是应用历史悠久的酶类,1500 年前,我国已用糖化曲酿酒。20 世纪 20 年代,法国人卡尔美脱才在越南研究我国小曲,并用于酒精生产。50 年代投入工业化生产后,到现在除酒精行业,糖化酶已广泛应用于酿酒、葡萄糖、果葡糖浆、抗生素、乳酸、有机酸、味精、棉纺厂等各方面,是世界上生产量最大、应用范围最广的酶类。

1. 工艺流程

黑曲霉深层发酵生产糖化酶　生产工艺如图 9-49 所示。

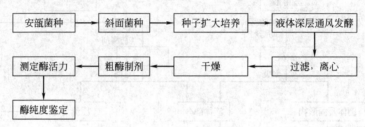

图 9-49　黑曲霉生产糖化酶流程

2. 操作要点

（1）培养基配制　①查氏斜面培养基　0.3％NaNO$_3$,0.1％ K$_2$HPO$_4$,0.05％ KCl,0.05％MgSO$_4$ · 7H$_2$O,0.001％ FeSO$_4$ · 7H$_2$O,3％蔗糖,1.5％琼脂粉,自然 pH,用于黑曲霉的菌种保存和活化培养。②种子液体培养基　每升含有 3g 牛肉膏、15g 蛋白胨、2g酵母抽提物、2g NaCl、15g 淀粉、1g 琼脂,pH4.5。③发酵培养基　每升含有 30g 玉米浆、30g 硝酸铵、100g 葡萄糖,pH 5.5。在发酵培养基中接入 8％种子液,34℃、220r/min。

（2）培养方法　①斜面培养　从保藏斜面上挑取一环菌体接到试管斜面培养基上,在35℃培养48h。②种子培养　从活化斜面上挑取一环菌体接到摇瓶种子培养基中,35℃摇瓶培养一段时间后,用发酵罐扩大培养。③发酵罐培养　在发酵培养基中接入 8％种子液,34℃、220r/min,培养96h。

（3）提取　发酵液滤去菌体,如有影响糖化效率的葡萄糖苷转移酶存在,则通过调节滤液 pH 等方法使其除去,再通过浓缩将酶调整到一定单位,并加入防腐剂（如苯甲酸）。如制备粉状糖化酶,则可通过盐析或加酒精使酶沉淀,沉淀经过压滤,滤泥再通过压条烘干,粉碎,即可制成商品酶粉。

（三）淀粉酶生产

淀粉酶是研究较多、生产最早、产量最大和应用最广泛的一类酶。特别是 20 世纪 60 年代以来,由于淀粉酶在淀粉糖工业生产和食品工业中的大规模应用,它的需要量与日俱增,到目前为止,其产量几乎占到整个酶制剂的 50％以上,销售金额占到 55％～60％。按照水解淀粉的方式不同,主要的淀粉酶有 α-淀粉酶、β-淀粉酶、葡萄糖淀粉酶、脱支酶、环糊精葡萄糖基转移酶等。

1. α-淀粉酶的生产

微生物 α-淀粉酶可以用固体培养,也可用液体深层培养法生产。现以枯草杆菌 JB-40 和枯草杆菌 B. S. 209 诱变菌株 B. S. 796 生产 α-淀粉酶为例加以介绍。

(1) 固体培养枯草杆菌 JB-40 生产法

① 工艺流程　如图 9-50 所示。

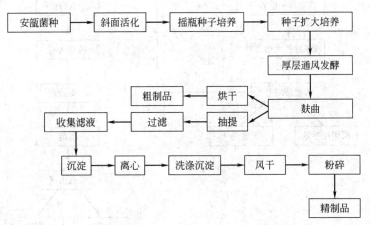

图 9-50　枯草杆菌 JB-40 生产 α-淀粉酶流程

② 操作要点

a. 培养基的配制　ⓐ斜面培养基　将麸皮 5%、豆饼粉 3%、蛋白胨 0.25%、琼脂 2% (pH7.1) 制成斜面培养基，在 0.1MPa 蒸汽灭菌 20min。ⓑ种子培养基　将豆饼 1%、蛋白胨和酵母膏各为 0.4%、氯化钠 0.05% 配制成种子培养基（pH7.1~7.2），在 0.1MPa 蒸汽灭菌 20min。ⓒ发酵培养基　其配方是麸皮 70%、小米糠 20%、木薯粉 10%、烧碱 0.5%，加水使含水量达 60%，常压蒸汽灭菌 1h。b. 培养方法　ⓐ斜面培养　从保藏斜面上挑取一环菌体接到试管斜面培养基上，在 35℃ 培养 48h。ⓑ种子培养　从活化斜面上挑取一环菌体接到摇瓶种子培养基中，35℃ 摇瓶培养一段时间后，用发酵罐扩大培养。ⓒ厚层通风发酵　发酵培养基冷却到 38~40℃ 接入 0.5% 种子，在厚层通风培养室内 38~40℃ 培养 20h 左右出曲风干。c. 提取　麸曲用 1% 食盐水浸泡 3h（用量 3~4 倍），然后过滤，调节滤液 pH5.5~6.0，加入 10° 的酒精使终浓度为 70% 沉淀酶，沉淀经离心、浓酒精洗涤脱水后，25℃ 下风干粉碎即为成品。

(2) 液体深层培养枯草杆菌生产法　目前，我国液体深层发酵生产 α-淀粉酶的菌株主要是枯草杆菌 BF7658 的突变菌株，如 B. S. 209、8a5、86315、K22、B. S. 796 等。以下以 B. S. 209 诱变菌株 B. S. 796 生产法为例进行介绍。

① 工艺流程　如图 9-51 所示。

② 操作要点

a. 摇瓶种子培养　500mL 三角瓶内装发酵培养基 50mL，其组成为麦芽糖 6%、豆粕水解液 6%、$Na_2HPO_4 \cdot 12H_2O$ 0.8%、$(NH_4)_2SO_4$ 0.4%、$CaCl_2$ 0.2%、NH_4Cl 0.15%，pH 6.5~7.0，接种后置旋转式摇床上，（37±1）℃ 下培养 28h 左右备用。

b. 种子扩大培养　采用 130L 夹套标准式发酵罐，转速 360r/min，37℃ 培养 12~24h。

c. $1.5m^3$ 夹套发酵罐发酵　$1.5m^3$ 夹套发酵罐装液量 600~700L。罐培养基的配置与培养条件如下：

ⓐ 麦芽糖液的制备　取玉米粉或甘薯粉加水 2~2.5 份，调 pH6.2，加 $CaCl_2$ 0.1%，升温至 80℃，添加 α-淀粉酶 5~10U/g 原料，液化后速在高压 1~2kgf/cm² (1kgf/cm² = 98.0665kPa) 下糊化 30min，冷却至 55~60℃，pH5.0 时添加细菌异淀粉酶 20~50U/g 原料和植物 β-淀粉酶 100~200U/g 原料，糖化 4~6h，加热至 90℃。趁热过滤即为麦芽糖液。

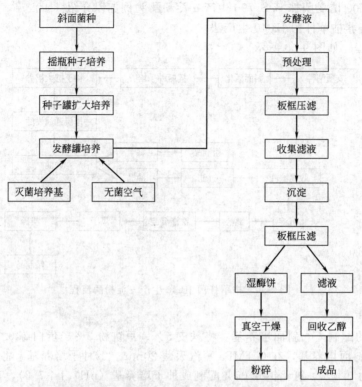

图 9-51　培养枯草杆菌诱变菌株 B.S.796 生产 α-淀粉酶流程

ⓑ 豆粕水解液的制备　取豆粕粉加水 10 份浸泡 2h，然后在 1kgf/cm² 下蒸煮 30min，冷却至 55℃，调 pH7.5，加蛋白酶 50～100U/g 原料，作用 2h，过滤后浓缩至蛋白质含量为 50%，即得豆粕水解液。

ⓒ 罐培养基的配制　用上述麦芽糖液配置成含麦芽糖 6%、豆粕水解液 6%～7%、NaHPO₄·12H₂O 0.8%、(NH₄)₂SO₄ 0.4%、CaCl₂ 0.2%、NH₄Cl 0.15%、豆油 1kg、深井水 500L，调 pH6.5～7.0 的培养基。

d. 发酵罐培养　罐培养基经消毒灭菌，冷却后接入 3%～5%种子培养成熟液。培养条件为温度 (37±1)℃，罐压 0.5kgf/cm²，风量 1～20h 为 1:0.48，20h 后 1:0.67，培养时间 28～36h。

e. 提取　发酵结束后，于发酵罐内添加凝聚剂，pH6.3～6.5，升温至 40～45℃后放入絮凝剂，维持一定时间进行预处理后，泵入板框压滤机进行过滤，水洗，合并洗液（或经浓缩放入沉淀缸内加入一定量淀粉，边搅拌边加入酒精），沉淀，湿酶经真空干燥，即为成品酶。

2. β-淀粉酶生产

β-淀粉酶广泛存在于植物（大麦、小麦、山芋和大豆类）及微生物中。该酶很早以前就作为糖化剂用在酿酒、制糖工业中，1924 年由 Kuhn 所命名，但微生物的 β-淀粉酶直到 1974 年才被发现。目前，β-淀粉酶的研究还不及 α-淀粉酶那样深入。植物 β-淀粉酶的生产成本比较高，自 1974 年发现微生物能产生 β-淀粉酶以来，目前在工业生产中得到应用。产β-淀粉酶的菌种研究较多的是芽孢杆菌属的多黏芽孢杆菌、巨大芽孢杆菌、蜡状芽孢杆菌、环状芽孢杆菌和链霉菌等。以下以吸水链霉菌 FR1602 或 ATCC21772 生产 β-淀粉酶为例加以介绍。

（1）工艺流程　如图 9-52 所示。

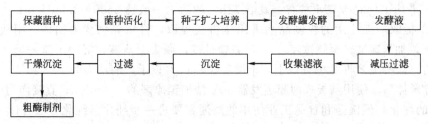

图 9-52 吸水链霉菌 FR1602 生产 β-淀粉酶流程

（2）操作要点

① 培养基的配制 a. 种子培养基。玉米粉 2%、小麦胚芽 1%以及少量其他物质，pH 为 7.0。b. 发酵培养基。玉米淀粉 3%、脱脂乳 1%、磷酸二氢钾 0.2%、硫酸镁 0.05%、硫酸锰 0.01%，并加入少量消泡剂。

② 培养方法 将菌种接于 9L 种子培养基中，于 28℃通气和搅拌培养 24h，接入发酵罐培养。在 500L 发酵罐中加入 300L 发酵培养基，于 121℃灭菌 30min，然后使其冷却，接种子罐培养的种子，于 28℃通气和搅拌培养 85h。

③ 提取 发酵终了，将发酵液在 40℃减压过滤，使其体积为原来的 1/5。然后加入 2 倍体积冷乙醇到浓缩液中，使 β-淀粉酶沉淀。干燥沉淀物即为粗酶制剂，酶活力一般可达 40000U/g。

（四）蛋白酶生产

蛋白酶是水解蛋白质和肽链的一类酶的总称。它广泛存在于动物内脏、植物茎叶、果实和微生物中，但唯有微生物蛋白酶具有生产价值。微生物蛋白酶多以生产菌的最适 pH 为依据，分为中性蛋白酶、碱性蛋白酶和酸性蛋白酶。目前，已做成结晶或得到高度纯化物的蛋白酶达 100 多种，被广泛应用在皮革、毛纺、丝绸、医药、食品以及酿造等行业。

1. 酸性蛋白酶生产

国内最先投产的酸性蛋白酶是采用黑曲霉 3.350 液体深层培养法进行生产，在毛皮软制革、羊毛染色、医药和啤酒澄清方面有广泛用途。以下介绍其生产工艺技术。

（1）工艺流程 如图 9-53 所示。

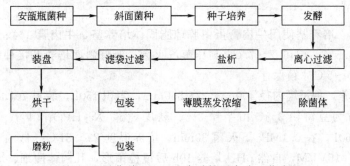

图 9-53 黑曲霉 3.350 生产酸性蛋白酶工艺流程

（2）操作要点

① 种子培养 将菌种接种于 500L 种子罐培养基中，于（31±1）℃、230r/min 下通风培养 26h，通风量为 0.3VVM。

② 发酵 5000L 不锈钢发酵罐装 3000L 培养基，于（31±1）℃、180r/min 下通风培养，控制通风量 0～24h 为 1∶0.25VVM；24～48h 为 1∶0.5VVM；48h 至结束为

1.0VVM，平均 1∶0.6VVM 左右。发酵 72h，酶活力一般达 2500～3200U/mL。

③ 酶的提取　工业用的粗制品酶采用盐析法提取，将培养物滤去菌体，用盐酸调节至 pH4.0 以下，加入硫酸铵至终浓度 55%，静置过夜，倾去上清液，沉淀压滤去母液，于 40℃ 烘干后磨粉。盐析工艺收率 94% 以上，干燥后收率 60% 以上，酶活力为 20×10⁴U/g。也可将发酵液滤除菌体后，使用刮板式薄膜蒸发器 40℃ 浓缩至原来的 1/4～1/3，直接作为商品。

④ 酶的纯化　供医药和食品工业使用的酶通常要进一步纯化。纯化方法有以下两种：

a. 离子交换法　将所得的粗酶加水浸泡（pH3.0）、过滤或直接将上述发酵液离心后，用 55% 硫酸铵盐析后压滤，再将酶泥溶于 0.005mol/L pH2.5 乳酸缓冲液中，用通用两性一号离子交换树脂进行脱色（收率 93%），用真空薄膜刮板蒸发器于 40℃ 浓缩至原来的 1/2 以上（收率 90%），再用 732 阳离子、701 阳离子树脂混合床脱盐（收率 90%），最后进行喷雾干燥或冷冻干燥、磨粉即成。成品为淡黄至乳白色粉末，酶活力为 40×10⁴～60×10⁴U/g。

b. 单宁酸沉淀法　在搅拌下向发酵滤液（pH5.5 左右）加入 10% 单宁酸，使单宁酸的终浓度在 1% 左右，静置 1h，离心收集酶与单宁酸的复合物。再向此复合物中加入 10% 聚乙二醇（相对分子质量 6000），使聚乙二醇用量相当于原酶液的 0.3%～0.5%，不断搅拌，离心去除单宁聚乙二醇聚合物，经此过程，酶液可以浓缩至原来的 1/10，总收率 90% 以上。向浓缩液加入糖用活性炭 3%（在 pH4.5 左右）脱色，得到浅黄脱色酶液，酶回收率 90%～95%，脱色酶液或用酒精在低温下沉淀，或用硫酸铵盐析制成浅色酶粉，其活力可达 40×10⁴～60×10⁴U/g，总收率在 70% 以上。

2. 中性蛋白酶生产

我国生产中性蛋白酶的菌种主要是枯草杆菌 AS114、1.398、172，栖土曲霉 3.94 等。以下以枯草杆菌 AS1.398 液体深层培养法为例介绍中性蛋白酶的生产技术。

（1）工艺流程　如图 9-54 所示。

图 9-54　中性蛋白酶生产工艺流程

（2）操作要点

① 菌种培养　培养基使用牛肉膏蛋白胨琼脂固体培养基，牛肉膏 1%、蛋白胨 1%、琼脂 2%、氯化钠 0.5%，pH6.7～7.0，高压蒸汽灭菌。制好斜面培养基接种后，菌种在 30℃ 下培养 26h，于 0～5℃ 冰箱保存。

② 种子罐培养　种子罐内径 400mm，高 850mm，容积 150L，装料 70L，搅拌速度 320r/min。培养基配方为豆饼粉 3%、山芋粉 3%、麸皮 3%、Na₂HPO₄ 0.4%、KH₂PO₄ 0.03%、豆油 300mL、水 60L。在 0.1MPa 下灭菌 30min。培养温度 29～31℃（低温季节 30～32℃），通风量保持在 1∶0.5VVM，自然 pH。培养 10h 后镜检菌形，凡菌体瘦细、短而均匀者为优，酶活力在 400～600U/mL 较为合适。

③ 发酵罐发酵　发酵罐内径 200mm，高 2800mm，搅拌转速 220r/min，投料量 1200L。接种量 6%～8%，培养基配方为豆饼粉 3.5%、玉米粉 3%、山芋粉 3%、麸皮 2.5%、Na₂HPO₄ 0.4%、KH₂PO₄ 0.03%、豆油 1000mL。培养温度按前期升温法培养，即在第 5～8h 内，每小时升温 2℃，9～12h，每小时降温 2℃，第 12h 后保持 30～32℃。通风量 0～12h 为 1∶0.6VVM；12～20h 为 1∶0.7VVM；20h 后为 1∶0.8VVM，搅拌转速 320r/min。发酵 26～

28h，酶活力 6000～7000U/mL，pH5.5 左右，总糖约为 1.5%，残糖为 0.5%以下。

④ 酶的提炼与产品标准化　向发酵液加入 $CaCl_2$ 0.4%，pH6.0～7.0，搅拌 30min，压滤去除杂质，清液用薄膜蒸发器在 35～40℃、真空度 $9.6×10^4$～$9.9×10^4$Pa 下浓缩至原体积的 1/2 以下，再加工业硫酸铵至浓度 42%，盐析 12～16h，除去上清液后，加硅藻土 2%，经离心分离或压滤，取出酶泥，绞碾成细条，置真空度 $9.6×10^4$～$9.9×10^4$Pa 35℃ 干燥之后，磨粉即为成品。成品酶活力为 $10×10^4$U/g 左右。总收率约 55%，1t 发酵液可得到酶粉约 16kg。

原酶粉常需添加填料，以制得酶活力均一的酶制剂，填料应选用不损害酶的活性、不吸湿，又不影响使用的材料。如 $CaCO_3$、淀粉、乳糖、明胶、硅藻土、Na_2SO_4、NaCl、MgO、$NaHCO_3$ 等均是工业上常用的填料。

⑤ 液体酶的制备　将发酵液过滤后，用刮板薄膜蒸发器，在 35～40℃，真空度约 $8.5×10^4$Pa，浓缩 3 倍后，在酶的稳定 pH（6.5～7.0）下，添加 15%NaCl 和 2%乙醇，置密闭容器内（以减少氧化引起的失活），低温下可保存数月。

3. 碱性蛋白酶生产

地衣芽孢杆菌 2709 液体深层培养法生产碱性蛋白酶是国内最早（1971 年）投产的碱性蛋白酶，也是最大的一类蛋白酶，其产量占商品酶制剂总量的 20%以上。此酶主要用于加酶洗涤剂制造及制革和丝绸脱胶。以下介绍其生产技术。

（1）工艺流程　与中性蛋白酶生产相同。

（2）操作要点

① 菌种培养　制培养基，接试管斜面菌种，于 37℃培养 24h 后储藏于 5℃冰箱备用。

② 种子培养　种子培养是将斜面种子接入茄子瓶（培养基和培养条件与斜面相同）后制成悬液，接入种子罐培养液中。种子罐（1000L）装 500L 种子培养基。在 36℃下，通风量 1∶0.7VVM，搅拌速度为 250r/min 下培养 18～20h。

③ 发酵　10000L 发酵罐装培养基 5000L 在 36℃下通风（前期 1∶1.5VVM，后期 1∶0.2VVM）搅拌 40h 左右酶活力为 8000～10 000U/mL。

④ 提取　地衣芽孢杆菌菌体细小，发酵液黏度大，直接采用常规离心或板框过滤法进行固液分离是困难的，而且也得不到澄清滤液。目前，国内一般工厂都采用无机盐凝聚的方法或直接将发酵液进行盐析。前者是向发酵液中加入一定量的无机盐，使菌体及杂蛋白聚集成大一些的颗粒，再进行压滤。此法虽能除去菌体，但过滤速度仍较慢，且色泽较深。后者是直接将发酵液进行盐析，得到酶、菌体、杂蛋白混合体系。

为解决上述问题，可采用絮凝法来处理发酵液，其做法是：向发酵液中加入碱式氯化铝，使终浓度为 1.5%，然后用碱将发酵液 pH 调节到 8.5 左右，再加入聚丙烯酰胺，使终浓度为 80mg/L，50r/min 搅拌 7min 后，静置一段时间，然后在一定真空度下抽滤，向滤液中加入硫酸钠，使终浓度为 55%，静置 24h 后，倾去上清液，加硅藻土 2%，压滤干燥，磨粉，即为成品酶。

八、基因工程菌的发酵

近年来，重组 DNA 技术（基因工程）已开始由实验室走向工业生产中。它不仅为人们提供了一种极为有效的菌种改良技术和手段，也为攻克医学上的疑难杂症——癌、遗传病及艾滋病的深入研究和最后的治愈提供了可能；基因药物（胰岛素、干扰素、人生长激素、乙肝表面抗原）、其他发酵产品（酶制剂、苏氨酸、色氨酸、抗生素）等已先后面市，基因工程产品大幅度降低成本。但是工程菌在保存过程中及发酵生产过程中表现出不稳定性，因而工程菌不稳定性的解决已日益受到重视并成为基因工程这一高技术成就转化为生产力的关键之一。

（一）基因工程菌的获得及培养

1. 基因工程菌的获得

（1）何谓基因工程　基因工程是指在基因水平上，采用与工程设计十分类似的方法，根据人们的意愿，主要是在体外进行基因切割、拼接和重新组合，再转入生物体内，产生出人们所期望的产物，或创造出具有新的遗传特征的生物类型，并能使之稳定地遗传给后代。

基因工程的核心技术是 DNA 重组技术。重组即利用供体生物的遗传物质或人工合成的基因，经过体外或离体的限制酶切割后与适当的载体连接起来形成重组 DNA 分子，然后再将重组 DNA 分子导入到受体细胞或受体生物构建转基因生物，该种生物就可以按人类事先设计好的蓝图表现出另外一种生物的某种性状。除 DNA 重组技术外，基因工程还应包括基因的表达技术，基因的突变技术以及基因的导入技术等。

基因工程一般分为 4 个步骤：一是取得符合人们要求的 DNA 片段，这种 DNA 片段被称为"目的基因"；二是将目的基因与质粒或病毒 DNA 连接成重组 DNA；三是把重组 DNA 引入某种细胞；四是把目的基因能表达的受体细胞挑选出来。

（2）工程菌的获得方法

① 确定目的产物。

② 找出该产物的细胞。

③ 将细胞破碎后提纯出全部 mRNA。这些 mRNA 中包含了该细胞内表达的所有蛋白质的合成信息，采用反转录技术合成 cDNA。

④ 利用基因扩增技术（PCR），克隆所需的目的基因。

⑤ 将目的基因连接到设计好的质粒载体，形成了重组 DNA 分子。

⑥ 将重组后的 DNA 分子引入到受体细胞内，然后选择合适的培养条件使细胞繁殖。根据选择性标记，从菌落中筛选出目的基因的重组（工程）菌。

（3）工程菌应具备的条件

① 发酵产品是高浓度、高转化率和高产率的，同时是分泌型菌株。

② 菌株能利用常用的碳源，并可进行连续发酵。

③ 菌株不是致病株，也不产内毒素。

④ 代谢控制容易进行。

⑤ 能进行适当的 DNA 重组，并且稳定，重组的 DNA 不易脱落。

2. 基因工程菌的培养

（1）培养装置　作为基因重组体的培养装置，与一直沿用的通气搅拌培养罐要有区别，即不仅要防止外部微生物侵入罐内，还必须采用不使培养物外漏的培养装置。按实验准则，可把这类密闭型通气搅拌式培养罐划分为操作液量 20L 以上和 20L 以下两种。

现今使用的微生物培养装置，按其灭菌法又可分为两类。一类是在高压灭菌器中进行培养基及培养罐的灭菌，罐本身通常是玻璃制的，容量在 10L 以下的居多；另一类是 20L 以上的培养罐，一般为不锈钢制品，多采用通新鲜蒸气进行灭菌。前者是可移动的台式，罐本身不能承受高压；后者，蒸汽、空气等供给是用固定管道连接的，一般不能移动。这两类罐要充分考虑不使微生物由罐外进入罐内的问题，但并不一定要解决防止罐内微生物的外漏问题。因此，采用高压灭菌器灭菌的小型培养罐时应在安全柜内运转。但培养罐稍大，该法就难以使用了。

（2）基因重组菌外漏的防范　首先应了解培养微生物在普通通气搅拌罐中可能发生外漏的部位和操作。归纳起来有：排气、机械密封、接种、取样、培养后的灭菌（通入湿热蒸汽）以及排液（输至下一工序）。针对此均应采取措施以防菌体外漏。现分别说明如下。

① 排气　排出的气中含有大量气溶胶，在激烈起泡的培养时，培养液呈泡沫状，它们从排气口向外排出，重组菌也容易随之外漏。

以往培养病原菌时，为防止菌体外流，采取加药剂槽的方法，但效果如何尚有疑问。有试验证明，排气中的微生物数量随着培养液中菌体浓度和通风速度等而变化。用 5L 培养罐（装液量 2.5L），以搅拌速度 400r/min，通气速度 1∶1（体积比），即 2.5L/min（换算成罐内通气速度为 11cm/min）来培养大肠埃希菌，发现每毫升培养液中含 10^9 个菌体，每小时有 150～400 个菌随气排出；而培养酿酒酵母时，每小时从每毫升含 10^8 个菌体培养液的排气中检出 30～70 个。由此可见，虽然培养液中菌体浓度相差很大，但大肠埃希菌和酵母菌仍以几乎相同的程度从排气中漏出，并不是取决于菌体个体的大小。再有，提高通气速度时，单位体积的排气中，大肠埃希菌和酵母菌菌数都增加，通气速度与漏菌数之间也密切相关。总之，排气过程中含有相当多的菌。为此，在通用通气搅拌型培养罐上安装排气鼓泡器，以防止激烈起泡时泡沫直接外溢和外部微生物侵入污染，同时还能肉眼观察通气状态等（图9-55）。气体通过排气管到鼓泡瓶，再通过膜滤器。进而考察了该排气鼓泡瓶中加入药剂（如 2mol/L NaOH）的效果。

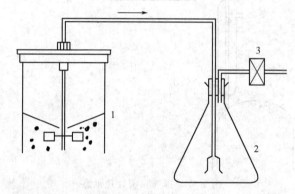

图 9-55　排气鼓泡瓶
1—培养罐；2—鼓泡瓶；3—膜滤器

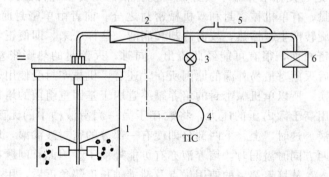

图 9-56　排气加热
1—培养罐；2—电热器；3—温度传感器；4—温度调节器；5—冷凝器；6—膜滤器

另外，为了解加热能否对排气灭菌，进行了与上述类似的实验。图 9-56 的结果表明，用电热器对排气进行加热时，在电热器出口处的排气温度被控制在 200℃ 左右。电热器之后附有冷凝器，旨在使高温的排气冷却，以防膜滤器烧毁。

图 9-55 和图 9-56 的结果如表 9-11 所示。表中数字为培养开始后 12h 内在膜滤器上捕集到的活菌数。结果表明，排气仅通过药剂还不能完全灭菌。使用药剂时若能在排气鼓泡瓶内进行搅拌、消泡，则有一定的效果。用电热器将排气加热至 200℃时，均未在膜滤器上检出大肠埃希菌和酵母菌。

表 9-11 排气中的微生物   单位：个

菌　种	鼓泡瓶	碱	电热器
大肠埃希菌	980	611	0
酿酒酵母	71	40	0

图 9-57 是基因重组菌培养装置中普遍采用的排气除菌系统。为减少培养液的蒸发量和降低排气的相对湿度，在罐排气口外安装冷凝器，其后才是加热器，排出气体经此加热至 60~80℃。相对湿度降低可预防滤器上凝结水汽。除菌滤器与培养罐空气入口处的相同。

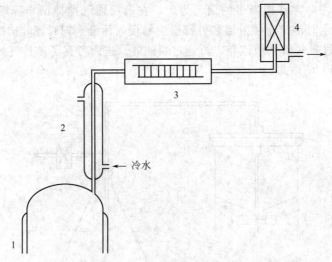

图 9-57　排气除菌处理示意
1—培养罐；2—气体冷凝器；3—电热器；4—深度型滤器

② 机械密封　通气搅拌培养罐中贯穿罐的搅拌轴需与传动部件连接。作为这部分的轴封使用的是机械密封，有单机械密封和双机械密封之分。前者由单密封面将罐与外界隔开。此密封部分因高速旋转产生摩擦热，故需冷却和润滑。这样一来，即便正常运转，培养液也会一点一点地渗入密封面，很有可能经此流出。同时，灭菌时的热膨胀差也会使流出量增加。这是培养结束后灭菌时最易外漏的原因所在。还有，机械密封受使用寿命所限，在溢漏发生前就应定期更换。所以单机械密封的培养罐不宜用于基因重组菌的培养。

双机械密封是用高于罐内压的压力，将贮存于另一润滑液槽中的无菌水压入机械密封部，用作轴封润滑液。这时，上、下两部分即使有一部分的密封液渗漏，培养液也几乎无外漏危险。但上、下两方同时溢漏时，培养液亦有可能外漏了。因此，问题在于搅拌轴是由罐的上部还是下部通入。从培养装置的使用优点及搅拌轴长度等角度看，用下搅拌为好。但若考虑培养液外漏的情况，培养基因重组菌时，以用上部搅拌的双机械密封为好。

用磁力方法改变搅拌动力的传动就不必担心机械密封的外漏了。10L 以下的培养装置以往一直是用磁力进行动力传动的，但罐太大，会出现磁力不足、轴承磨损等问题。目前大至 90L 培养罐，已能用强磁力进行动力传动。现在，基因重组菌的培养罐仍采用双机械密封的上搅拌方式为多，其次是用双机械密封的下搅拌方式。

③ 取样　普通培养罐的取样管道在取样时会流出样品。取样后对样品管道灭菌时，未灭菌的培养液污水被排至排水管内。对此，必须采取措施，如用取样工具进行取样（图9-58）。此法可在培养液不接触外界的条件下取样。用高压灭菌器使其灭菌或是连接后用蒸汽灭菌，灭菌结束后将样品从罐中取出送入样品管中。取完所需的样品，卸下之前对取样管道再次灭菌。卸下经灭菌的连接器，在安全柜中卸下样品管。取样中使用的排水管管道与废液灭菌贮罐相连，取样及灭菌时产生的排水一并贮存于罐内，经灭菌后排出。此外还设计了各种安全取样用的器具。例如，通过双层橡皮膜，用注射器取样；把可移动的完全密封型的球形箱与取样管连接，在此箱中取样等。

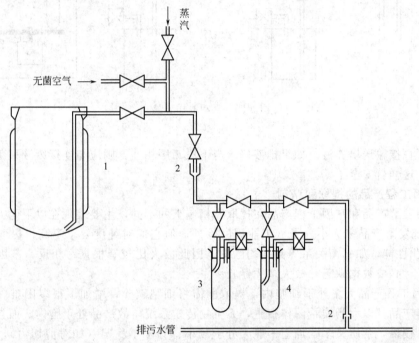

图 9-58　供重组菌用的取样装置
1—培养罐；2—连接器；3—样品管 1；4—样品管 2

但是这些操作都由人工控制，操作中难免出错。为了减少操作人员接近工程菌的机会，尽量不用人工操作而采用自动取样装置最为安全。图 9-59 为自动取样装置。取样方法与人工取样程序大致相同。同时，取样过程因采用程序系统控制而易于变动。取出的样品保存于冷库内，冷库内的空气经滤器过滤，内部也可进行灭菌。

④ 培养后的灭菌　培养后对培养液和管道等进行灭菌时，一开始流出的未灭菌排水有可能存在活的重组菌。取样、排液的管道中能产生这类排水，因此，一定要另行安装排水管并与废液灭菌贮槽等相连接，以便排放污水。

⑤ 接种　向罐内直接接种的方法是不安全的。简单的安全接种法是将种子瓶与培养罐以管相连接后，用无菌空气加压压入的方法。另一种方法是先把种子液在安全柜内移至供接种用的小罐内，再将其与培养罐连接，用蒸汽对连接部分灭菌后，把种子罐中的种子液接入培养罐内。

⑥ 排液　培养后要将培养液输送至贮罐等下一道工序，这时也有可能产生气溶胶和重组菌的扩散。安全的方法是在培养开始前就将排液口与下段工序相连接并进行灭菌，这样培

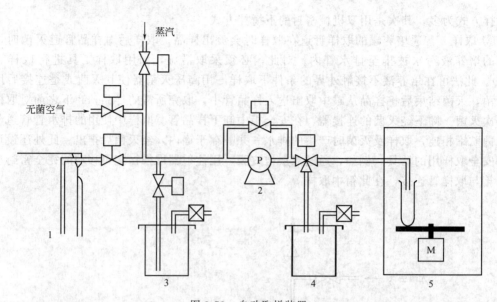

图 9-59 自动取样装置
1—培养罐；2—泵；3—无菌水贮罐；4—污水贮箱；5—冷库

养结束即可直接输送培养液。如果排液口未与下段工序相连，则应与连接废液灭菌罐的排水管道相接，这样就安全了。

3. 基因工程产品的提取和精制

传统的发酵产品和基因工程产品在提取和精制上的不同，主要表现在以下两方面。

① 传统发酵产品多为小分子（工业用酶除外，但它们对纯度要求不高，提取方法较简单），其理化性能，如平衡关系等数据均已知，因此放大比较有根据；相反，基因工程产品都是大分子，必要数据缺乏，放大多凭经验。

② 基因工程产品大多处于细胞内，提取前需将细胞破碎，增加了很多困难。由于第一代基因工程产品都以大肠埃希菌作宿主，无生物传送系统，故产品处于胞内。而且发酵液中产物浓度也较稀，杂质又多，加上一般大分子较小、分子不稳定（如对剪切力），故提取较困难，常需利用高分辨力的精制方法，如色谱分离等。在其他方面，基因工程产品的提取方法与传统发酵产品相似。

目前认为，基因工程产品的回收率达到 30%～40% 就已相当不错。因此，尽量减少提取步骤是相当重要的。

另外，对于基因工程产品，还应注意生物安全问题，即要防止菌体扩散，特别是对前面几步操作，一般要求在密封的环境下操作。例如用密封操作的离心机进行菌体分离时，整个机器处在密闭状态，在排气口装有一无菌过滤器，同时有一根空气回路以帮助平衡在排放固体时系统的压力，无菌过滤器用来排放过量的气体和空气，但不会使微生物排放到系统外。

（二）胰岛素生产

胰岛素是由胰岛 β 细胞受内源性或外源性物质如葡萄糖、乳糖、核糖、精氨酸、胰高血糖素等的刺激而分泌的一种蛋白质激素，是机体内唯一降低血糖的激素，也是唯一同时促进糖原、脂肪、蛋白质合成的激素。其作用机理属于受体酪氨酸激酶机制。

早期胰岛素的来源是从牛胰脏提取，产量有限。用化学方法人工合成胰岛素仅有科学意义而无实用价值，因为成本太高。美国在 1978 年又用大肠埃希菌生产出了胰岛素，使胰岛素可以工业化生产，给糖尿病患者带来了福音。生产过程如下所述。

1. 制备含有人胰岛素基因的大肠埃希菌菌种

克隆人胰岛素基因，并转入大肠埃希菌中，获得含有人胰岛素基因的大肠埃希菌菌种。

(1) 提取目的基因 从人的 DNA 中提取胰岛素基因，可使用限制性内切酶将目的基因从原 DNA 中分离。

① 鸟枪法 用限制性核酸内切酶对附近基因进行剪切，再提取所需要的。进行筛选，用 DNA 分子杂交，即 DNA 探针。

② 人工合成法 根据转录蛋白或者 mRNA 推导出基因序列，然后人工合成，没有内含子。

③ 基因库 从基因文库中提取，即从事先已经提取完毕的拿来用。

④ PCR 扩增技术 用于大量生产该段基因片段，以达到商业化运作。

(2) 提取质粒 从大肠埃希菌的细胞质中提取质粒，质粒为环状。此质粒将作为胰岛素基因的载体。

碱裂解法：此方法适用于小量质粒 DNA 的提取，提取的质粒 DNA 可直接用于酶切、PCR 扩增、银染序列分析。

(3) 基因重组 取出目的基因与质粒，先利用同种限制性内切酶将质粒切开，再使用 DNA 连接酶将目的基因与质粒"缝合"，形成一个能表达出胰岛素的 DNA 质粒。

(4) 将质粒转入大肠埃希菌 在大肠埃希菌的培养液中加入含有 Ca^{2+} 的物质，如 $CaCl_2$，这使细胞会吸收外源基因。此时将重组的质粒也放入培养液中，大肠埃希菌便会将重组质粒吸收。

将大肠埃希菌用氯化钙处理，以增大大肠埃希菌细胞壁的通透性，使含有目的基因的重组质粒能够进入受体细胞，此时的细胞处于感受态（理化方法诱导细胞，使其处于最适摄取和容纳外来 DNA 的生理状态）。

经过以上步骤，可获得含有人胰岛素基因的大肠埃希菌菌种。

2. 菌种扩大培养

将获得的大肠埃希菌菌种进行活化和斜面菌种扩培。

3. 种子罐培养

在种子罐中对菌种进行进一步的扩大培养，至菌种到对数生长期时转入发酵罐培养。

4. 发酵罐培养

分两阶段进行控制，第一阶段主要是通过控制溶解氧和补加甘油使菌体达到富集的目的，第二阶段是通过补加甲醇使菌体进行高密度表达目的产物，HPLC 检测目的产物含量。

5. 发酵液固液分离

目的产物存在于发酵上清液中，此步骤主要是控制目的产物收率。

6. P1（生长因子Ⅰ启动子）纯化

通过两步柱色谱分离，分别去除发酵上清液中的色素和杂蛋白，利用紫外检测仪控制目的产物收率，主要试剂为乙醇与异丙醇。

7. P1（生长因子Ⅰ启动子）沉淀、干燥

调节 pH 值，使 P1 沉淀，再经离心干燥，得中间体Ⅰ固体。

8. P2（生长因子Ⅱ启动子）纯化

控温进行转肽反应，主要试剂为 DMSO 与 1,4-丁二醇，再通过柱色谱进行提纯，主要试剂为异丙醇。

9. P2（生长因子Ⅱ启动子）沉淀、干燥

调节 pH 值，使 P2 沉淀，再经离心干燥，得中间体Ⅱ固体。

10. 脱帽

通过控制湿度与温度进行脱帽反应，得到终产物胰岛素，主要试剂为丙酮，产品为半固体。

11. 成品粗纯化

经过两步柱色谱对胰岛素进行提纯，试剂为 Tris-HCl 和异丙醇，通过超滤对提纯后的胰岛素进行浓缩，通过管道传递到下一工序。

12. 成品精纯化

通过制备色谱对胰岛素粗品进行精制，主要试剂为色谱乙腈，然后经两步结晶通过管道过滤除菌到百级区。

13. 过滤冻干

对胰岛素成品进行一次结晶和水洗，对水洗后的胰岛素进行过滤除菌后冻干，即得胰岛素成品。

 ※ 工作任务 ▶▶▶

工作任务 9-1　酒精生产

一、工作目标

通过此项工作，熟悉淀粉质原料发酵方法生产酒精的流程。了解工艺中各环节的意义。掌握各阶段的操作技术，巩固和丰富课堂所学的知识。

微课：酒精生产

二、材料用具

10L 机械搅拌发酵罐，酒精蒸馏装置，酒精表 0～12％，甘薯粉，活性干酵母，BF-7658 淀粉酶，糖化酶。

三、工作流程

1. 糖液制备

（1）淀粉液化　以 1:35 的加水比，用 70～80℃的温水调粉浆 1000mL，立即加入 BF-7658 淀粉酶 2.5％，于电炉上加热至 90～93℃保温 5～10min，继续加热煮沸 1h，加热时需补充水分。

（2）淀粉糖化　将煮沸的醪液冷却至 60～62℃，加入糖化酶 0.3％糖化 30min，糖化完毕入发酵罐灭菌备用。

2. 酒精发酵

（1）活性干酵母活化　按糖液量 0.5％称取活性干酵母，用 1:40 的 2％蔗糖溶液，38～40℃保温活化 30min。

（2）接种发酵　将活化好的酵母接入发酵罐中，35～38℃培养发酵 68～72h。

（3）酒精含量测定　观察并记录酒精发酵工艺过程。发酵醪温度每小时测 1 次，2h 记录 1 次；发酵醪液酒精含量每间隔 12h 测定 1 次并记录。

测定方法为：取一清洁的 100mL 容量瓶，用被测试样荡洗 2～3 次。然后注满至近刻度，将容量瓶置于 20℃水浴中 20～30min，用 20℃试样补足至刻度。将试样移入 500mL 蒸馏瓶，用 50mL 冷水分 3 次冲洗容量瓶，洗液一并移入蒸馏烧瓶。将烧瓶接入蒸馏装置。用装试样的原容量瓶作为接收器进行蒸馏。为防止酒精挥发，在气温较高时蒸馏，应将容量瓶浸入冰水浴中，并使应接管出口伸入容量瓶的球部。当蒸馏液体积达到容量的 95％～98％时停止蒸馏。用少许水洗涤应接管的头端，洗液并入容量瓶。塞好容量瓶，摇匀。如在刻度以上瓶颈沾有液滴，小心用少许水洗下。置容量瓶于 20℃水浴中 30min，并用清洁的毛细滴管或洗瓶加同样温度的水至刻度，再次摇匀。用比重瓶测定蒸馏液 20℃时的密度。由附表查得试样以体积分数表示的酒精含量。当对分析结果仅要求达到一位小数的准确度时，可将蒸馏液用酒精计直接测定。

四、注意事项

（1）蒸馏过程中酒精蒸气的逃逸，会严重影响测定结果的准确性。因此蒸馏前必须仔细检查仪器各连接处是否严密。若蒸馏中出现漏气，必须重新测定。

（2）蒸馏时，应先小火加热，待溶液沸腾后再慢慢用大火焰。对于易产生泡沫的酒样加少量消泡剂。但是加过消泡剂的试样蒸馏残液，不能用来做浸出物的测定。

五、考核内容与评分标准

1. 相关知识

淀粉糖液的制备、酒精发酵的原理及过程。（30 分）

2. 操作技能

（1）淀粉质原料发酵方法生产酒精的工艺流程。（20 分）

（2）淀粉糖液制备的操作流程。（30 分）

（3）发酵过程中相关工艺参数的检测及工艺控制。（20 分）

工作任务 9-2　葡萄酒生产

一、工作目标

掌握葡萄酒酿造原理和技术。

二、材料用具

新鲜葡萄，活性干酵母菌（葡萄酵母），活性乳酸菌，果胶酶，SO_2 或 SO_2 含量不小于 6％的亚硫酸（或偏重亚硫酸钾），白砂糖，酒石酸（柠檬酸），滤纸，过滤棉，酒精，硅藻土，皂土，白布袋，锥形漏斗。

三、红葡萄酒制作工艺流程

1. 器具准备

所用器具应选择水缸、上釉陶缸、玻璃瓶、橡木桶、瓷盆等，并洗刷干净，发酵及贮酒容器用 2％的亚硫酸溶液冲洗消毒。

2. 葡萄汁制备

将分选洗净的葡萄除去果梗放在瓷盆等容器内进行破碎，在每升果汁中加入 150mg SO_2，加入原料 14％～15％的白砂糖，补加柠檬酸或酸度高的品种葡萄使葡萄汁含酸量在 0.8～1.2g/100mL。

3. 发酵

将调整成分的果汁放在洗净消毒的容器中，果汁量约为容器的80%，添加2%～10%活化好的葡萄酵母，控制温度25～30℃发酵3～5天，每天取样测1次发酵温度和残糖。取样及测温均应在发酵液位中部。

4. 后处理

当发酵液残糖约5g/L时主发酵结束，及时进行皮渣分离，用竹筛粗滤，然后将葡萄皮渣装入白布袋，用手或木棒挤压榨汁，量大者可用螺旋式压榨机进行压榨。将榨出液和滤液混合装入洗净的容器内进行后发酵，控制品温不超过20℃，15天左右。过滤使酒液达到澄清透明。将过滤的澄清酒液装瓶压盖，若产品酒精含量在15%以下，把瓶子放入温水加热到68～72℃，恒温保持20min，取出冷却后保存即可。

四、注意事项

（1）不得使用铁、铜制作的工具和容器。

（2）剔除霉烂的葡萄、青果及果梗，操作过程要注意卫生，尽量避免杂菌污染。

五、考核内容与评分标准

1. 相关知识

葡萄酒酿造原理；红、白葡萄酒酿造工艺不同之处。（30分）

2. 操作技能

（1）葡萄酒酿造技能。（20分）

（2）葡萄酒酿造的操作流程。（30分）

（3）葡萄酒品质鉴定技能。（20分）

工作任务 9-3   啤酒生产

一、工作目标

掌握啤酒酿造原理和技术。

二、材料用具

大麦麦芽，酒花颗粒，粉碎机，台秤，分析天平，恒温水浴锅，糖度计，1000～2000L三角瓶，温度计，0.025mol/L碘液，比色板等。

三、工作流程

1. 麦芽汁制备

（1）麦芽粉碎   粉碎前加少量自来水湿润大麦麦芽表面以达到麦芽粉"破而不碎"的要求。

（2）投料   在1000mL三角瓶加入饮用水500mL，在水浴锅内将其加热至68～70℃，投入麦芽粉200g，搅拌均匀，维持60～62℃的温度，保温60min以上。

（3）兑醪   把三角瓶内的醪液搅起，搅拌的同时把80～90℃热水400mL兑入醪液，温度至68～70℃，保温60min左右，如醪液过满，可分装于2个三角瓶内。用碘液呈色反应检测糖化程度，待碘液呈色反应消失时，用糖度计测其糖度并记录。

（4）过滤洗糟   用4层纱布将醪液过滤，搜集一道麦汁，测其糖度并记录。再用78～

80℃热水 400mL 分 2～3 次进行洗糟，即可过滤二道麦汁和三道麦汁，再与以上的混合麦汁混匀，测其糖度并记录，由此制得"满锅麦汁"。

（5）煮沸添加酒花 将满锅麦汁进行煮沸 60min，中途分 2～3 次添加酒花，总添加量约 0.05g。煮沸过程中注意补水调至糖度为 10～11°Bx，此时即得到"煮沸麦汁"，记录糖度和体积数。

（6）过滤 趁热将煮沸麦汁用滤纸过滤即得到澄清的麦汁，此称为"定型麦汁"。为了确保发酵正常进行，可将用滤纸过滤的定型麦汁再煮沸一次。

（7）冷却充氧 将定型麦汁用冷水浴进行快速冷却，再摇晃数分钟进行充氧。

2. 接种发酵

将活化的啤酒酵母按一定的接种量接种到麦汁中（注意无菌操作），摇匀后放入 8～10℃的恒温培养箱中进行保温发酵。接种的酵母可以是事先扩培好的菌液，也可用活性干酵母临时活化后直接使用。10～11℃培养 7～8 天，当发酵液残糖约 4g/L 主发酵结束，发酵醪过滤装瓶，压盖，存入 4℃冰箱，可进行后续的品尝或检测实验。

四、注意事项

（1）大麦芽应即粉即用，不宜长时间保存，更不可过夜。

（2）过滤时不要使劲抓挤麦糟，操作过程要注意卫生，尽量避免杂菌污染。

五、考核内容与评分标准

1. 相关知识

糖化原理；麦芽汁制备工艺和啤酒发酵工艺。（30 分）

2. 操作技能

（1）麦芽汁制备技能。（20 分）

（2）啤酒酿造的操作流程。（30 分）

（3）啤酒品质鉴定技能。（20 分）

工作任务 9-4 抗生素生产——青霉素的发酵生产

一、工作目标

通过青霉素发酵的工作任务掌握抗生素的生产过程和技术要点。

微课：青霉素的
发酵生产

二、工作原理

抗生素的生产主要采用产抗生素微生物进行发酵，包括发酵和提取两部分，在生产设备和培养基都经过充分灭菌后，通入无菌空气进行纯种培养，最终通过提取精制，制备出抗生素。

青霉素是产黄青霉菌株在一定发酵条件下发酵产生的。其发酵生产的一般流程为菌种发酵（孢子培养、种子培养、发酵）和提取精制。

1. 菌种发酵

将产黄青霉菌接种到固体培养基上，在 25℃下培养 7～10 天，即可得青霉菌孢子培养物。用无菌水将孢子制成悬浮液接种到种子罐内已灭菌的培养基中，通入无菌空气，搅拌，在 27℃下培养 24～28h，然后将种子培养液接种到发酵罐已灭菌的含有苯乙酸前体的培养基中，通入无菌空气，搅拌，在 27℃下培养 7 天。在发酵过程中需补入苯乙酸前体及适量的培养基。

2. 提取精制

将青霉素发酵液冷却，过滤。滤液在 pH2～2.5 的条件下，于萃取机内用乙酸丁酯进行多级逆流萃取，得到丁酯萃取液，转入 pH7.0～7.2 的缓冲液中，然后再转入丁酯中，将此丁酯萃取液经活性炭脱色，加入成盐剂，经共沸蒸馏即可得青霉素 G 钾盐。青霉素 G 钠盐是将青霉素 G 钾盐通过离子交换树脂（钠型）而制得。

三、材料用具

青霉素生产菌产黄青霉，硫酸铵，高压蒸汽灭菌锅，电子天平，超净工作台，恒温培养箱，离心机，显微镜。

四、工作过程

（1）培养基的制备

查氏培养基：蔗糖 30.0g，硝酸钠 2.0g，磷酸氢二钾 1.0g，硫酸镁 0.5g，氯化钾 0.5g，硫酸亚铁 0.01g，琼脂 20g，水 1000mL。

种子培养基（％）：玉米浆 4.0（以干物质计），蔗糖 2.4，硫酸铵 0.4，碳酸钙 0.4，消泡剂 0.06，pH6.2～6.5。

发酵培养基（％）：玉米浆 3.8（以干物质计），蔗糖 2.4，磷酸二氢钾 0.54，无水碳酸钠 0.54，碳酸钙 0.07，硫酸亚铁 0.018，硫酸锰 0.0025，消泡剂 0.01，pH6.5。

（2）培养过程

① 配置 5mL 查氏琼脂培养基，装入试管中，高压蒸汽灭菌后，摆斜面，冷却后接种产黄青霉，于恒温培养箱中在 26℃培养 5～6 天。

② 从查氏斜面培养基上移种一环青霉菌孢子，接种在 1000mL 种子培养基中，于 26℃、120r/min 振荡培养，培养至对数生长后期。

③ 菌丝浓度测定，取培养液 10mL，3000r/min 离心 5min，测得沉淀在培养液中的体积比即为菌丝浓度。

④ 按 15％接种量将种子液接入 100mL 发酵培养基中，在 26℃、120r/min 振荡培养，当发酵液中氨氮含量降至 450μg/mL 以下时，开始补加硫酸铵，在后续发酵过程中控制发酵液氨氮含量为 300～500μg/mL。

⑤ 取发酵液，用显微镜观察菌丝形态，当菌丝内大的空细胞较多，菌丝开始自溶时进行放罐。

⑥ 取发酵液测定发酵效价。

五、注意事项

发酵周期的长短根据菌丝形态来决定，一般当菌丝内大的空细胞较多，菌丝开始自溶时进行放罐，即为一个发酵周期。

六、考核标准与评分内容

1. 相关知识

青霉素发酵的基本原理。（30 分）

2. 操作技能

（1）青霉素培养基的配制。（30 分）

（2）青霉素发酵终点的判断。（40 分）

工作任务 9-5　谷氨酸钠（味精）生产

一、工作目标

通过此项工作了解用等电点法从发酵液中回收谷氨酸的方法，并掌握由谷氨酸制备谷氨酸一钠的方法，掌握脱色、浓缩、结晶等单元操作。

二、材料用具

试管，三角烧瓶，纱布，吸管，接种环，烧杯，分光光度计，高压灭菌锅，电子天平，超净工作台，生化培养箱，恒温水浴锅，旋转蒸发器等。

三、工作过程

微课：谷氨酸钠生产

1. 培养基的制备

斜面培养基（g/L）：酵母粉 0.5，蛋白胨 1，氯化钠 0.5，pH 7.0，121℃灭菌 30min。

种子培养基（g/L）：葡萄糖 25，玉米浆 30，$MgSO_4$ 0.5，K_2HPO_4 1.5g，$FeSO_4$ 0.02g，pH 7.0～7.2，121℃灭菌 30min。

发酵培养基：葡萄糖 140g/L，糖蜜 2.0g/L，Na_2HPO_4 1.0g/L，KCl 1.2g/L，$MgSO_4$ 0.8g/L，$MnSO_4$ 0.02g/L，$FeSO_4$ 0.02g/L，VB1 0.2mg/L，pH 7.0～7.2。

2. 培养过程

（1）斜面菌种制备　接种针挑取 1 环原始菌种，于斜面培养基划线，在恒温培养箱 32℃培养 18～24h。

（2）液体种子培养　接 1 环生长良好的斜面种子至装有 50mL 培养基的 500mL 三角瓶中，摇床培养 7～8h，转速 96r/min，温度 32℃。

（3）摇瓶发酵　利用移液管移取培养后的种子液至装有 25mL 培养基的 500mL 三角瓶中，摇床培养 24～26h，转速 96r/min，温度 32～34℃。

3. 等电点结晶

（1）将发酵液用旋转蒸发器于 70℃、-0.1MPa 真空度下抽滤浓缩至原体积的 50%，冷却至室温。采用 HCl 调节谷氨酸浓缩液 pH 至 5.0，达到此 pH 之前，加酸速度可稍快。

（2）当 pH 值达到 4.5 时，应放慢加酸速度，在此期间应注意观察晶核形成的情况，若观察到有晶核形成，应停止加酸，搅拌育晶 2～4h。若发酵不正常，产酸低于 4%，虽调 pH 值到 4.0，仍无晶核出现，遇到这种情况，可适当将 pH 值降至 3.5～3.8 左右。

（3）搅拌 2h，以利于晶核形成，或者适当加一点晶种刺激起晶。

（4）搅拌育晶 2h 后，继续缓慢加酸，耗时 4～6h，调 pH 值至 3.0～3.2，停酸复查，搅拌 2h 后开大冷却水降温，使温度尽可能降低。

（5）到等电点 pH 值后，继续搅拌 16h 以上，停止搅拌，静置沉淀 4h，关闭冷却水，吸去上层菌液，至近谷氨酸层面时，用真空泵将谷氨酸表层的菌体和细谷氨酸抽到另一容器里回收。取出底部谷氨酸，离心甩干。

4. 谷氨酸钠的精制流程

回收的谷氨酸又称麸酸，并没有鲜味，为了得到味精必须将麸酸进行中和及精制。中和使用碳酸钠，在 pH7.0 左右得到的是谷氨酸一钠，在 pH9～10 得到的将是谷氨酸二钠。因此中和应严格控制反应的 pH 值。

5. 谷氨酸钠的精制操作

（1）工艺条件　湿谷氨酸、水、纯碱、活性炭之比为 $1:2:(0.3\sim0.34):0.01$。$T=$ 60℃，pH＝6.4（用试纸测）。

（2）精制流程　如图 9-60 所示。

① 在不锈钢桶内加入清水及活性炭升温到 65℃，开动搅拌（60r/min）。

② 投入谷氨酸。

③ 缓慢、逐步加入 Na_2CO_3，中和到 pH6.4（试纸），调整中和液浓度至 $21\sim23°Bé$。

④ 加热至 65℃，继续搅拌。

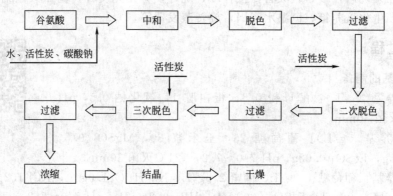

图 9-60　谷氨酸钠的精制流程

6. 谷氨酸钠的浓缩

结晶：将澄清的脱色液（$18\sim20°Bé/35℃$）加入旋转式蒸发器（加料量小于 1/2），真空度要求在 80kPa 以上，温度＜70℃，浓缩至 $34\sim34.5°Bé/80℃$，升温到 80℃放料。放料后冷却，搅拌 $2\sim3h$ 后开冷却水降温，降温到室温＋15℃。

分离：抽滤（工业滤布做介质）。

烘干：鼓风干燥箱（温度＜60℃）干燥，即可得到味精原粉。

四、注意事项

（1）等电点回收的工艺基础在于它的低溶解性，由于低温能显著降低谷氨酸在等电点的溶解度，因此，现代工业中普遍采用冷冻等电点法。所采用的工艺步骤大致相同，只是在等电罐内加上盘管，用制冷机将发酵液的温度降到 0.4℃，在低温下完成整个等电回收过程，能将得率从 60% 提高到 80% 以上。

（2）观测到晶体后，要停止搅拌 2h 育晶，否则产物无法沉淀。

五、考核内容与评分标准

1. 相关知识

影响谷氨酸结晶的因素。（30 分）

2. 操作技能

（1）谷氨酸钠等电回收的操作。（20 分）

（2）谷氨酸钠精制的操作。（30 分）

（3）谷氨酸钠浓缩。（20 分）

工作任务 9-6　酱油生产

一、工作目标

通过此项工作，熟悉低盐固态发酵方法生产酱油的流程。了解工艺中各环节的意义。掌握各阶段的操作技术，巩固和丰富课堂所学的知识。

二、材料用具

粉碎机，台秤，瓷盆，瓦缸，蒸锅，簸箕，波美度计，温度计，豆饼 60kg，面粉 4kg，食盐，种曲，水。

三、工作流程

1. 原料的处理及接种

豆饼粉碎成小米粒大，与麸皮拌匀，加入总料 70%、70℃左右的热水，堆焖 40min，入甑蒸料。至上大汽后继续蒸 1.5h，出甑后，料温夏季冷却至 40℃后接种，种曲为全料用量的 0.3%，先用面粉拌和。接种后的曲料装进簸箕，厚度为 1.5～2.0cm，入曲房保温培养。

2. 成曲的制备

曲室保温 28～32℃，相对湿度 90% 以上。约经 16h 品温上升至 34～36℃时，翻曲一次。以后严格控制品温不超过 37℃，相对湿度 85% 左右。待曲料布满孢子，孢子刚转为黄绿色时即出曲。一般需培养 32～36h。

3. 酱醪的发酵

成块的成曲经破碎，拌入成曲量 100% 的 12～13°Bé 盐水，待其全部被曲料吸收后，装入缸内发酵。发酵缸内离缸底 10～15cm 处放有竹篦，底部装有排液管。发酵头四天使酱醪品温为 42～44℃，每日早晚用排液管流出的曲汁回浇 1 次。第 8 天在缸内醪面盖上一层食盐，保温 46～48℃，第 12 天后停止保温，让其在自然温度下发酵 3～4 天。

4. 酱油的浸出

15 天以后酱醪成熟，及时将 5 倍于豆饼原料重量的二淋油加热至 80℃ 左右，掺入缸内浸泡 20h，打开缸下排液管阀门放出头油，头油放毕用三油浸头渣得二油。再用热水浸泡二渣淋出三油。

5. 酱油灭菌与配制

淋出的生酱油加热到 70℃，维持 30min，再加入苯甲酚钠 0.1%。

四、注意事项

（1）严格按照要求控制温度。
（2）灭菌时要严格按照规范操作。

五、考核内容与评分标准

1. 相关知识

种曲的制备、低盐固态发酵法的原理及过程。（30 分）

2. 操作技能

（1）低盐固态发酵法生产酱油。（20 分）

（2）酵母液制备的操作。（30分）

（3）酱油口味的调配。（20分）

工作任务 9-7　食醋生产

一、工作目标

通过实验了解食醋的制造原理。了解食醋的制造方法和步骤，初步掌握食醋的酿造技术。

二、材料用具

大米，麸曲，酒母液，醋酸菌种，麸皮，谷壳，食盐；烧杯，培养箱，温度计，锅，漏斗，纱布。

三、工作流程

1. 大米处理

大米100g加水浸泡，沥干，蒸熟，盛于烧杯中，加水300mL，搅匀。

2. 酒精发酵

待米醪冷至30℃时，接入麸曲5g和酒母液20mL，盖好盖子，于培养箱内30℃培养。16～18h有大量气泡冒出，36h后米粒逐渐解体，各种成分发酵分解，并有少量酒精产生。发酵3天后结束。

3. 醋酸发酵

将酒醪平均分装在3个烧杯中，每个烧杯中加入60g麸皮、20g谷壳，接入5mL醋酸菌种子液，使醋酸含水量为54％～58％，保温发酵，温度不超过40℃，醋酸发酵5天。

4. 后熟增色

每个烧杯中拌入3g食盐，放到水浴上加温，保持品温60～80℃。一般经过10天，醋醅呈棕褐色，醋香浓郁，无焦煳味，即成熟。

5. 淋醋

淋醋采用平底陶瓷漏斗，漏斗下面套上橡皮管和弹簧夹，漏斗底部铺一层瓷块，上面铺双层纱布。将醋醅移入漏斗中，加温水泡8～10h左右，打开弹簧夹放出醋汁，要求醋的总量为5％左右。

四、注意事项

后熟增色过程要保持好温度范围。

五、考核内容与评分标准

1. 相关知识

酒精发酵、醋酸发酵。（30分）

2. 操作技能

（1）大米处理。（20分）

（2）酒精发酵、醋酸发酵的操作。（30分）

（3）淋醋操作。（20分）

工作任务 9-8　酸乳生产

一、工作目标

掌握酸乳发酵原理和技术。

二、材料用具

新鲜牛奶或奶粉，蔗糖，嗜热乳酸链球菌、保加利亚乳酸杆菌或市售的酸乳发酵剂；高压均质机，温度计，微波炉或电炉，大号不锈钢锅，不锈钢勺，无菌操作台，恒温培养箱，酸乳瓶（具盖）或具塞三角瓶等。

三、工作流程

1. 器具准备

实验设备、工具、原料等一切准备就绪后进行实验室消毒，制造无菌环境。酸乳瓶等用具杀菌。

2. 原料预处理

将新鲜牛奶装入大号不锈钢锅内，按 7％ 的比例加入蔗糖，将原料加热至 $50\sim60℃$ 使糖溶化，再用均质机将调配好的原料乳进行均质（如无均质机此步骤可以省略），将均质好的原料乳装入大号不锈钢锅内，用微波炉加热 $95\sim100℃$ 杀菌 5min，用冷水迅速降温至 $45\sim47℃$。

3. 接种发酵

在无菌条件下按 3％ 比例接种乳酸菌种（发酵剂），搅拌使菌种分布均匀，再将接种原料乳分装至已灭菌的酸乳瓶中，加盖，在 $41\sim43℃$ 恒温下发酵 $6\sim8h$，发酵过程中检查凝固情况，当 pH 值为 5.4 左右，外观已达到凝固状态即可停止发酵，在室温下先冷却，然后放入 $5\sim8℃$ 冷藏柜使其熟化 8h 即可品尝。

四、注意事项

（1）新鲜牛奶中不能有抗生素残留，如用还原乳则所用奶粉必须确保质量。

（2）操作过程要注意卫生，尽量避免杂菌污染。

五、考核内容与评分标准

1. 相关知识

酸乳发酵原理；酸乳生产工艺。（30 分）

2. 操作技能

（1）酸乳生产相关技术。（20 分）

（2）酸乳生产的操作。（30 分）

（3）酸乳品质鉴定。（20 分）

工作任务 9-9　单细胞蛋白生产

一、工作目标

通过工作任务掌握单细胞蛋白的生产过程和技术要点。

二、工作原理

单细胞蛋白也称为微生物蛋白或菌体蛋白，主要是指利用酵母菌、细菌、真菌和某些低等藻类等微生物，在适宜基质和条件下进行培养获得微生物菌体，然后从菌体中提取的蛋白质。

微课：单细胞
蛋白的生产

三、材料用具

废弃食用油脂，石油烃降解菌。

四、工作过程

1. 废弃食用油脂的处理

将废弃食用油冷却至室温，沉淀48h后，过滤除去上层泡沫和下层固态杂质。

2. 培养基的制备

斜面培养基：牛肉膏蛋白胨固体培养基。

种子培养基：成分与斜面固体培养基相同，不加琼脂。

发酵培养基：无机盐培养基成分为磷酸盐缓冲液：$K_2HPO_4 \cdot 3H_2O$ 81.22g，$NaH_2PO_4 \cdot 2H_2O$ 42.9g，用NaOH调pH为7.5，蒸馏水定容至1000mL；1mol/L $MgSO_4$ 溶液；1mol/L $CaCl_2$ 溶液。

取上述磷酸盐缓冲液25.0mL，$MgSO_4$ 溶液0.5mL，$CaCl_2$ 溶液0.1mL，微量元素溶液1.0mL，1.0g NH_4NO_3，定容至1000mL，于121℃蒸汽灭菌20min，备用。

3. 培养过程

（1）种子扩大培养　挑取冷藏的斜面菌种，接种于装有100mL种子培养基的250mL三角瓶中，于30℃、200r/min摇床培养24h，制成菌悬液备用。

（2）发酵培养　取出一定量种子菌悬液，接入50mL发酵培养基中，以纱布封口，于30℃、200r/min摇床培养。每个条件采用3个平行样同时培养，测定值取平均值。

（3）菌体的收获　将发酵培养液于8000r/min下离心10min，收集菌体用蒸馏水洗涤3次，105℃烘箱中烘干。

五、注意事项

试验前充分做好实验计划，掌握各种培养基的配置方法。

六、考核标准与评分内容

1. 相关知识

单细胞蛋白的生产原理。（30分）

2. 操作技能

（1）单细胞蛋白的培养基配置。（30分）

（2）单细胞蛋白的生产，及最终确定发酵终点。（40分）

工作任务 9-10　淀粉酶生产

一、工作目标

通过此项工作掌握淀粉酶的发酵生产技术。

二、材料用具

枯草芽孢杆菌安瓿菌株、牛肉膏蛋白胨斜面琼脂培养基、麦芽糖液、豆粕水解液、$Na_2HPO_4 \cdot 12H_2O$、$(NH_4)_2SO_4$、$CaCl_2$、NH_4Cl、0.02mol/L 磷酸盐缓冲液（pH6.0）、豆油；振荡培养箱、离心机、水浴锅、生化培养箱、100L 夹套发酵罐、酸度计或 pH 试纸、灭菌锅、真空干燥器、三角瓶、标签、铅笔等。

微课：淀粉酶的生产

三、工作过程

1. 斜面菌种制备方法

（1）将枯草芽孢杆菌安瓿按无菌操作法打开。

（2）向安瓿中加入 0.5mL 无菌生理盐水活化 15min。

（3）将菌液按无菌操作法向牛肉膏斜面培养基内转管，按需要转 100～200 支。

（4）37℃培养箱内培养 48h，取出需要的斜面菌种待用，其余的放入冰箱内保存。

2. 菌种扩大培养方法

（1）摇瓶培养基配制方法　500mL 三角瓶内装发酵培养基 50mL，其组成为麦芽糖 6％、豆粕水解液 6％、$Na_2HPO_4 \cdot 12H_2O$ 0.8％、$(NH_4)_2SO_4$ 0.4％、$CaCl_2$ 0.2％、NH_4Cl 0.15％，pH6.5～7.0，120℃，0.1MPa 灭菌 30min。

（2）摇瓶培养　在斜面菌种中按无菌操作方法加入少量无菌水，用接种环将菌苔刮下，充分混合于水中，以无菌操作加入灭菌后的摇瓶培养基中，接种后置旋转式摇床上，120r/min、（37±1）℃下培养 28h 左右备用。

3. 淀粉酶发酵过程

100L 发酵罐经消毒灭菌，冷却后接入 3％～5％种子培养成熟液。装液量不超过总体积的 70％。培养条件为温度（37±1）℃，罐压 0.5kgf/cm²，风量 1～20h 为 1∶0.48，20h 后 1∶0.67，培养时间 28～36h。

4. 淀粉酶的提取

发酵结束后，于发酵罐内添加 $CaCl_2$、$Al_2(SO_4)_3$ 等凝聚剂，pH6.3～6.5，升温至 40～45℃后放入絮凝剂，维持一定时间进行预处理后，泵入板框压滤机进行过滤，水洗，合并洗液，边搅拌边加入酒精，沉淀，湿酶经真空干燥，即为成品酶。

四、注意事项

（1）生产前做好相应的流程计划并准备好所需要的药品。

（2）掌握发酵罐的使用方法和维护原理，并能安全操作发酵罐生产产品。

五、考核内容与评分标准

1. 相关知识

安瓿保藏菌种的优势，安全打开安瓿并活化菌种。（30 分）

2. 操作技能

（1）安瓿的打开。（30 分）

（2）发酵罐的使用。（40 分）

※ 项目小结 ▶▶▶

PPT 课件

　　酒精生产重点是掌握淀粉糖液的制备及乙醇发酵工艺流程；白酒生产重点是掌握大曲酒的固态发酵生产工艺及蒸馏工艺；葡萄酒生产重点是掌握红葡萄酒生产工艺流程；啤酒生产重点是掌握糖化工艺及啤酒发酵工艺。

　　氨基酸生产重点是掌握谷氨酸和赖氨酸的发酵微生物、发酵生产流程和生产工艺。目前的赖氨酸发酵生产都是采用细菌为生产菌种，主要为谷氨酸棒杆菌、北京棒杆菌、黄色短杆菌。

　　酱油的生产重点是掌握米曲霉是主要生产菌种，种曲制备、发酵、提取及加热、配制的生产工艺。醋生产重点是掌握大曲的制作和液体曲的制作、糖化、乙醇发酵以及醋酸发酵工艺。

　　抗生素生产重点是掌握微生物发酵法生产青霉素的流程：菌种→孢子制备→种子制备→发酵→发酵液预处理→提取精制→成品包装。包括发酵和提取两部分，在生产设备和培养基都经过充分灭菌后，通入无菌空气进行纯种培养，最终通过提取精制，制备出青霉素。

　　酸乳生产重点是掌握凝固型酸乳和搅拌型酸乳的发酵工艺流程。

　　单细胞蛋白生产重点是掌握发酵法的生产流程。液态微生物发酵法可以根据菌种的需要控制不同的发酵条件，具有产量大、便于控制、机械化程度高以及适合工业化大生产的特点。

　　酶制剂的生产重点是掌握曲霉深层发酵生产糖化酶生产工艺，淀粉酶的固体培养和液体深层培养生产工艺，以及蛋白酶的生产工艺。

项目思考

1. 为什么要先将大麦制成麦芽才能用于啤酒酿造？
2. 啤酒酿造时为什么要添加酒花？如何添加？
3. 如何应用酵母菌的生理特性指导啤酒发酵？
4. 为什么不能用含有抗生素的原料乳生产酸乳？
5. 酸乳生产过程中，原料预处理时为什么要进行均质？
6. 酸乳生产过程经常出现哪些质量问题？应如何解决？
7. 生产葡萄酒的优良葡萄品种主要有哪些？
8. 红葡萄酒的生产工艺流程及发酵机理与白葡萄酒的比较，二者有何不同？
9. 酿制葡萄酒的过程中，为什么要添加 SO_2？如何添加？添加量有何限制？
10. 淀粉质原料为何先要将其制备成糖化液才能用于酒精发酵？
11. 淀粉酶主要有哪几种？其分解淀粉的作用各有何特点？
12. 影响谷氨酸发酵的因素有哪些？生产中如何控制？
13. 简述赖氨酸的生物合成途径及赖氨酸发酵工艺如何控制？
14. 酿造酱油的原料有哪些，各有什么作用？
15. 固态低盐发酵工艺相对传统工艺有何优点？
16. 简述醋生产的工艺原理。
17. 比较酱油和食醋生产工艺流程异同。
18. 低盐固态发酵法的原理是什么？
19. 食醋酿造的原理是什么？
20. 抗生素生产的一般工艺流程是什么？
21. 什么是单细胞蛋白？它的来源有哪些？

附表　20℃下酒精密度与体积分数质量分数对照表

酒精密度/(g/cm³)	质量分数/%	体积分数/%	酒精密度/(g/cm³)	质量分数/%	体积分数/%	酒精密度/(g/cm³)	质量分数/%	体积分数/%	酒精密度/(g/cm³)	质量分数/%	体积分数/%
0.996	0.00	0.00	0.943	36.21	43.17	0.886	60.88	68.53	0.835	82.23	87.28
0.995	0.53	0.67	0.942	36.75	43.77	0.885	61.31	68.94	0.834	82.63	87.6
0.994	1.06	1.34	0.941	37.28	44.35	0.884	61.75	69.34	0.833	83.03	87.92
0.993	1.51	2.02	0.940	37.80	44.93	0.883	62.18	69.75	0.832	83.43	88.23
0.992	2.17	2.72	0.939	38.33	45.50	0.882	62.61	70.16	0.831	83.83	88.55
0.991	2.73	3.42	0.938	38.84	46.07	0.881	63.04	70.56	0.830	84.22	88.86
0.990	3.31	4.14	0.937	39.35	46.63	0.880	63.47	70.96	0.829	84.62	89.18
0.989	3.84	4.80	0.936	39.86	47.18	0.879	63.90	71.36	0.828	85.01	89.48
0.988	4.51	5.63	0.935	40.37	47.72	0.878	64.33	71.76	0.827	85.41	89.79
0.987	5.13	6.40	0.934	40.87	48.26	0.877	64.75	72.15	0.826	85.80	90.09
0.986	5.76	7.18	0.933	41.36	48.80	0.876	65.18	72.55	0.825	86.19	90.40
0.985	6.41	7.99	0.932	41.85	49.33	0.875	65.61	72.94	0.824	86.58	90.70
0.984	7.08	8.81	0.931	42.34	49.85	0.874	66.04	73.33	0.823	86.97	90.99
0.983	7.77	9.66	0.930	42.83	50.37	0.873	66.46	73.72	0.822	87.35	91.29
0.982	8.48	10.52	0.929	43.31	50.88	0.872	66.99	74.11	0.821	87.74	91.29
0.981	9.20	11.41	0.928	43.7	51.39	0.871	67.31	74.49	0.820	88.12	91.87
0.980	9.94	12.32	0.927	44.27	51.89	0.870	67.74	74.88	0.819	88.50	92.15
0.979	10.71	13.25	0.926	44.75	52.39	0.869	68.16	75.26	0.818	88.88	92.44
0.978	11.48	14.20	0.925	45.22	52.89	0.868	68.58	75.64	0.817	89.26	92.72
0.977	12.28	15.15	0.924	45.6	53.39	0.867	69.01	76.02	0.816	89.64	93.00
0.976	13.08	16.14	0.923	46.16	53.88	0.866	69.43	76.4	0.815	90.02	93.28
0.975	13.90	17.14	0.922	46.63	54.36	0.865	69.85	76.78	0.814	90.39	93.55
0.974	14.73	18.14	0.921	47.09	54.84	0.864	70.27	77.15	0.813	90.76	93.82
0.973	15.56	19.14	0.920	47.55	55.32	0.863	70.70	77.53	0.812	91.13	94.09
0.972	16.40	20.15	0.919	48.01	55.80	0.862	71.12	77.90	0.811	91.50	94.35
0.971	17.23	21.16	0.918	48.47	56.27	0.861	71.54	78.27	0.810	91.87	94.61
0.970	18.07	22.16	0.917	48.93	56.74	0.860	71.95	78.64	0.809	92.23	94.81
0.969	18.89	23.14	0.916	49.39	57.21	0.859	72.37	79.00	0.808	92.59	95.13
0.968	19.71	24.12	0.915	49.84	57.67	0.858	72.79	79.37	0.807	92.96	95.38
0.967	20.52	25.08	0.914	50.29	58.13	0.857	73.21	79.73	0.806	93.31	95.63
0.966	21.32	26.03	0.913	50.75	58.59	0.856	73.63	80.09	0.805	93.67	95.88
0.965	22.10	26.96	0.912	51.20	59.05	0.855	74.04	80.45	0.804	94.03	96.13
0.964	22.87	27.87	0.911	51.65	59.50	0.854	74.46	80.81	0.803	94.38	96.37
0.963	23.63	28.76	0.910	52.09	59.93	0.853	74.88	81.17	0.802	94.73	96.61
0.962	24.37	29.64	0.909	52.45	60.40	0.852	75.29	81.52	0.801	95.08	96.85
0.961	25.09	30.49	0.908	52.99	60.84	0.851	75.70	81.87	0.800	95.43	97.08
0.960	25.81	31.32	0.907	53.43	61.29	0.850	76.12	82.23	0.799	95.77	97.31
0.959	26.51	32.14	0.906	53.88	61.73	0.849	76.53	82.57	0.798	96.11	97.54
0.958	27.19	32.93	0.905	54.32	62.17	0.848	76.94	82.92	0.797	96.46	97.76
0.957	27.86	33.71	0.904	54.76	62.61	0.847	77.35	83.27	0.796	96.79	97.99
0.956	28.52	34.47	0.903	55.20	63.04	0.846	77.76	83.61	0.795	97.15	98.20
0.955	29.17	35.22	0.902	55.65	63.47	0.845	78.17	83.96	0.794	97.47	98.42
0.954	29.81	35.95	0.901	56.09	63.91	0.844	78.58	84.30	0.793	97.8	98.63
0.953	30.43	36.67	0.900	56.52	64.34	0.843	78.99	84.64	0.792	98.13	98.84
0.952	31.05	37.37	0.899	56.96	64.78	0.846	79.40	84.97	0.791	98.46	99.05
0.951	31.66	38.06	0.898	57.40	65.19	0.845	79.81	85.31	0.790	98.79	99.25
0.950	32.25	38.74	0.897	57.84	65.61	0.844	80.21	85.64	0.789	99.11	99.46
0.949	32.84	39.40	0.896	58.27	66.03	0.843	80.62	85.97	0.788	99.44	99.66
0.948	33.42	40.06	0.895	58.71	66.45	0.842	81.02	86.30	0.787	99.76	99.86
0.947	33.99	40.70	0.894	59.15	66.87	0.841	81.43	86.63	0.79025	100	100
0.946	34.56	41.33	0.893	59.58	67.29	0.840	81.83	86.95			
0.945	35.11	41.65	0.892	60.02	67.70						
0.944	35.66	42.57	0.891	60.45	68.12						

参 考 文 献

[1] 黄方一, 叶斌. 发酵工程. 武汉: 华中师范大学出版社, 2006.

[2] 曹军卫, 马辉文. 微生物工程. 北京: 科学出版社, 2002.

[3] 魏银萍. 发酵工程技术. 武汉: 华中师范大学出版社, 2011.

[4] 谢梅英, 别智鑫. 发酵技术. 北京: 化学工业出版社, 2007.

[5] 白秀峰. 发酵工艺. 北京: 中国医药科技出版社, 2003.

[6] 余龙江. 发酵工程原理与技术应用. 北京: 化学工业出版社, 2006.

[7] 贺小贤. 生物工艺原理. 2版. 北京: 化学工业出版社, 2009.

[8] 韦革宏, 杨祥. 发酵工程. 北京: 科学技术出版社, 2008.

[9] 俞俊棠, 唐孝宣, 邬行彦, 等. 新编生物工艺学: 上册. 北京: 化学工业出版社, 2002.

[10] 罗大珍, 林稚兰. 现代微生物发酵及技术教程. 北京: 北京大学出版社, 2006.

[11] 李西波, 刘胜利, 王耀民, 等. 高产纤维素酶菌株的诱变选育和筛选. 食品与生物技术学报, 2006, 25 (6): 107-110.

[12] 赵川, 罗建军, 陈少华, 等. 微生物菌种改良筛选新技术研究进展. 生物技术通报, 2009, (增刊): 118-121.

[13] 刘冬, 张学仁. 发酵工程. 北京: 高等教育出版社, 2007.

[14] 贾英民. 食品微生物学. 北京: 中国轻工业出版社, 2001.

[15] 于淑萍. 微生物基础. 北京: 中国轻工业出版社, 2007.

[16] 胡娅. 生物碱活性的研究进展. 中国矿业大学 (北京) 化学与环境工程学院化学系论文.

[17] 宋先超. 微生物与发酵基础教程. 天津: 天津大学出版社, 2007.

[18] 周桃英. 发酵工程. 北京: 中国农业出版社, 2008.

[19] 邱立友. 发酵工程与设备实验. 北京: 中国农业出版社, 2008.

[20] 曹军卫, 马辉文, 张甲耀. 微生物工程. 2版. 北京: 科学出版社, 2007.

[21] 程殿林. 微生物工程技术原理. 北京: 化学工业出版社, 2007.

[22] 邓毛程. 发酵工艺原理. 北京: 中国轻工业出版社, 2007.

[23] 何建勇. 发酵工艺学. 北京: 中国医药科技出版社, 2009.

[24] 何建勇. 生物制药工艺学. 北京: 人民卫生出版社, 2007.

[25] 刘晓兰. 生化工程. 北京: 清华大学出版社, 2010.

[26] 伦世仪. 生化工程. 2版. 北京: 中国轻工业出版社, 2008.

[27] 王方林, 胡斌杰. 生化工艺. 北京: 化学工业出版社, 2007.

[28] 姚汝华, 周世水. 微生物工程工艺原理. 2版. 广州: 华南理工大学出版社, 2005.

[29] 于文国. 微生物制药工艺及反应器. 北京: 化学工业出版社, 2009.

[30] 王方一. 发酵工程. 武汉: 华中师范大学出版社, 2008.

[31] 张克旭. 氨基酸工艺学. 北京: 中国轻工业出版社, 2000.

[32] 党建章. 发酵工艺教程. 北京: 中国轻工业出版社, 2003.

[33] 俞俊堂, 唐孝宣. 生物工艺学. 上海: 华东理工大学出版社, 2002.

[34] 贾士儒. 生物工艺与工程实验技术. 北京: 中国轻工业出版社, 2002.

[35] 陈国豪. 生物工程设备. 北京: 化学工业出版社, 2007.

[36] 段开红. 生物工程设备. 北京: 科学出版社, 2007.

[37] 孙彦. 生物分离工程. 3版. 北京: 化学工业出版社, 2013.

[38] 岑沛霖. 生物工程导论. 北京: 化学工业出版社, 2004.

[39] 刘国诠. 生物工程下游技术. 2版. 北京: 化学工业出版社, 2003.

[40] 屈二军, 王晓涛, 李文建, 等. 一株高产纤维素酶的米曲霉菌种的选育. 中国酿造, 2008, 14: 47-49.

[41] 李立家, 肖庚富. 基因工程. 北京: 科学出版社, 2004.

[42] B. 沃尔默特. 高分子化学基础: 上册. 黄家贤等译. 北京: 化学工业出版社, 1986.

[43] 秦仁伟, 郭兴要. 食品与发酵工业综合利用. 北京: 化学工业出版社, 2009: 79-83.

[44] 孔利华. 论自动发酵罐使用与维护的体会. 电脑知识与技术, 2011, (09): 20-21.

[45] 韦革宏, 杨祥. 发酵工程. 北京: 科学出版社, 2008.

[46] 余龙江. 发酵工程原理与技术应用. 北京: 化学工业出版社, 2011.

[47] 李艳. 发酵工程与技术. 北京: 高等教育出版社, 2007.

[48] 李玉英. 发酵工程. 北京：中国农业大学出版社，2009.

[49] 葛绍荣. 发酵工程原理与实践. 上海：华东理工大学出版社，2011.

[50] 徐岩. 发酵工程. 北京：高等教育出版社，2011.

[51] 李寅，高海军，陈坚. 高细胞密度发酵技术. 北京：化学工业出版社，2006.

[52] 陈长华. 发酵工程实践. 北京：高等教育出版社，2009.

[53] 诸葛斌，诸葛健. 现代发酵微生物实验技术. 北京：化学工业出版社，2011.

[54] 岳国君. 现代酒精工艺学. 北京：化学工业出版社，2011.

[55] 何敏. 饮料酒酿造工艺. 北京：化学工业出版社，2010.

[56] 张兰威. 乳与乳制品工艺学. 北京：中国农业出版社，2006.

[57] 黄方一. 发酵工程. 北京：化学工业出版社，2006：116.

[58] 吴根福. 发酵工程实验指导. 北京：化学工业出版社，2006：71.

[59] 刘冬. 发酵工程. 北京：高等教育出版社，2007：150.

[60] 陆锋，毛小艳，李峰. 浅谈味精自动化生产工艺. 广西轻工业，2007，3：24-25.

[61] 刘振宇. 发酵工程技术与实践. 北京：高等教育出版社，2007.

[62] 郭勇. 生物制药技术. 北京：中国轻工业出版社，2000.

[63] 宋思扬，楼士林. 生物技术概论. 北京：科学出版社，2007.

[64] 李海英. 现代分子生物学与基因工程. 北京：化学工业出版社，2012：116.

[65] 龙敏南. 基因工程. 2版. 北京：科学出版社，2011：213-227.

[66] 曹凯鸣. 现代生物科学导论. 北京：高等教育出版社，2011：165.

[67] 靳德明. 现代生物学基础. 北京：高等教育出版社，2012：135.

[68] 孙俊良. 酶制剂生产技术. 北京：科学出版社，2004：187.

[69] 贾新成. 酶制剂工艺学. 北京：化学工业出版社，2008：204.

[70] 罗立新. 酶制剂技术. 北京：化学工业出版社，2008：190-212.

[71] 中华人民共和国劳动和社会保障部制定. 酶制剂制造工. 北京：中国劳动社会保障出版社，2008.

项目思考　参考答案